The Japanese Association of Financial Econometrics and Engineering
ジャフィー・ジャーナル｜金融工学と市場計量分析

ファイナンスと
データ解析

日本金融・証券計量・工学学会 ◉編集
中妻照雄　山田雄二　今井潤一 [編集委員]

朝倉書店

は　し　が　き

　ジャフィー（日本金融・証券計量・工学学会）は，1993年4月に設立されて以来，年2回の国内大会に加えて，国際大会，コロンビア大学との共同コンファランス，フォーラム等の開催，英文学会誌，和文学会誌（ジャーナル・ジャーナル）の刊行を通じて，日本における金融・証券領域，企業経営の意思決定・リスクマネジメントにおける計量分析・金融工学の発展と普及に尽力して参りました．本書は，本学会の和文機関誌であるジャフィー・ジャーナルの第13巻です．

　近年，金融市場の実証分析に利用されるデータが多様化する傾向がみられます．株式市場や外国為替市場の実証分析では，ミリ秒単位で取引を記録した高頻度データが普通に使われるようになりました．また，インターネットの掲示板やブログ・SNSの利用が広がったことから，だれでも簡単に大量のテキストデータを収集できるようになり，これにテキスト解析の手法を適用して株価の予測などを行う試みもはじまっています．一方，マーケティングなどの領域では，すでに顧客の購買履歴，ウェブサイトの閲覧履歴，ネット検索の履歴などが以前から利用されており，これらの膨大なデータ（いわゆる「ビッグデータ」）の解析は一大ムーブメントとなっています．この「ビッグデータ」という用語は，専門家の間のみならず一般人向けのメディアでも喧伝され広く認知されるバズワードになっていますが，ビッグデータ解析は単に一時の流行に終わるものではなく，今後のデータに基づく意思決定のあり方にも影響を与える重要なトレンドであると考えております．

　このような時流を反映して，ジャフィーでも2013年に「高頻度データ・ビッグデータ活用法研究部会」が立ち上げられ，金融市場の実証研究における新しいデータ解析の試みに学会として貢献しております．今回のジャフィー・ジャーナルにおいても，昨今のデータ解析への関心の高まりを受けて，「ファイナンスとデータ解析」をテーマとして特集を組むことを企画しました．

本書に収められた論文は，アカデミックな研究の面だけなく，実務的にも有意義な内容を取り扱ったものも多く見受けられます．いずれの論文も，先端的な問題をテーマにしており，幅広い読者の興味に応えられるものと考えております．

特集論文

1. 「一般化加法モデルを用いた JEPX 時間帯価格予測と入札量：価格関数の推定」（山田雄二・牧本直樹・髙嶋隆太）
2. 「粒子フィルタを利用したボラティリティ・サーフェイスの推定」（篠田宜明・中村尚介）
3. 「ヴァイン・コピュラを用いた CAPM の非正規・非線形への拡張：日本株式市場における実証分析」（岩永育子）
4. 「業種間の異質性を考慮した企業格付評価：階層ベイズモデルによる分析」（小池泰貴）
5. 「大規模決算書データに対する k-NN 法による欠損値補完」（高橋淳一・山下智志）

一般論文

6. 「小企業向け保全別回収率モデルの構築と実証分析」（尾木研三・戸城正浩・枇々木規雄）
7. 「ファンド運営を意識した最適ペアトレード戦略：DFO 手法を用いた問題設計」（山本 零・枇々木規雄）
8. 「米国金先物市場におけるアメリカンオプションの価格評価分析」（杉浦大輔・今井潤一）

2015 年 2 月

チーフエディター：中妻照雄

アソシエイトエディター：山田雄二・今井潤一

目　次

はしがき

序論　特集「ファイナンスとデータ解析」によせて
　………………………………………………………中妻照雄……1

特　集　論　文

1　一般化加法モデルを用いた JEPX 時間帯価格予測と入札量：
　　価格関数の推定………………山田雄二・牧本直樹・髙嶋隆太……8
　　1　はじめに　8
　　2　条件付き期待値に基づく予測モデル　10
　　3　時間帯価格予測の検証結果　15
　　4　約定率に基づく入札量-価格関数の推定　20
　　5　入札量-価格関数推定結果　30
　　6　おわりに　38

2　粒子フィルタを利用したボラティリティ・サーフェイスの推定
　　………………………………………篠田宜明・中村尚介……40
　　1　はじめに（目的と背景）　40
　　2　状態空間モデルによる時系列データの解析　43
　　3　粒子フィルタ　45
　　4　ボラティリティ・モデル：SABR モデル　50
　　5　データ・クレンジングと市場データとの適合性　53
　　6　粒子フィルタの実行　57
　　7　数値分析結果　62
　　8　結論・今後の課題　64
　　付録　計算結果　65

3 ヴァイン・コピュラを用いた CAPM の非正規・非線形への拡張：日本株式市場における実証分析⋯⋯⋯⋯岩永育子⋯⋯69
    1 研究の背景と目的　69
    2 先　行　研　究　71
    3 実　証　分　析　80
    4 シミュレーション　97
    5 結　　　　　論　111

4 業種間の異質性を考慮した企業格付評価：階層ベイズモデルによる分析⋯⋯⋯⋯⋯⋯⋯⋯⋯⋯⋯⋯⋯⋯⋯⋯⋯⋯⋯⋯⋯小池泰貴⋯⋯114
    1 序　　　　　論　115
    2 モデルおよび推計方法について　117
    3 実　証　分　析　128
    4 結　　　　　論　139

5 大規模決算書データに対する k-NN 法による欠損値補完
⋯⋯⋯⋯⋯⋯⋯⋯⋯⋯⋯⋯⋯⋯⋯⋯⋯⋯⋯⋯高橋淳一・山下智志⋯⋯143
    1 は　じ　め　に　143
    2 利用データと k-NN 法の適用　149
    3 実データを用いた補完精度の検証結果　157
    4 まとめと今後の展望　161

一　般　論　文

6 小企業向け保全別回収率モデルの構築と実証分析
⋯⋯⋯⋯⋯⋯⋯⋯⋯⋯⋯⋯⋯尾木研三・戸城正浩・枇々木規雄⋯⋯168
    1 は　じ　め　に　168
    2 回収率の実証分析　172
    3 回収率モデルの構築　179
    4 モデルの検証と評価　189
    5 まとめと今後の課題　197

付録　順序ロジットのSD値の算出　199

7　ファンド運営を意識した最適ペアトレード戦略：DFO手法を
　　用いた問題設計……………………山本　零・枇々木規雄……202
　　　1　は　じ　め　に　202
　　　2　定　　式　　化　207
　　　3　計　算　機　実　験　212
　　　4　ファンド運営への適用　227
　　　5　結論と今後の課題　229
　　　付録　時間依存関数決定の基礎分析　230

8　米国金先物市場におけるアメリカンオプションの価格評価分析
　　…………………………………………杉浦大輔・今井潤一……234
　　　1　は　じ　め　に　234
　　　2　時間変更済みレヴィ過程　239
　　　3　価　格　評　価　分　析　246
　　　4　結　　　　論　264

『ジャフィー・ジャーナル』投稿規定　269
役員名簿　271
日本金融・証券計量・工学学会（ジャフィー）会則　272

特集「ファイナンスとデータ解析」によせて

特集号世話人
中　妻　照　雄

1　特集号のねらい

　元来，ファイナンスの研究ではデータの利用は必要不可欠なものである．日々観測される株価，金利，為替レートなどを手がかりに金融市場の性質を解明し，ファイナンス理論の検証を行うことこそが，ファイナンスの研究者の仕事といっても過言ではないだろう．同様にファイナンスの実務もデータ抜きには語れない．金融市場で活躍する実務家には，刻々とデータ端末から入手されるデータから市場の現状を把握し，将来の相場の動きを読みながら，資産運用やリスク管理を行うことがつねに要求される．

　このようにデータ解析と不可分の研究領域であるファイナンスの学術ジャーナルで，いまあえて「ファイナンスとデータ解析」と銘打って特集号を組むのにはいくつかの理由がある．まず一つ目の理由として金融市場の分析に利用されるデータの多様化があげられる．株式市場や外国為替市場の実証分析では，伝統的に使われてきた月単位や日単位のデータに加えて，ミリ秒単位で取引を記録した高頻度データの使用が普及しつつある．また顧客や企業の行動の分析でも，地域や業種ごとに集計・加工されたデータではなく，生の個票データ（マイクロデータ）が使われるのが当たり前になった．さらに，インターネットの掲示板やブログ・SNSの利用が広がったことから，手軽に大量のテキストデータを収集できるようになり，これにテキスト解析の手法を適用して株価の予測などを行う試みもはじまっている．このような高頻度データ，マイクロデータ，テキストデータなどの「ビッグデータ」の利用には従来とは異なるモデル化技法が要求され，ファイナンスの研究者に新たなる課題を突きつけている．

さらにコンピュータによる高速かつ大規模な計算に依拠したファイナンス研究の著しい進展も，今回の特集号を組む理由にあげられる．従来のファイナンス研究でも数値計算技法は使用されてきたが，近年の扱うデータの大規模化とモデルの複雑化に伴って推定・予測・シミュレーションなどを効率よく行う技術の重要性が増してきている．また，アルゴリズムによる高頻度取引の普及によって，実務においても数値計算の高速化は火急の課題でもある．このような流れの中で，ファイナンスの研究はいままで以上に計算効率性を重視したコンピュータ集約的（compter-intensive）でビッグデータを積極的に活用するデータ駆動的（data-driven）なものに変貌しつつある．

以上述べたようなファイナンス研究の新しいトレンドに対応すべく，ジャフィーは2013年に「高頻度データ・ビッグデータ活用法研究部会」を立ち上げ，金融市場の実証研究における新しいデータ解析の試みに学会として貢献している．さらに今回のジャフィー・ジャーナルで「ファイナンスとデータ解析」をテーマとして特集を組むことで，この分野の日本での研究の促進に寄与できれば幸いである．特集のためにファイナンスのデータ解析に関する最新の研究成果を幅広く募集した結果，厳正な審査を経て5編の論文が選ばれた．これらの特集論文の概要を以下に示す．

2 特集論文の概要

「一般化加法モデルを用いた JEPX 時間帯価格予測と入札量−価格関数の推定」
（山田・牧本・髙嶋）

本論文では，日本卸電力取引所（JEPX）で取引される電力スポット価格を対象に，価格予測モデル構築とアウトオブサンプルにおける精度評価および入札量−価格関数の推定を行っている．価格予測モデルの構築と検証では，時間帯ごとのスポット価格データに一般化加法モデル（generalized additive mode; GAM）を当てはめ，スポット価格の周期性と曜日・休日特性を抽出している．また，GAM の残差の多変量系列に対してベクトル自己回帰（vector autoregressive; VAR）モデルを適用し，条件付き期待値を用いた将来価格の予測精度を実際の取引データに対してアウトオブサンプルにおいて検証した．続いて

JEPX スポット価格における入札量-価格関数の推定を実績データを用いて行い，入札量-価格関数の構築と検証を行った．

「粒子フィルタを利用したボラティリティ・サーフェイスの推定」（篠田・中村）

本論文では，Stochastic Alpha Beta Rho（SABR）モデルを用いて，日経平均を原資産とするプレーン・バニラ・オプションのボラティリティ・サーフェイスを構築している．ここでは SABR モデルのパラメータ（α, β, ν, ρ）は時間とともに変化しうると想定している．これを表現するために，パラメータを状態変数とする状態空間モデルを構築し，パラメータの事前分布を準備して，粒子フィルタを利用して状態変数の事後分布の逐次更新を行った．この際，適切な事前情報や無裁定条件などの制約条件を与えることで，実質的な自由度を落とし，なるべく少ない粒子数で適切な分布を存続させることを目指している．

「ヴァイン・コピュラを用いた CAPM の非正規・非線形への拡張：日本株式市場における実証分析」（岩永）

多変量の依存構造を捕捉しモデル化するための手段として，ヴァイン・コピュラに注目が集まっている．ヴァイン・コピュラでは，多変量の依存構造をペア・コピュラに分解し，その構造体として表現することができるため，従来の多変量コピュラよりも柔軟に多変量の依存構造を捕捉しモデル化することができる．本論文では，伝統的 CAPM の非正規・非線形への拡張モデルとしてヴァイン・コピュラに基づくファクター・モデルを日本の株式市場を対象として推定し，VaR の推定精度の向上やポートフォリオの最適構成比率決定のパフォーマンス向上に寄与するかどうかの検証を行った．

「業種間の異質性を考慮した企業格付評価—階層ベイズモデルによる分析—」（小池）

企業の属する業種により格付の傾向に無視しがたい差が観察される．本論文では，このような業種の異質性を考慮した格付評価を階層ベイズモデルを用いて分析している．階層ベイズモデルでは，モデルのパラメータに業種間の異質

性を許容しつつ，全業種に共通の事前分布を想定する．これを階層化という．具体的には，通常の順序プロビットモデルをベンチマークとし，2種類の階層ベイズモデル（定数項のみを階層化したモデルと全ての係数を階層化したモデル）を推定している．その結果，両階層モデルともデータへの当てはまりはベンチマークを上回ったものの，前者が後者の当てはまりを上回るという結果を得た．さらに標本外予測についても，予測精度はベンチマークより階層モデルの方が良好であることが確認された．

「大規模決算書データに対する k-NN 法による欠損値補完」（高橋・山下）

本論文では，中小企業の経営データを大量に集積したデータベース（CRD）の決算書データを用い，決算書データの特性である分布の偏りや時系列方向の自己相関性の強さを考慮した欠損値補完方法として，欠損項目を含む決算書に対して欠損していない項目に関して類似した決算書の値を補完する k-NN（k-Nearest Neighbor）法を提案している．数値実験として，CRD データから欠損値の存在しない完全データを抽出した上で人工的に欠損値を一定の法則に従って発生させ，k-NN 法により欠損値を補完し，補完値と真値との誤差を計測して他の欠損値補完方法との比較を行った．この際，大規模決算書データに対する効率的な計算方法として売上高によるセグメント分割による効率的な距離計算を導入することで，計算効率を大幅に向上させた k-NN 法による欠損値補完が実現できた．

3 一般論文の概要

ジャフィー・ジャーナルでは常時投稿論文を受け付けており，今回は審査の過程を経て採択された論文が3編あった．以下は，その論文の概要である．

「小企業向け保全別回収率モデルの構築と実証分析」（尾木・戸城・枇々木）

本論文では，㈱日本政策金融公庫国民生活事業本部が保有する約 6.5 万件のデフォルト債権データを用いて，小企業のデフォルト後の回収率の特徴を担保付，一部担保付，無担保無保証といった保全のタイプに分けて分析している．

さらに，個別債権の詳細な情報が電子化されている約2万件のデータを使って保全別に回収率モデルを構築し，近年必要性が高まっている無担保無保証債権の回収率モデルを中心にパフォーマンスを検証している．分析の結果，回収率の分布は保全別に明確な特徴がみられた．モデルの説明変数も保全別に異なり，回収率に影響を与える要因に違いがあった．無担保無保証債権の回収率は，資産の蓄積状況と融資条件が重要な要素であることがわかり，モデルの序列性を示す AR 値は 33.4% と，実務での利用可能性を与える結果となった．

「ファンド運営を意識した最適ペアトレード戦略― DFO 手法を用いた問題設計―」（山本・枇々木）

　本論文では，伝統的な投資戦略の一つであるペアトレード戦略について理論的・実証的先行研究を整理し，実際の運用戦略で利用できる設定や目的関数のもとでシミュレーションを行うことにより最適な投資戦略について考察を行っている．具体的には，理論的研究で用いられている確率過程による表現を利用してモンテカルロ・シミュレーションを行い，実証的研究や実際の運用戦略で用いられているリターン，コスト，リスクの観点での評価や閾値に基づく戦略の下で最適化問題を定義する．そして近年注目されているルールに基づく最適化問題を求解するための最適化手法である DFO（Derivative Free Optimization）手法を用いて最適な投資戦略を求め，さまざまな状況での最適戦略について考察を行った．

「米国金先物市場におけるアメリカンオプションの価格評価分析」（杉浦・今井）

　本論文では，米国の金先物市場を対象に，原資産過程としてブラック＝ショールズモデル，幾何レヴィ過程，Heston モデル，幾何時間変更済みレヴィ過程を想定し，アメリカンオプションの評価問題を実証的に分析している．具体的には，まずアメリカン・コールオプションの市場価格をインサンプルデータとして想定するモデルのパラメータを推定する．次に，これら推定したパラメータをもとに最小二乗モンテカルロ法により計算されたアメリカン・プットオプションの理論価格と実際の市場価格を比較することで，アウトサンプルデータを用いたモデルの妥当性を検証した．分析の結果，インサンプルデータからは

時間変更済み幾何レヴィ過程の当てはまりがもっともよく，金先物市場にはファットテイル性と確率的なボラティリティの変動があることが推察できた．一方，アウトサンプルデータからは，ファットテイル性を考慮したモデルがアメリカン・プットオプションの価格への当てはまりがよいことがわかった．

特 集 論 文

1 一般化加法モデルを用いた JEPX 時間帯価格予測と入札量–価格関数の推定[*]

山田雄二・牧本直樹・高嶋隆太

概要 電力市場における取引リスク分析や入札戦略を検討する上では，約定価格のモデル化と予測は必要不可欠である．本研究では，日本卸電力取引所（JEPX）で取引される電力スポット価格を対象に，価格予測モデル構築とアウトオブサンプルにおける精度評価，および入札量–価格関数の推定を行う．価格予測モデルの構築と検証は，以下の手順で実施する．まず，時間帯ごとのスポット価格データに一般化加法モデル（GAM）を当てはめ，スポット価格の周期性と曜日・休日特性を抽出する．また，GAM の残差の多変量系列に対して VAR モデルを適用し，条件付き期待値を用いた将来価格予測を行う．さらに，実際の取引データに対してアウトオブサンプルにおける予測精度を検証する．

つぎに，JEPX スポット価格における入札量–価格関数の推定を以下の手順で行う．まず，約定量，売り入札総量，買い入札総量から売り，あるいは買い約定率を定義した上で，価格と約定率の関係に GAM を適用し，売り入札率関数，買い入札率関数をそれぞれ求める．この際，売り入札率関数は約定率の高いところで，買い入札率関数は約定率が低いところで，約定率変化に対する価格感応度が高いことを示す．さらに，推定した売り入札率関数，買い入札率関数に，売り，あるいは買い入札総量をそれぞれ掛け戻すことで，実績データを用いた入札量–価格関数の構築と検証を行う．

1 はじめに

日本卸電力取引所（Japan Electric Power Exchange; JEPX）とは，現物電力の上場取引が可能な国内唯一の電力市場であり，あらかじめ定められた期間のスポットや先渡などいくつかの商品が取引されている．なかでも，翌日受渡し電力の売買を行うスポット市場は，2005 年 4 月 1 日の開設から今年で 10 年

---

[*] 本研究は JSPS 科研費基盤研究（B）課題番号 25282087「市場リスクとエネルギーポートフォリオの統合マネジメントシステムの構築」の助成を受けたものです．

目の節目を迎え,近年では取引規模も拡大しデータの蓄積も着々と進んでいる.また,このような実績データの蓄積に伴い,JEPX の取引価格を対象とした電力価格のモデル化や実証分析についての研究も盛んになりつつある(Miyauchi (2014),西川(2005),大藤・兼本(2008),大藤・巽(2013),山口(2007)).

JEPX におけるスポット電力市場では,北海道,東北,東京,中部,北陸,関西,中国,四国,九州のエリアごとに,1 日につき 30 分(0.5 時間)単位の送電に関する 48 商品が上場取引されている.エリアごとの価格はエリアプライスとよばれ,エリア間をまたいで送電が可能な場合は共通のエリアプライス,エリア間で送電できない場合は異なるエリアプライスで約定される.仮に全エリア共通の価格で全電力を取引すると仮定して計算した約定価格はシステムプライスとよばれ,国内卸電力市場の取引価格指標として,JEPX がエリアプライスの実績値とともに公開している.

JEPX におけるスポット電力は,受け渡しの前日 9:30 にすべての時間帯の入札が締め切られ,板寄せによって約定処理が行われる[1].入札者は,各商品に対して価格と取引単位を指定して入札を行うのであるが,実際に約定処理が行われるまで取引が成立するかどうかは不明であり,約定価格も入札時には不確定である.そのため,翌日の発電計画や送電計画を立てながらスポット電力の入札を行う上では,約定価格を予測することは必要不可欠と考えられる.また,JEPX は,約定価格のシステムプライスとともに約定量,売り入札総量,買い入札総量を公開しているが,入札価格単位の板情報,すなわち入札価格とそれに対する入札量は公開されていない.これらの情報は,入札者である取引会員の利益の源泉となりうるため,詳細なデータの入手は困難であることが想定されるが,JEPX スポット価格における入札量と価格の関係を明示的に表現することは,JEPX スポット電力の需要,供給曲線の推定問題とも関係があり[2],

---

1) ただし,翌日が休日の場合は複数日の約定が休前日に時間をずらして処理される.たとえば翌日が土曜日の場合,土曜日の分は金曜日の 9:30 に,日曜日の分は同 11:30 に,月曜日の分は同 13:30 に締め切られ約定処理される(日本卸電力取引所(2004)).
2) 理論上,需要(供給)関数とは,買い手(売り手)が価格に反応していくらの買い注文(売り注文)を出すかという関係を与え,両者からなる連立方程式の解が市場均衡点が与えるものである.JEPX における入札量–価格関数は,実績データから推定される入札量と価格の関係を表す関数であり,売り入札量を供給,買い入札量を需要の代理変数とすることで,実務上は需要,供給関数を与えるものと解釈されるが,本論文では,JEPX スポット価格の取引(日本卸電力取引所(2004))に即した入札量–価格関数の表現を主に用いることとする.

スポット電力市場の市場構造を分析する上で検討すべき重要な課題であるといえる．以上を念頭に，本研究では，JEPX スポット市場におけるシステムプライスに焦点を当て，一般化加法モデル（GAM）を用いて価格に含まれる季節性・曜日祝日・長期トレンドをモデル化した上で，残差に対して多変量自己回帰（VAR）モデルを適用するというアプローチで，将来価格予測と予測精度検証を行う．さらに，約定量，売り・買い入札総量から売り約定率（約定量を入札総量で除した値），買い約定率を計算した上で，約定価格に対する約定率のGAM から価格と入札率（入札量を総量で除した値）の関係を表す入札率関数を推定し，総量を掛け戻すことで入札量–価格関数を推定する手法を提案する．

2 条件付き期待値に基づく予測モデル

電力は，時間によって需要が変化することから，価格特性が時間帯ごとに異なることが想定される．また，同一時間帯の価格データを時系列でみた場合，周期性による電力需要の変化や曜日・休日の影響などのカレンダー特性をもつことが考えられる．これらの特徴を勘案し，本論文では，まず，時間帯ごとの価格データを一つの系列として，周期性，曜日効果，休日効果を抽出し，残差成分に対して多変量時系列モデルを構築するという方針で，時間帯価格予測のためのモデル化を行う．

2.1 GAM によるカレンダー・トレンドの抽出

本節では，同一時間帯における 0 分と 30 分の約定価格を平均した 1 日につき 24 個の価格を時間帯価格とよび，第 t 日における時刻 m の個別時間価格 $P_t^{(m)}$, $t=1,\ldots,N$, $m=0,\ldots,23$ に対して，以下の一般化加法モデル（Generalized Additive Model; GAM (Hastie (1990))）を構築することを考える[3]．

$$P_t^{(m)} = f^{(m)}(Seasonal_t) + \beta_1^{(m)} Mon_t + \beta_2^{(m)} Tue_t + \cdots + \beta_6^{(m)} Sat_t \\ + \beta_7^{(m)} Holiday_t + \beta_8^{(m)} Period_t + \varepsilon_t^{(m)} \qquad (1)$$

ただし，$f^{(m)}$, $m=0,\ldots,23$ は推定される平滑化スプライン関数，$\beta_i^{(m)}$, $i=1,\ldots,8$ は回帰係数，$\varepsilon_t^{(m)}$ は $\mathbb{E}[\varepsilon_t]=0$ を満たす残差項であり，各変数は次のよう

---

[3] 本論文では，R3.0.2 (http://cran.r-project.org/) のパッケージ mgcv 内の関数 gam() を用いて GAM を構築する．なお，gam() では，平滑化パラメータの算出に一般化クロスバリデーション規準（辻谷・外山 (2007)）を採用している．

に定義される.

- $Seasonal_t$:周期性トレンドを表す年次周期ダミー変数（$=1,\ldots,365$（or 366））.
- $Mon_t, Tue_t, \ldots, Sat_t$:曜日効果を表すダミー変数.たとえば $Mon_t=1$（月曜）or 0（それ以外）など.
- $Holiday_t$:休日効果を表すダミー変数（祝日なら 1,それ以外 0）.
- $Period_t$:長期線形トレンドを表す日次ダミー変数（$=1,\ldots,N$）.

GAM（1）における残差以外の項は,長期トレンド,周期性トレンド,祝日・曜日トレンドを表す日付や曜日に関する項である.本論文では,これらの項を,総じてカレンダー・トレンドとよぶことにする.時間帯価 $P_t^{(m)}$ は,GAM（1）を適用することにより,カレンダー・トレンドと残差項に分解される.

年次周期ダミー（周期性ダミー）は,データの起点から 1 年周期で順番に 1 から 365（ダミー変数を割り当てる期間に 2 月 29 日が含まれる場合は 366）を順次割り当てるものである.このような周期性ダミーについての平滑化スプライン関数 $f^{(m)}$ であるが,GAM（1）をそのまま適用した場合,ダミー変数の始点と終点においてスプライン関数が接続しないという問題がある.また,うるう年の 2 月 29 日を含む場合に周期が 366 日となり,厳密には 1 年は同一周期でないことも考慮する必要がある.

本論文では,これらの課題に対応するため,線形回帰モデル $Y=Xb+e$（ただし,Y は被説明変数の標本ベクトル,X は説明変数の標本行列,e は残差ベクトル）において,

$$\begin{bmatrix} Y \\ Y \\ Y \end{bmatrix} = \begin{bmatrix} X \\ X \\ X \end{bmatrix} b + \begin{bmatrix} e \\ e \\ e \end{bmatrix} \tag{2}$$

のように変数を重複させても回帰係数の推定値は同じ（$\hat{b}=(X^\top X)^{-1}X^\top Y$）であることを利用し,ダミー変数の始点と終点で平滑化スプライン関数 $f^{(m)}$ が近似的に接続するように,GAM（1）を構築することを考える.具体的な手順は以下の通りである.

1. Y を被説明変数（本分析では時間帯価格）の標本ベクトル,X を周期性ダミー以外の説明変数の標本行列,$S^{(i)}$ を 1 年周期が下記（a）,（b）,（c）で定義される $Seasonal_t^{(i)}$（$i=1,2,3$）の標本ベクトルとする.

   （a） 2 月 29 日を含む期間：

$Seasonal_t^{(1)} = -365, \ldots, 0,\ Seasonal_t^{(2)} = 1, \ldots, 366,$
$Seasonal_t^{(3)} = 366, \ldots, 731$

(b) （a）の翌期：

$Seasonal_t^{(1)} = -364, \ldots, 0,\ Seasonal_t^{(2)} = 1, \ldots, 365,$
$Seasonal_t^{(3)} = 367, \ldots, 731$

(c) 上記以外：

$Seasonal_t^{(1)} = -364, \ldots, 0,\ Seasonal_t^{(2)} = 1, \ldots, 365,$
$Seasonal_t^{(3)} = 366, \ldots, 730$

2. 次式で与えられる被説明変数の標本ベクトル，説明変数の標本行列の組について，GAM（1）を当てはめる．

$$\begin{bmatrix} Y \\ Y \\ Y \end{bmatrix},\ \begin{bmatrix} S^{(1)} & X \\ S^{(2)} & X \\ S^{(3)} & X \end{bmatrix} \tag{3}$$

3. $Seasonal_t^{(2)} = 1, \ldots, 365\ (366)$ の場合の平滑化スプライン関数を周期関数として採用する．

GAMを適用した分析手法であるが，回帰分析に基づくため，他の説明変数を加えることが可能であり，かつ一つの分析モデルで時間価格に対する説明変数の有意性等を評価することができるなどの利点がある[4]．また，うるう年（2月29日を含む期間）においてデータを1日分削除しないで済むので，週次予測を行う際に曜日がずれないなど，予測評価にも適している．

2.2 VARモデルを用いた条件付き期待値予測

GAM（1）における残差以外の説明変数は，仮に将来時点の値であってもカレンダーをみれば確定的に決まる．すなわち，いったん，GAM（1）が構築されれば，カレンダー・トレンドは日付・曜日に関する確定的な関数である．一方，将来時点の残差項は不確定であり，事前に予測不能な確率変数である．したがって，将来時点の時間帯価格の不確実性は，残差項が確率変数であることに起因する．以上を踏まえて，本節では，時点 t までに観測された価格情報を用いて，$\tau(=1, 2, \ldots)$ 日後の価格 $P_{t+\tau}^{(m)}$ を条件付き期待値 $\mathbb{E}[P_{t+\tau}^{(m)}|\mathcal{F}_t]$ によって予測することを考える[5]．

---

4) ただし，データを重複して推定するため t 値を調整する必要がある．たとえば標準的な重回帰モデルの場合，データを重複させると回帰係数の t 値は重複の回数倍される．

まず，$\mathbb{E}[P_{t+\tau}^{(m)}|\mathcal{F}_t]$ を予測値とする場合の予測誤差（Forecast Error; FE）を以下のように定義する．

$$\mathrm{FE}_{t,\tau}^{(m)} := P_{t+\tau}^{(m)} - \mathbb{E}[P_{t+\tau}^{(m)}|\mathcal{F}_t] \tag{4}$$

このとき，GAM（1）において残差以外の項は確定的であることに注意すると，$\mathrm{FE}_{t,\tau}^{(m)}$ は次式を満たす．

$$\mathrm{FE}_{t,\tau}^{(m)} = \varepsilon_{t+\tau}^{(m)} - \mathbb{E}[\varepsilon_{t+\tau}^{(m)}|\mathcal{F}_t] \tag{5}$$

（5）式は，残差 $\varepsilon_{t+\tau}^{(m)}$ の条件付き期待値と実績値との差が，時間帯価格 $P_{t+\tau}^{(m)}$ に対する予測誤差を与えることを示す．特に，無条件期待値の下では，

$$P_{t+\tau}^{(m)} - \mathbb{E}[P_{t+\tau}^{(m)}] = \varepsilon_{t+\tau}^{(m)} \tag{6}$$

が成り立ち，事前価格情報がない（無条件である）場合の予測誤差は，残差 $\varepsilon_{t+\tau}^{(m)}$ に一致することがわかる．

本論文では，$\varepsilon_t^{(m)}$ を各要素とするベクトル $\boldsymbol{e}_t := [\varepsilon_t^{(0)}, \ldots, \varepsilon_t^{(23)}]^\top$ に対してVARモデル

$$VAR(q): \boldsymbol{e}_t = \Phi_1 \boldsymbol{e}_{t-1} + \cdots + \Phi_q \boldsymbol{e}_{t-q} + \boldsymbol{c} + \boldsymbol{\eta}_t \tag{7}$$

を適用し，$\varepsilon_{t+\tau}^{(m)}, m = 0, 1, \ldots, 23$ の条件付き期待値を計算する．ただし，$\Phi_i \in \Re^{24 \times 24}$ は係数行列，$\boldsymbol{c} \in \Re^{24}$ は定数ベクトルである[6]．また，$\boldsymbol{\eta}_t \in \Re^{24}$ はVARモデル（7）の残差ベクトルである．

まず $q = 1$ の場合，（7）式を再帰的に適用することにより，$\boldsymbol{e}_{t+\tau}$ は以下のように展開される．

$$\boldsymbol{e}_{t+\tau} = \Phi_1^\tau \boldsymbol{e}_t + (\Phi_1^{\tau-1} + \cdots + \Phi_1 + I)\boldsymbol{c} + (\Phi_1^{\tau-1}\boldsymbol{\eta}_{t+1} + \cdots + \Phi_1 \boldsymbol{\eta}_{t+\tau-1} + \boldsymbol{\eta}_{t+\tau})$$

さらに，$\mathbb{E}[\boldsymbol{\eta}_{t+k}|\mathcal{F}_t] = 0, k = 1, \ldots, \tau$ であるので，条件付き期待値 $\mathbb{E}[\boldsymbol{e}_{t+\tau}|\mathcal{F}_t]$ は次式のように与えられる．

$$\mathbb{E}[\boldsymbol{e}_{t+\tau}|\mathcal{F}_t] = \Phi_1^\tau \boldsymbol{e}_t + (\Phi_1^{\tau-1} + \cdots + \Phi_1 + I)\boldsymbol{c} \tag{8}$$

また，$q \geq 2$ の場合は，以下のような拡大系を構成することにより，$q = 1$ の問題に帰着することができる．

$$\underbrace{\begin{bmatrix} \boldsymbol{e}_t \\ \boldsymbol{e}_{t-1} \\ \vdots \\ \boldsymbol{e}_{t-q+1} \end{bmatrix}}_{\hat{\boldsymbol{e}}_t} = \underbrace{\begin{bmatrix} \Phi_1 & \Phi_2 & \cdots & \Phi_q \\ I & 0 & \cdots & 0 \\ 0 & \ddots & \ddots & \vdots \\ 0 & 0 & I & 0 \end{bmatrix}}_{\hat{\Phi}_1} \underbrace{\begin{bmatrix} \boldsymbol{e}_{t-1} \\ \boldsymbol{e}_{t-2} \\ \vdots \\ \boldsymbol{e}_{t-q} \end{bmatrix}}_{\hat{\boldsymbol{e}}_{t-1}} + \underbrace{\begin{bmatrix} \boldsymbol{c} \\ \boldsymbol{c} \\ \vdots \\ \boldsymbol{c} \end{bmatrix}}_{\hat{\boldsymbol{c}}} + \underbrace{\begin{bmatrix} \boldsymbol{\eta}_t \\ 0 \\ \vdots \\ 0 \end{bmatrix}}_{\hat{\boldsymbol{\eta}}_t} \tag{9}$$

---

5) $\mathcal{F}_t$ は，時点 t に至るまでの価格情報を含む情報増大系である．

ここで，(9) 式下カッコのように $\hat{e}_t, \hat{c}, \hat{\eta}_t, \hat{\Phi}_1$ を置けば，(9) 式は以下のように書き直される．

$$\hat{e}_t = \hat{\Phi}_1 \hat{e}_{t-1} + \hat{c} + \hat{\eta}_t \tag{10}$$

よって，(8) 式において $\Phi_1 \equiv \hat{\Phi}_1, e_t \equiv \hat{e}_t, c \equiv \hat{c}$ とした上で $\hat{e}$ の条件付き期待値 $\mathbb{E}[\hat{e}_{t+\tau}|\mathcal{F}_t]$ を計算し，

$$\mathbb{E}[e_{t+\tau}|\mathcal{F}_t] = [I \ 0 \ \cdots \ 0] \times \mathbb{E}[\hat{e}_{t+\tau}|\mathcal{F}_t]$$

とすることで $\mathbb{E}[e_{t+\tau}|\mathcal{F}_t]$ が求められる．また，$\mathbb{E}[e_{t+\tau}|\mathcal{F}_t]$ の第 m 要素が $\varepsilon_{t+\tau}^{(m)}$, $m = 0, 1, \ldots, 23$ の条件付き期待値を与える．

2.3 アウト・オブ・サンプルにおける予測評価手法

残差 $\varepsilon_{t+\tau}^{(m)}$ の予測値として条件付き期待値を用いれば，(5) 式より，時間帯価格 $P_{t+\tau}^{(m)}$ の予測誤差は残差の予測誤差に一致する．結果として，時間帯価格 $P_{t+\tau}^{(m)}$ の予測は，残差 $\varepsilon_{t+\tau}^{(m)}$ 予測評価問題に帰着されることがわかる．以上を念頭に，本論文では，残差 $\varepsilon_{t+\tau}^{(m)}$ に対するアウト・オブ・サンプルの予測精度を，以下の手順で検証するものとする[7]．

1. 全期間 ($t = 1, \ldots, N$) の時間帯価格データ ($m = 0, 1, \ldots, 23$) に対してGAM (1) を適用することによって，平滑化関数 $f^{(m)}$，および回帰係数 $\beta_i^{(m)}$, $i = 1, \ldots, 8$ を推定し，時間帯価格系列 $P_t^{(m)}$ をカレンダー・トレンドと残差 $\varepsilon_t^{(m)}$ に分解する．

2. k を予測実施時点，L を時点 k から遡った学習期間の長さ，τ を予測ホライズンとする．予測実施時点を $k = L, \ldots, N - \tau$ のように変化させ，以下を繰り返す．

(a) 学習期間 $t = k, k-1, \ldots, k-L+1$ の残差 $\varepsilon_t^{(m)}$ を用いて VAR モデル (7) を構築する[8]．

---

6) GAM (1) においては $\mathbb{E}[e_t] = 0$ であるので $c = 0$ を満たすが，ここでは一般的に c を含む場合について条件付き期待値を導出する．

7) 本手法を実際の運用に適用する場合，カレンダー・トレンドもアウト・オブ・サンプルで予測する必要がある．このことは，GAM (1) における平滑化関数 $f^{(m)}$ や回帰係数 $\beta_i^{(m)}, i = 1, \ldots, 8$ も学習期間のデータを用いて推定し，将来時点のカレンダー・トレンドを予測することに対応する．ただし，本論文では，このようなカレンダー・トレンドの予測精度の検証に関しては今後の課題とする．

8) 本論文では，MATLAB モジュールである ARfit (Neumaier and Schneider (2001)) (http://clidyn.ethz.ch/arfit/index.html) を用いて VAR モデルを構築する．なお，ARfit においては，次数 q は Schwarz's Bayesian Criterion によって決定される．

(b) $\varepsilon_{k+\tau}$ の条件付き期待値 $\mathbb{E}[\varepsilon_{k+\tau}|\mathcal{F}_k]$ を,予測実施時点 k から τ 日後(時点 $k+\tau$)の残差予測値とする.

(c) 予測誤差 $\text{FE}_{k,\tau}^{(m)} = \varepsilon_{k+\tau}^{(m)} - \mathbb{E}[\varepsilon_{k+\tau}^{(m)}|\mathcal{F}_k]$ を算出する.

3 時間帯価格予測の検証結果

本論文では,2005 年 5 月 1 日から 2014 年 6 月 10 日までの JEPX システムプライスにおいて,各時間 0 分と 30 分の平均をとった 24 時間分 ($m = 0, \ldots, 23$) の時間帯価格データを用いる.この場合,個別時間帯価格の時系列方向のサンプル数は $N = 3328$ ($t = 1, \ldots, N$) である.また,本論文で用いる JEPX スポット電力に関する時系列データは,JEPX ホームページ[9]よりダウンロードしている.

3.1 カレンダー・トレンドの推定

まず,2.1 項で述べた手順にしたがって GAM (1) を適用し,カレンダー・トレンドを推定する.図 1-1,図 1-2 は,それぞれ,午前 1 時-11 時,午後 1 時-11 時の 2 時間ごとの時間帯価格データに GAM (1) を適用した際の,周期性トレンドに関する平滑化スプライン関数 $f^{(m)}$, $m = 0, 1, \ldots, 23$ の推定結果で

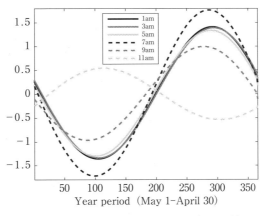

図 1-1　周期性トレンド推定結果(1-11 時)

---

9) http://www.jepx.org/market/index.html

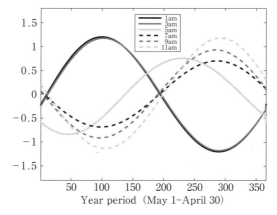

図 1-2　周期性トレンド推定結果（13-23 時）

ある.ただし,これらのグラフは,$f^{(m)}(Seasonal_t)$ の標本平均を差し引くことによって,平均が 0 になるように標準化されている.なお,このような $f^{(m)}(Seasonal_t)$ の標本平均は GAM の定数項に一致し,曜日・祝日や長期トレンドの影響を除去した後の,各時間帯価格における年間平均水準を与える[10].

　これらの推定結果においては,午後 7 時から午前 9 時にかけての周期性トレンドはほぼ同じ周期で変動しており,振幅は午前 7 時が全価格帯のなかでもっとも大きいことがわかる.また,周期性トレンドの起点が 5 月 1 日であることに注意すると,起点から 100 日目（8 月 8 日）前後でこれらの曲線は最小値をとり,その後は冬場にかけて上昇し 280-290 日目（2 月中旬）あたりで最大値をとる.このような周期性は,夏場においては夕方以降の気温低下による冷房需要の減少,冬場においては暖房需要の増加によるものと考えられる.一方,気温が上昇する午前 11 時以降の時間帯においては,位相が午前中のものと逆になる傾向にあり,夏場は気温上昇による冷房需要の上昇,冬場は暖房需要の低下を反映し,周期性トレンドは真夏にかけて上昇し冬場にかけて低下する.ま

---

10)　周期性トレンドの起点を 5 月 1 日（$Seasonal_t = 1$）,終点を 4 月 30 日（$Seasonal_t = 365$ あるいは $Seasonal_t = 366$）とし,周期性ダミーが $Seasonal_t = 1, \ldots, 355$ (366) をとるデータセットに対応する残差を分析に使用する.このように残差の一部を利用することは,厳密には定数項の推定値に影響を与えることが想定されるが,抽出した残差の標本平均は十分 0 に近くその影響は微小と考えられるため,本分析では定数項の調整は実施していない.

た，位相が反転する中間にあたる午前 11 時の周期性トレンドは，すべての時間帯のなかでもっとも振幅が小さく，他の価格と比べて季節的な変化がほとんど観測されない．

図 1-3 は，横軸を時間とした際の曜日・祝日ダミー回帰係数の推定結果を表す．平日の回帰係数については，昼間の時間帯が正方向に値が大きい傾向であるが，正午のみ値が低下するという傾向で一致している．一方，祝日の傾向は

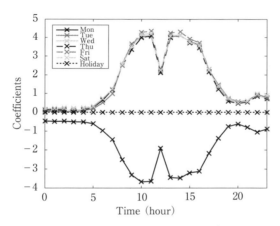

図 1-3 曜日・祝日ダミー係数の推定結果

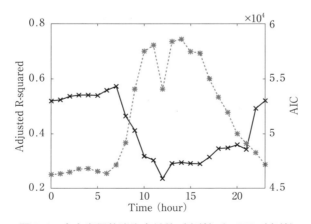

図 1-4 自由度調整済決定係数（実線）と AIC（点線）

平日と逆であり，全体的に負の方向にシフトしている．図1-4は，各時間帯価格にGAM（1）を当てはめた際の調整済み決定係数とAICを示す．ただし，実線が左側縦軸の目盛をとる調整済み決定係数，点線が右側縦軸の目盛をとるAICである．これらの結果から，特に昼間から夕方の時間帯（10時から21時）は調整済み決定係数が低下し，値が30％を下回る場合があるなど，カレンダー・トレンドだけでは必ずしも高い予測精度を期待するのは困難であることが想定される．

3.2 条件付き期待値予測のアウト・オブ・サンプルにおける検証

つぎに，残差に対して条件付き期待値予測を実施した際の，アウト・オブ・サンプルにおける予測精度の検証結果を示す．ここでは，カレンダー・トレンドに関しては前項の推定結果を利用し，残差に2.3項で導入した予測評価手法を適用するものとする[11]．また，学習期間を$L=500$日に設定しVARモデルを構築した上で，学習期間最終日からτ日先の残差を予測するといった手順を繰り返し，予測誤差を計算するものとする．

図1-5における黒の実線は，プーリングデータに関する$FE_{k+\tau}^{(m)}$の標本標準偏差を，異なるτについて計算したものである．また，比較のため，予測時点k

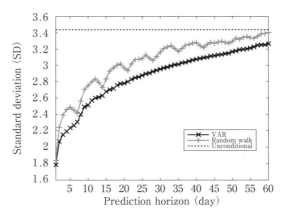

図1-5 プーリングデータ予測誤差標準偏差（Random walk vs. VAR 予測）

---

11) カレンダー・トレンドに関しても，学習期間と予測期間にわけて予測を行う分析については今後の課題とする．

の残差 $\varepsilon_k^{(m)}$ を $\varepsilon_{k+\tau}^{(m)}$ の予測値とするランダムウォーク (RW) 予測のプーリングデータ標準偏差を，グレーの線として表示している．なお，点線は無条件期待値 $\mathbb{E}[\varepsilon_{k+\tau}^{(m)}] = 0$ を予測値とした結果である．分析結果から，予測ホライズンが長くなればなるほど予測精度は劣化するが，60日先でも予測精度は無条件期待値のものよりも RW 予測や条件付き期待値予測の方が高いこと，数日から1週間程度の予測であれば，条件付き期待値を用いた予測で標準偏差が 2/3 程度以下に低減化されることがわかる[12]．また，すべての期間において，条件付き期待値の予測精度は RW 予測の精度を上回ること，RW 予測については予測精度に7日間ごとの周期性があることが観測されている．

GAM (1) に対する決定係数は，回帰式のみで目的変数 $P_t^{(m)}$ を予測した場合の寄与率を与えるものと考えることができる．たとえば，決定係数が1であれば，目的変数と予測値は完全相関し，回帰式による予測は100%の精度で達成される．このことを考慮して，時間帯ごとの予測誤差 $\mathrm{FE}_{t,\tau}^{(m)}$ に対して，「予測寄与率」を以下のように定義する．

$$\text{予測寄与率} = 1 - \frac{\mathrm{Variance}(\mathrm{FE}_{t,\tau}^{(m)})}{\mathrm{Variance}(P_{t+\tau}^{(m)})}$$

ただし，$\mathrm{Variance}(\cdot)$ は標本分散である．無条件期待値を用いた予測では，予

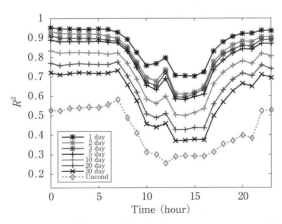

図 1-6 時間帯別予測寄与率（$t = 1, 2, 3, 5, 10, 20, 30$）

---

[12] アウト・オブ・サンプル予測を実施しているので，予測時点の残差情報を用いたとしても，予測精度が無条件期待値のそれを上回るとは限らないことを付け加える．

測誤差は残差によって与えられ，予測寄与率は通常の決定係数に一致する．

　図 1-6 は，各時間帯について予測寄与率を計算したものである．先にも述べたように，予測寄与率が 1 に近ければ近いほど，100％に近い予測効果が得られるといえるが，翌日予測においては，夕方から翌朝にかけての時間帯では予測寄与率は 0.9 を超えており，条件付き期待値予測による高い予測精度が達成されていることがわかる．一方，昼間の時間帯は，特に正午から午後 4 時にかけて予測寄与率が 0.7 前後に低下しており，この時間帯における予測精度の改善が課題としてあげられる．

4　約定率に基づく入札量‐価格関数の推定

　2014 年 7 月時点で JEPX は，スポット取引に関して，商品ごとの売り，あるいは入札の総量である売り入札総量（kWh），買い入札総量（kWh），および約定量（kWh），システムプライス（円/kWh），エリアプライス（円/kWh）のデータを公開しているが，入札価格単位の板情報，すなわち入札価格とそれに対する入札量は公開されていない．これらの情報は，入札者である取引会員の利益の源泉となりうるため，詳細なデータの入手は困難であることが想定されるが，JEPX スポット価格における入札量と価格の関係を明示的に表現することは，スポット電力市場の市場構造を分析する上で検討すべき重要な課題である．そこで本節では，約定価格，約定量，売り・買い入札総量から売り約定率，買い約定率を定義した上で，価格に対する約定率の GAM から価格と入札率の関係を表す入札率関数を推定し，総量を掛け戻すことで入札量‐価格関数を導出する手法を提案する．なお，本論文の入札量‐価格関数は，実績データから推定される入札量と価格の関係を表す関数であり，売り入札量を供給，買い入札量を需要の代理変数とすることで，実務上は需要，供給関数を与えるものと解釈されるが，ここでは，JEPX スポット価格の取引（日本卸電力取引所（2004））に即した入札量‐価格関数の表現を主に用いることとする．

4.1　入札量‐価格関数と入札率関数

　JEPX におけるスポット電力約定処理においては，図 1-7 の例に示すように，売り入札，買い入札の累積値を価格単位で積み上げることで，価格と入札量の関係を表す 2 本の線を売り買いでそれぞれ作成し，交点を与える価格と量から

1 一般化加法モデルを用いた JEPX 時間帯価格予測と入札量-価格関数の推定

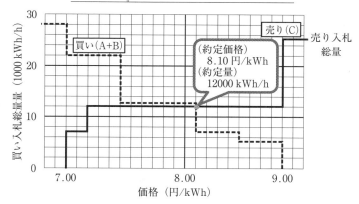

図 1-7 JEPX スポット価格における注文例（上表）と入札量-価格関数の例

約定価格と約定量が決定される（日本卸電力取引所（2004））．ただし，図 1-7 上の表は，日本卸電力取引所（2004）で約定処理を説明するために使用されている，電力スポット商品の買い入札注文，売り入札注文の例であり，図の 2 本の線はこの表の入札注文を元に作成している[13]．なお，右上がりの売りの線の y 座標は x 座標が与える入札価格以下での売り入札量，右下がりの買いの線の y 座標は同入札価格以上での買い入札量を示す．

入札者数が増えれば，図 1-7 の階段状の線は，なめらかな単調関数に近づくものと考えられる．図 1-8 左図は，多数の入札が行われたものと仮定した上で，これらの関数を，入札量を x 軸，価格を y 軸として書き直した概念図である．ただし，増加曲線は売り，減少曲線は買いのものであり，本論文では，これらの関数を，それぞれ売り入札量-価格関数，買い入札量-価格関数とよぶ．本節の目的は，このような入札量-価格関数を，JEPX スポット価格に対する公開デ

---

13) 入札者 A, B, C はいくつかの異なる入札価格で買い，あるいは売り注文を行っているが，表中における同一入札者が行う売り入札の場合，価格が高い方の入札は低い価格の入札量を含み，買い入札の場合，価格が低い方の入札は高い価格の入札量を含むことに注意する．

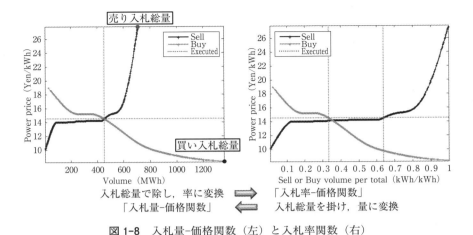

図 1-8 入札量-価格関数（左）と入札率関数（右）

ータを用いて推定する手法を提案することである．

本節の冒頭でも述べた通り，JEPX ではスポットの各商品に対し，約定量と約定価格の指標であるシステムプライス[14]，および全入札量の合計をそれぞれ売り入札総量，買い入札総量として公開している．約定量は入札量-価格関数の交点，売り入札総量，買い入札総量は，それぞれ，売り入札量-価格関数，買い入札量-価格関数における一番右端の点を与える入札量であるが，入札総量に対応する価格（売りの場合は最高入札価格，買いの場合は最低入札価格），および約定価格（システムプライス）以外の価格・量の情報は非公開である．そのため，観測される情報のみから入札量-価格関数を推定することは困難であることが想定される[15]．そこで本研究では，入札量-価格関数を直接推定するのではなく，入札量を総量で割った値を入札率と定義し，入札率関数とよぶ，入札率と価格の関係を表す関数を推定した上で，入札量-価格関数に変換することを考える．図 1-8 右図の増加曲線は，売り入札量-価格関数における x 軸の入札量を総量で割ることで入札率に変換し，入札率と価格の関係を表示した関数（売り入

---

14) JEPX が全国共通の価格で約定しているわけではないため，システムプライスはあくまで約定価格の指標であるが，ここではシステムプライスを約定価格とみなして分析を進める．

15) たとえば，約定価格に対する約定量の回帰式等によって入札量-価格関数を推定する場合，売りと買いの 2 つの関数を 1 つの交点における約定量，約定価格の観測値のみから推定することに起因する識別問題が生じる．

札率関数）である．また，減少曲線は，買い入札量-価格関数に同様の変換を施すことによって得られる買い入札率関数を示す．なお，これらの入札率関数は，入札量-価格関数の x 軸のスケールを，それぞれ売り，買いについて総量で割ることで率に基準化したものであるが，逆に入札率関数を入札量-価格関数に変換するには，売り入札総量，あるいは買い入札総量を，x 軸の売り入札率，買い入札率にそれぞれ掛け戻せばよい．

入札量-価格関数においては，約定価格に対応する入札量は，売り，買いともに共通の値，すなわち約定量によって与えられる．一方，入札率関数の場合，約定価格に対する入札率は，売り，買いそれぞれにおいて個別の値をとる[16]．本論文では，このような約定価格を与える入札率を，それぞれ，売り約定率，買い約定率とよぶ．約定率は，約定価格を与える入札量を売り，買いの入札総量で割ったものであるが，先にも述べた通り，約定価格を与える入札量は約定量であるので，約定率は約定量を売り入札総量，あるいは買い入札総量で割った値として，観測データから計算することができる．

個々のスポット電力商品に対して，入札率関数が日付によらず一定であると仮定すれば，観測データから計算される売り・買い約定率は，価格に対する入札率関数の断面（売り入札率，買い入札率の x 座標）が日々の価格変化とともに観測されたものと考えられる．したがって，このような断面をつなぎ合わせたものを平滑化スプライン関数などで補間（あるいは推定）することで，売り入札率関数，買い入札率関数（の推定値）を表示することができる．売り入札率関数，および買い入札率関数が構築されれば，x 軸の入札率に売り入札総量，買い入札総量を掛けてスケールを変換することによって，売り入札量-価格関数，買い入札量-価格関数がそれぞれ計算される．以上が，本論文における入札量-価格関数推定の基本的な考え方である．

4.2　入札率関数の構築

前項の最後で，入札率関数が日付によらず一定として推定手法の考え方を説明したが，実際には入札率関数は日々変動することが想定される．本論文では，このような日々の変動を気温や曜日・祝日に関する変数を導入することによってモデルの中に取り込むことを考える．具体的には，GAM (1) と同様に曜

---

[16]　図 1-8 右図参照．x 軸と平行な点線の約定価格に対し，売り入札率，買い入札率は，個別の値をとっている．

日・祝日ダミー変数，さらに第 t 日における時刻 m の全国気温インデックス値 $T_t^{(m)}$ を説明変数として追加し，入札率関数を構築する．なお，全国気温インデックスは，気象庁ホームページ「全国の気温」でカバーする国内 20 都市の時間ごと（1 日につき 24 時間分）の気温を，地域別人口で加重平均したものである[17]．また，第 t 日における時刻 m の売り約定率を $S_t^{(m)}$ (Sell matching rate)，買い約定率を $B_t^{(m)}$ (Buy matching rate) と表記すれば，$S_t^{(m)}$, $B_t^{(m)}$ は，第 t 日における時間帯 m のスポット電力約定量を売りあるいは買い入札量で除した値として次式のように定義される[18]．

$$S_t^{(m)} = \frac{約定量}{売り入札総量}, \quad B_t^{(m)} = \frac{約定量}{買い入札総量} \quad 【第 t 日，時間帯 m の値】$$

ここでは，まず，以下のように GAM を適用し，売り，あるいは買い入札率関数を構築することを考える．

$$P_t^{(m)} = f^{(m)}(S_t^{(m)}) + h_f^{(m)}(T_t^{(m)}) + \beta_{1f}^{(m)} Mon_t + \cdots + \beta_{6f}^{(m)} Sat_t$$
$$+ \beta_{7f}^{(m)} Holiday_t + \beta_{8f}^{(m)} Period_t + \varepsilon_{g,t}^{(m)} \tag{11}$$
$$P_t^{(m)} = g^{(m)}(B_t^{(m)}) + h_g^{(m)}(T_t^{(m)}) + \beta_{1g}^{(m)} Mon_t + \cdots + \beta_{6g}^{(m)} Sat_t$$
$$+ \beta_{7g}^{(m)} Holiday_t + \beta_{8g}^{(m)} Period_t + \varepsilon_{g,t}^{(m)} \tag{12}$$

ただし，$f^{(m)}, g^{(m)}, h_f^{(m)}, h_g^{(m)}, m = 0, 1, \ldots, 23$ は GAM で推定する平滑化スプライン関数，$\varepsilon_{g,t}^{(m)}, \varepsilon_{g,t}^{(m)}$ は残差項であり，他のダミー変数等は GAM (1) と同様に定義される．以下，記法を簡単にするため，特に断りがない限り時間帯に関する引数 m は省略するが，すべての変数，平滑化スプライン関数，および回帰係数は，時間帯ごとに観測，あるいは推定されるものとする．

GAM (11), (12) における右辺第 2 項以降は，気温，および曜日・祝日ダミ

---

17) 下記 20 都市（http://www.jma.go.jp/jp/yoho/）の気温データを http://www.data.jma.go.jp/gmd/risk/obsdl/ より取得．釧路，旭川，札幌，青森，秋田，仙台，新潟，金沢，東京，宇都宮，長野，名古屋，大阪，高松，松江，広島，高知，福岡，鹿児島，那覇

なお，全国の人口データは総務省統計局ホームページ（http://www.stat.go.jp/data/jinsui/index.htm）より 2013 年 10 月 1 日時点推計値を取得し，上記都市を含むもしくは近接する重複しない複数の県の人口で，JEPX システムプライスと同期間の各都市時間別気温（0-23 時）に対する加重平均値を求めた．ただし，北海道の場合は全人口を札幌，釧路，旭川で 1/2, 1/4, 1/4 に按分した．

18) 約定量，売り入札量，買い入札量は，システムプライスと同様，30 分ごとの各商品に対して日次データが公開されているが，ここでは 00 分と 30 分のデータを平均して，1 日につき 24 個（24 時間分）の時間帯データを用いることとする．

一変数に関する項であり，本分析において，これらの変数はコントロール変数の役割を果たす．一方，f, g は約定率に対する平滑化スプライン関数であるが，本論文ではこれらの関数における引数を売り入札率を表す変数 r_S，買い入札率を表す変数 r_B で置き換えることによって入札率関数を定義する．すなわち，時点 t における変数の観測値 P_t, S_t, B_t, T_t およびダミー変数値に対し，売り入札率関数 $\bar{f}_t$，買い入札率関数 $\bar{g}_t$ を，それぞれ次式のように構築する[19]．

$$\bar{f}_t(r_S) = f(r_S) + h_f(T_t) + \beta_{1f}Mon_t + \cdots + \beta_{6f}Sat_t + \beta_{7f}Holiday_t$$
$$+ \beta_{8f}Period_t + \varepsilon_{f,t} \qquad (13)$$

$$\bar{g}_t(r_B) = g(r_B) + h_g(T_t) + \beta_{1g}Mon_t + \cdots + \beta_{6g}Sat_t + \beta_{7g}Holiday_t$$
$$+ \beta_{8g}Period_t + \varepsilon_{g,t} \qquad (14)$$

ここで，約定量，売り，買い入札総量の観測値を $\hat{V}_t, \bar{V}_{S,t}, \bar{V}_{B,t}$，売り入札量，買い入札量を表す変数を V_S, V_B とすれば，入札率関数 $\bar{f}_t(r_S), \bar{g}_t(r_B)$ において $r_S = V_S/\bar{V}_{S,t}, r_B = V_B/\bar{V}_{B,t}$ とおいた V_S, V_B の関数 $\bar{f}_t(V_S/\bar{V}_{S,t}), \bar{g}_t(V_B/\bar{V}_{B,t})$ は，入札率関数を変数変換することによって導出される入札量-価格関数である．また，このような入札量-価格関数の交点は以下の関係（交点条件）を満たしている．

$$V_S = V_B = \hat{V}_t, \quad \bar{f}_t(\hat{V}_t/\bar{V}_{S,t}) = \bar{g}_t(\hat{V}_t/\bar{V}_{B,t})$$

売り入札量-価格関数，買い入札量-価格関数上の座標は，入札率の変数 r_S, r_B を用いれば，それぞれ，

$$(r_S\bar{V}_{S,t}, \bar{f}_t(r_S)), (r_B\bar{V}_{B,t}, \bar{f}_t(r_B))$$

のように表現され，入札率関数の x 軸が，入札総量 $\bar{V}_{S,t}, \bar{V}_{B,t}$ を掛けることによってスケール変換されていることがわかる．また，(13), (14) 式右辺の気温や曜日・祝日ダミーに関する項，および残差は，変数の観測値が与えられれば値が固定され，これらの変数の影響は入札量関数の高さ（線形関数であれば切片に相当）に反映される．このように，本手法は，コントロール変数である気温や曜日・祝日ダミーの影響を除いた残りの部分を約定率（あるいは入札率）の関数としてモデル化した上で，変数の観測値を用いて関数の高さ，入札総量を用いて x 軸のスケールを調整することによって，入札量-価格関数を構築する手法と解釈することができる．

---

19) 残差項 $\varepsilon_{f,t}, \varepsilon_{g,t}$ は陽には与えられないが，変数の観測値から GAM (11), (12) を用いて計算することができる．

4.3 同時推定手法

前項で述べた入札率関数推定法は，2本のGAM (11), (12) から，売り入札率関数，買い入札率関数を個別に推定するものである．一方，このような個別推定手法においては，残差項に0を代入したGAM (11), (12) における P_t の回帰予測式は互いに一致しない．結果として，残差項を0とした回帰予測式から，

$$\bar{f}_t(r_S) = f(r_S) + h_f(T_t) + \beta_{1f}Mon_t + \cdots + \beta_{6f}Sat_t + \beta_{7f}Holiday_t + \beta_{8f}Period_t \tag{15}$$

$$\bar{g}_t(r_B) = g(r_B) + h_g(T_t) + \beta_{1g}Mon_t + \cdots + \beta_{6g}Sat_t + \beta_{7g}Holiday_t + \beta_{8g}Period_t \tag{16}$$

のように売り入札率関数 $\bar{f}_t$，買い入札率関数 $\bar{g}_t$ を構築した場合，交点条件 $\bar{f}_t(S_t) = \bar{g}_t(B_t)$ が満たされないという問題が生じる[20]．それに対して，以下で導入する同時推定手法を用いて売り入札率関数，買い入札率関数を推定した場合，残差を0とおいた回帰予測式に対しても，交点条件は満たされるようになる．

同時推定手法においては，売り入札率関数 $\bar{f}_t$，買い入札率関数 $\bar{g}_t$ を，次式のGAMから同時に推計することを目的としている．

$$P_t = f(S_t) + g(B_t) + h(T_t) + \beta_1 Mon_t + \cdots + \beta_6 Sat_t + \beta_7 Holiday_t + \beta_8 Period_t + \varepsilon_t \tag{17}$$

ただし，f, g, h は平滑化スプライン関数，ε_t は残差項であり，ダミー変数等はGAM (1) と同様である．

GAM (17) の第3項以降は，下記に示す売り約定率関数 $\bar{f}_t$，買い約定率関数 $\bar{g}_t$ を構築する際の共通項（システマティック・ファクター）を与える．ここでは，システマティック・ファクターをまとめて，

$$Systematic_t = h(T_t) + \beta_1 Mon_t + \cdots + \beta_6 Sat_t + \beta_7 Holiday_t + \beta_8 Period_t \tag{18}$$

のように記述する．また，$\bar{f}_t, \bar{g}_t$ を以下のように定義する．

$$\bar{f}_t(r_S) = f(r_S) + g(B_t) + Systematic_t, \quad \bar{g}_t(r_B) = g(r_B) + f(S_t) + Systematic_t \tag{19}$$

(19) の2式における第1項以外の項は，時点 t における説明変数の観測値（あるいは予測値）が与えられれば固定されることに注意する．f, g が，それぞれ単調増加，単調減少であれば，$\bar{f}_t(r_S)$，$\bar{g}_t(r_B)$ は $r_S = S_t$，$r_B = B_t$ で唯一の交点をもち，このときの交点 $\bar{f}_t(S_t) = \bar{g}_t(B_t)$ は P_t の推定値を与える．観測値として価

---

[20] $\bar{f}_t(S_t) = P_t - \varepsilon_{f,t}$，$\bar{g}_t(B_t) = P_t - \varepsilon_{g,t}$ であるが，一般に $\varepsilon_{f,t} \neq \varepsilon_{g,t}$ であるため，$\bar{f}_t(S_t) \neq \bar{g}_t(B_t)$ である．

格 P_t も与えられば，残差 ε_t も計算されるので，$\bar{f}_t, \bar{g}_t$ を

$$\bar{f}_t(r_S) = f(r_S) + g(B_t) + Systematic_t + \varepsilon_t$$
$$\bar{g}_t(r_B) = g(r_B) + f(S_t) + Systematic_t + \varepsilon_t \quad (20)$$

のように再定義すれば，価格の実績値 P_t に対し，$\bar{f}_t(S_t) = \bar{g}_t(B_t) = P_t$ が成り立つ．このように，$\bar{f}_t, \bar{g}_t$ は，それぞれ，観測変数に関する実績値が与えられた際の，売り入札率関数，買い入札率関数の推定値を与える．一方，S_t, B_t を所与として，将来時点の価格を予測するようなケースにおいては，残差 ε_t を0に設定することも考えられる．このような場合は，(19) 式の $\bar{f}_t, \bar{g}_t$ を，売り入札率関数，買い入札率関数の推定値として利用することが可能である．

　本項で述べた GAM (17) に基づく同時推定手法は，1本の GAM で売りと買いの2本の入札率関数を導くという点において，一見，不自然にみえるかもしれないが，本推定手法が，元々は売り入札率関数と買い入札率関数を別々に推定する上で，売り入札率関数を推定する際は需要の代理変数である買い約定率，買い入札率関数を推定する際は供給の代理変数である売り約定率を，それぞれコントロール変数として導入しているものと考えればわかりやすい．電力市場の場合，売り手側の入札量と入札価格は，発電事業主が保有する発電設備の容量とコストに依存する．一般に発電事業主は，需要を見据えながらコストの低い発電設備から順に発電を行い，容量が不足する可能性があればより高いコストの発電設備を使用して発電を行う．発電事業主は，JEPX での取引とは別に，事前に需要家と相対で売電契約を結んでいるケースが多いので，需要が高くなることが予想されれば，コストの低い電力は事前契約によってすでに価格が固定されている需要家に送電されるので，コストの高い（したがって価格の高い）電力が JEPX に売り入札として出される．このように，売り手側は需要を見据えて入札を行うため，需要は売り入札に大きく影響を与えるが，本分析は，このような需要の影響をコントロールし，純粋に供給力と価格の関係をモデル化することを試みたものと捉えることができる．一方，買い手側にとっても，保有する発電設備だけでは事前契約を賄いきれず，不足電力を補うために JEPX で買い入札を行う場合，確実に不足電力を確保するためには，供給量と価格を見据えて入札を行うことが想定される．以上から，売り入札率関数を推定する際は需要の代理変数である買い約定率，買い入札率関数を推定する際は供給の代理変数である売り約定率をそれぞれコントロール変数として導入することは，電力市場における入札行動とも適合するものと考えられる．このように，電力

市場における入札行動を考慮しつつ，売り入札率関数（買い入札率関数）を推定する際に，買い約定率（売り約定率）をコントロール変数として平滑化スプライン関数を適用した GAM を用いれば，両者の GAM は一致し，結果として，同時推定手法が構築されることになる．

4.4 入札率関数の単調化変換

個別推定問題の GAM (11), (12), および同時推定の GAM (17) によって売り入札率関数，買い入札率関数を構築する際，平滑化スプライン関数（たとえば3次のスプライン関数）を用いて約定率の関数を推定すると，結果として得られる入札率関数が単調性（売り入札率関数であれば単調増加，買い入札率関数であれば単調減少）を満たさない可能性がある．本論文では，このような単調性を満たす GAM を厳密に解くための手法については今後の課題とし，かわりに，推定した約定率の平滑化スプライン関数を，標本点上で単調性を満たすように変換することを考える．

議論を単純にするために，ここでは以下のような，被説明変数 y_n を単一の変数 x_n で表現する平滑化スプライン関数 ϕ が推定されているものとする．

$$y_n = \phi(x_n) + c + \epsilon_n, \; n = 1, \ldots, N$$
$$\text{Mean}[\phi(x_n)] = 0 \tag{21}$$

ただし，c は定数項，$\text{Mean}[\cdot]$ は標本平均，ϵ_n は $\text{Mean}[\epsilon_n] = 0$ を満たす残差項である．また，一般性を失うことなく，説明変数 x_n は，

$$x_1 \leq x_2 \leq \cdots \leq x_N \tag{22}$$

を満たすとする[21]．

このとき，ϕ を単調増加関数 $\hat{\phi}$ に変換することを目的として，以下の最適化問題を考える[22]．

$$\min_{\psi_1, \ldots, \psi_N} \sum_{n=1}^{N} [\phi(x_n) - \psi_n]^2$$
$$\text{s.t.} \quad \psi_1 \leq \psi_2 \leq \cdots \leq \psi_N \tag{23}$$
$$\psi_1 + \cdots + \psi_N = 0$$

---

[21] (22) 式の条件が満たされない場合は，第 n 行が $(x_n, \phi(x_n))$, $n = 1, \ldots, N$ で与えられる行列を，第1列目が昇順かつ $(x_n, \phi(x_n))$ が同一の列になるようにソートしたものを利用すればよいので，(22) 式の条件は一般性を失わない．

[22] 単調減少関数に変換する場合は，不等式制約を，$\psi_1 \geq \psi_2 \geq \cdots \geq \psi_N$ で置き換えればよい．

問題 (23) は，線形制約条件の下での二次計画問題であり，内点法などを適用することにより効率的に解くことができる．また，問題 (23) の解を $\hat{\psi}_n$, $n=1,\ldots,N$ とすれば，

$$\hat{\phi}(x_n) = \hat{\psi}_n, \ n=1,\ldots,N \tag{24}$$

を満たす関数 $\hat{\phi}$ は，単調化条件と基準化条件

$$\hat{\phi}(x_1) \leq \hat{\phi}(x_2) \leq \cdots \leq \hat{\phi}(x_N), \ \mathrm{Mean}[\hat{\phi}(x_n)] = 0 \tag{25}$$

を満たし，かつ，標本点上で $\phi(x_n)$ との二乗平均誤差を最小にしている．

(24), (25) 式を満たす $\hat{\phi}$ であるが，基本的には (x_n, ψ_n), $n=1,\ldots,N$ を通るという制約だけで，その候補は無数にある．もっとも簡単な $\hat{\phi}$ の候補は，(x_n, ψ_n) を線形補間したものであるが，このようにして構築した関数は平滑化条件を満たさない．一方，(x_n, ψ_n) を GAM と同様に 3 次のスプライン関数で補間する場合，再び単調性の条件が満たされない可能性があるが，文献 (Wolberg and Alfy (1999)) では，3 次のスプライン関数に単調性の制約を課し，補間するための手法を提案している[23]．本論文では，補間については線形補間を採用することとし，単調性条件下でのスプライン補間，あるいは単調性を満たすGAM の構築については今後の課題とする．なお，約定率の関数を単調化した際の近似精度については，$\hat{\phi}(x_n)$ を用いた際の残差

$$\hat{\epsilon}_n = y_n - \hat{\phi}(x_n)$$

に対して決定係数

$$1 - \mathrm{Variance}(\hat{\epsilon}_n) / \mathrm{Variance}(y_n) \tag{26}$$

を計算し，$\phi(x_n)$ を用いた場合の決定係数

$$1 - \mathrm{Variance}(\epsilon_n) / \mathrm{Variance}(y_n) \tag{27}$$

と比較することにより，評価することができる．(26) 式の決定係数の値が (27) 式が与えるものに十分近ければ，単調化をしても，決定係数の差で与えられるモデル適合度への影響は微小であるものと判断される．

以下，このような二次計画問題を解くことによって，同時推定問題の GAM (17) における f, g を単調変換した場合の，売り入札率関数，買い入札率関数を示す．ただし，GAM (17) を適用した際の平滑化スプライン関数は，$\mathrm{Mean}[f(S_t)] = 0$, $\mathrm{Mean}[g(B_t)] = 0$, $\mathrm{Mean}[h(T_t)] = 0$ を満たすとする[24]．

---

23) ただし，文献 (Wolberg and Alfy (1999)) のスプライン関数は，単調性を満たすかわりに，3 次スプライン関数の要件の一つである C^2 級の条件は満たされなくなるため，なめらかであるが厳密には 3 次スプライン関数のクラスに属さない．

まず，GAM (17) における f, g を，最適化問題 (23) を解くことによって単調増加関数，単調減少関数に変換したものを，それぞれ $\hat{f}, \hat{g}$ とし，$\hat{f}, \hat{g}$ を用いた際の残差 $\hat{\varepsilon}_t$ を以下のように定義する．

$$\hat{\varepsilon}_t = P_t - \hat{f}(S_t) - \hat{g}(B_t) - Systematic_t \tag{28}$$

ただし，$Systematic_t$ は (18) 式で定義される．このとき，時点 t における売り入札率関数 $\bar{f}_t$，買い入札率関数 $\bar{g}_t$ は，以下のように与えられる．

$$\bar{f}_t(r_S) = \hat{f}(r_S) + \hat{g}(B_t) + Systematic_t + \hat{\varepsilon}_t, \bar{g}_t(r_B) = \hat{g}(r_B) + \hat{f}(S_t) \\ + Systematic_t + \hat{\varepsilon}_t \tag{29}$$

$\hat{\varepsilon}_t$ の定義より明らかに，$\bar{f}_t, \bar{g}_t$ は，$P_t = \bar{f}_t(S_t) = \bar{g}_t(B_t)$ を満たしている．また，$\hat{\varepsilon}_t$ は，

$$\hat{\varepsilon}_t = \varepsilon_t + f(S_t) - \hat{f}(S_t) + g(S_t) - \hat{g}(S_t)$$

のように書けるので，単調化変換後の残差 $\hat{\varepsilon}_t$ は，二次計画問題を解いた後，目的関数における $f(S_t) - \hat{f}(S_t), g(B_t) - \hat{g}(B_t)$ の値を，単調化変換前の残差 ε_t に足し戻すことによって求めることもできる．

5 入札量-価格関数推定結果

ここでは，分析データとして，3節で使用した JEPX システムプライスに加え，約定量，売り入札総量，買い入札総量，および全国気温インデックス値の実績データを使用する．ただし，約定量，売り入札総量，買い入札総量は，3節までの分析と同様，各時間 0 分と 30 分の平均をとって時間帯別 (0-23 時) に換算するものとする．また，2005 年 8 月 7 日までの約定量に欠測値が存在するので，本分析では，データ期間の起点を 2005 年 8 月 8 日（終点を 2014 年 6 月 10 日）とする．この場合，時系列方向のサンプル数は $N = 3229$ ($t = 1, \ldots, 3229$) である．なお，分析は個別推定手法 (GAM (11), (12))，および同時推定手法両方のケースについて行っているが，推定結果に大きな相違はみられないため，紙面の関係上，ここでは同時推定手法の結果を中心に示す．

5.1 GAM の推定結果

図 1-9〜図 1-12 は，それぞれ同時推定手法における GAM (17) の平滑化スプライン関数（約定率，気温），定数項と日次ダミー係数の年換算値の推定結果

---

24) GAM(17) に定数項 c を導入することにより，一般性を失うことなくこれらの条件は満たされる．

を示す.ただし,図 1-9～図 1-11 の左図は,それぞれ,9 時,11 時,13 時,15 時,17 時,19 時の時間帯価格に対する売り約定率,買い約定率,気温の平滑化スプライン関数,図 1-9～図 1-11 の右図は 21 時,23 時,1 時,3 時,5 時,7 時の時間帯価格に対してのものである.また,図 1-9～図 1-10 における垂直な点線は,横軸が示す約定率の中間値を表す.なお,これらのスプライン関数は平均値が 0 になるように標準化されていることに注意する[25].各時間帯におけるスプライン関数の平均値の和は説明変数の影響を除いた時間帯価格の平均水準を与えるものと考えられるが,この値は図 1-12 の実線が示す定数項に一致する[26].

以下,平滑化スプライン関数の推定結果が示す約定率と価格の関係について議論する.まず,図 1-9 に示す売り約定率のスプライン関数推定結果からは,約定率が 0.7 を上回るあたりから約定率の上昇とともに価格が大きく上昇し,約定率の上昇に対する価格感応度も高いことがわかる.売り入札の原資を与えると考えられる火力発電の場合,発電コストの高い発電所の電力ほど高い価格で入札されるものと考えられるが,約定率が高い場合,通常は約定されない高

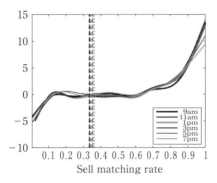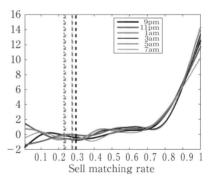

図 1-9 売り約定率の平滑化スプライン関数(左:午前 9 時-午後 7 時,右:午後 9 時-午前 7 時)

---

25) 気温であれば,$h(T_t)$ の標本平均が 0 になるように調整されている.
26) 定数項を比較すると,昼間の時間帯(10-17 時)において,価格水準が他よりも高いことがわかる.一方,図 1-12 の点線が示す日次ダミー係数の年次換算値によれば,価格上昇は朝晩(0-9 時,18 時以降)の方が顕著であるが,これは原子力発電所の停止の影響も考えられ,震災前と震災以降で比較するなどの分析が今後の課題としてあげられる.なお,曜日・祝日ダミー係数の推定値については,傾向が図 1-3 の結果と同様であったので,紙面の都合上,ここには掲載してない.

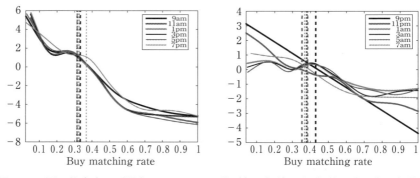

図 1-10 買い約定率の平滑化スプライン関数（左：午前9時-午後7時，右：午後9時-午前7時）

い価格の電力も約定されるので，このような急激な価格上昇が生じるものと考えられる．特に，約定率が0.9以上の場合と0.7以下の場合ではすべての時間帯において価格に10円程度の差があり，売り約定率が高い値で推移した場合，約定率の変化が価格の大幅な上昇につながることが示唆される．

図1-10の買い約定率についてのスプライン関数推定結果からは，売りのケースとは逆に約定率の低下に伴う価格の上昇が観測される．ただし，買い約定率のスプライン関数の場合，日中と夜間で傾向が異なり，夜間の方は時間帯ごとに形状が若干異なる．一方，日中の場合，約定率が減少するにつれて価格は緩やかに上昇するが，0.6以下のところで傾きが急になり，中央値を与える0.3-0.35以下のあたりで一度フラットになる．さらに，約定率が0.2を下回るあたりで価格が大きく上昇することがみてとれる．

つぎに，図1-11に示される，気温の平滑化スプライン関数について考察する．まず，日中である午前11時，午後1時，午後3時の気温の価格に与える影響は，気温の高い場合と低い場合で異なることがわかる．たとえば，午後1時のスプライン関数の場合，気温が高いところで価格が高く，かつ気温の低いところでも価格が高くなるという，夏期および冬季の，冷房あるいは暖房需要の影響をそれぞれ反映している．また，夏期の気温が高い際の気温に対する価格感応度の方が，冬季の気温が低い際の気温に対する価格感応度より絶対値が高く，冷暖房需要の相対的な影響の違いも観測されている．一方，夜間から明け方にかけては，気温が低いところでの価格感応度は高いが，気温が高いところ

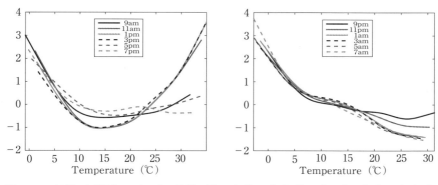

図 1-11 気温の平滑化スプライン関数（左：午前9時-午後7時，右：午後9時-午前7時）

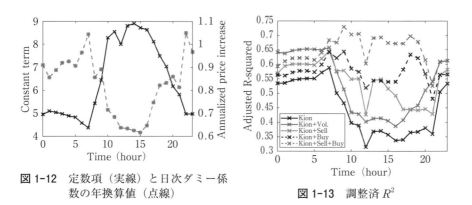

図 1-12 定数項（実線）と日次ダミー係数の年換算値（点線）

図 1-13 調整済 R^2

では価格は気温に対してほとんど反応せず，深夜・早朝は暖房需要が気温による価格変動の大きな要因であるといえる．

図 1-13 は，GAM (11), (12)，および GAM (17) の自由度調整済決定係数（調整済 R^2）を，それぞれ時間帯ごとに比較したものである．ただし，黒の実線（Kion）は，GAM (11) あるいは GAM (12) で約定率の項を除外した気温のスプライン関数のみを含む GAM[27]，濃いグレーの実線（Kion＋Vol.）はこれに約定量のスプライン関数を追加した GAM，残りの薄いグレーの実線（Kion＋Sell），黒の点線（Kion＋Buy），濃いグレーの点線（Kion＋Sell＋Buy）は，それぞれ，GAM (11)，GAM (12)，GAM (17) の調整済 R^2 を示す．まず，

日中の時間帯である午前8時-午後6時においては，Kion，Kion+Vol.，Kion+Sell（GAM（11）），Kion+Buy（GAM（12）），Kion+Sell+Buy（GAM（17））の順に調整済 R^2 で見積もられる当てはまり精度が向上する傾向にある．特に，同時推定の GAM（17）では，昼間の時間帯を含む午前7時-午後7時の調整済 R^2 が 70% 前後で推移しており，他のモデルと比べて，価格に対する高い説明力を示している．

5.2 平滑化スプライン関数の単調化と入札量-価格関数の構築

前項で推定した約定率の平滑化スプライン関数であるが，単調性を満たしていないものがいくつか存在していることがわかる．本項では，前項で得られた平滑化スプライン関数を単調変換した上で，実際に売り入札量-価格関数，買い入札量-価格関数を構築する．図1-14 の2つの図は，それぞれ，図1-9，図1-10 で表示した売り約定率，買い約定率の平滑化スプライン関数を，4.4 項の最適化問題（23）に帰着させ単調化変換したものである[28]．ただし，図1-14 では，紙面の都合上，9時，11時，13時，15時，17時，19時の時間帯価格に対する結果のみを示す[29]．本分析で解く単調変換のための最適化問題（23）においては，変換前の関数が単調性を満たさない部分を中心に変換が施されるため，元々，単調増加，あるいは単調減少である部分は元の関数のままである．たとえば，図1-9と図1-14 における売り約定率のスプライン関数の変換前，変換後

---

27) 図1-13 の黒の実線が示す気温のスプライン関数のみの分析結果であるが，GAM（1）における周期性ダミー $Seasonal_t$ のかわりに全国20都市の気温から計算される気温インデックス値 $T_t^{(m)}$ を使用したものとなっている．これらの変数の価格に与える影響は重複する可能性があるため，ここでは，周期性（周期性）と気温を同時に考慮するモデルは検証していないが，火力発電所の点検スケジュールなどは，比較的需要の低いと考えられる季節（たとえば春・秋）を見越して行われることも想定されるため，供給力に季節性の影響が反映される可能性がある．このような，季節性と気温を同時に考慮したモデルについては，今後の課題としたい．

28) 最適化問題（23）は，MATLAB 関数 quadprog.m を使用して制約条件付二次計画問題を解いた．

29) なお，本分析においては，単調変換後の関数が厳密に増加，あるいは減少するために，最適化問題（23）の不等式条件のたとえば第一不等号において，$\psi_1-\psi_2\leq 0$ ではなく $\psi_1-\psi_2\leq -1\times 10^{-5}$ となるようにして問題を解いた．そのため，結果から得られる売り入札量-価格関数，買い入札量-価格関数は必ず単一の交点をもつ．ただし，JEPX では，量に対する価格の関係がフラットなところで交点をもつようなケースに対しても約定ルールが詳細に決められており，必ずしも厳密に増加，あるいは減少するように単調化条件を調整する必要はない．

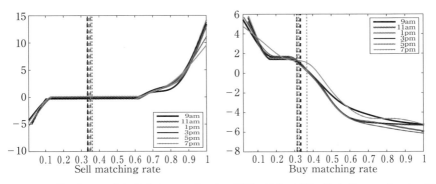

図 1-14 単調化した売り約定率のスプライン関数（左）と買い約定率のスプライン関数（右）

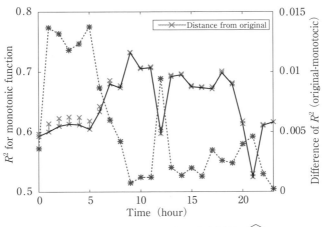

図 1-15 単調化した場合の決定係数（$\widehat{R^2}$）

を比べると，価格が上昇する売り約定率が 0.6 以上のところでは，関数の形状がほぼ同一であることがわかる．

図 1-15 は，(28) 式で定義される GAM (17) を単調変換した際の残差 $\hat{\varepsilon}_t$ に対して，決定係数

$$\widehat{R^2} = 1 - \mathrm{Variance}(\hat{\varepsilon}_t)/\mathrm{Variance}(P_t) \tag{30}$$

を計算し，単調変換前の GAM (17) の決定係数と比較したものである．ただ

し，黒の実線は時間帯価格ごとの GAM (17) を単調変換した際の $\widehat{R^2}$ であり，実線上から表示されているグレーの線分の長さは，GAM (17) の決定係数との差を表している．点線は，このような $\widehat{R^2}$ と元の決定係数との差を，右側の縦軸で与えられる目盛で表示したものである．なお，この場合の決定係数 $\widehat{R^2}$ を定義する残差 $\hat{\varepsilon}_t$ は，同時推定手法におけるスプライン関数 f, g 両方の単調化による誤差を含むが，決定係数の差はほとんどの時間帯で 1% 以下，最大でも 1.5% 以下に抑えられており，単調化によるモデル適合度の差はほとんど観測されていない．

最後に，分析期間 2005 年 8 月 8 日-2014 年 6 月 10 日において，買い入札総量の平均値がもっとも高かった午後 3 時（15 時）の価格について，前項で推定した約定率のスプライン関数と変数の観測値から入札率関数を構築し，入札総量を掛け戻すことで入札量-価格関数を計算した結果を示す．ただし，ここでは，売り入札率，買い入札率が中央値をとる日付について，入札量-価格関数を表示するものとする[30]．

図 1-16，図 1-17 は，図 1-14 における 15 時価格のスプライン関数を用いて入札量-価格関数を構築した結果である．ただし，左図黒の実線は売り入札量-価格関数，グレーの実線は買い入札量-価格関数，点線は約定量と約定価格の実

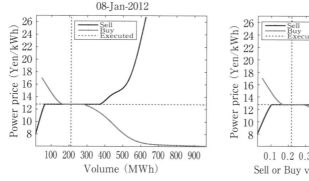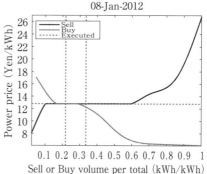

図 1-16 15 時価格の入札量-価格関数（左）と率の関数（右）【売り約定率中央値】

30) 本分析では，観測データがある 2005 年 8 月 8 日-2014 年 6 月 10 日の期間の任意の日付の入札量-価格関数を表示することができるが，平均的な傾向をみるため，中央値をとる日付のものを表示することとした．本手法を用いた入札量-価格関数の詳細な分析については，今後の課題とする．

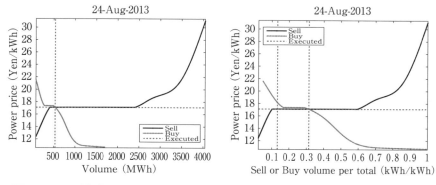

図 1-17　15 時価格の入札量−価格関数（左）と率の関数（右）【買い約定率中央値】

績値，右図黒の実線は変換前の売り入札率関数，グレーの実線は買い入札率関数，点線は売り約定率・買い約定率と約定価格の実績値を示している．なお，図 1-16 は 15 時価格の売り約定率が分析期間で中央値をとる 2012 年 1 月 8 日の結果であり，図 1-17 は，買い約定率が中央値をとる 2013 年 8 月 2 日のものである[31]．これらの結果から，まず，入札量−価格関数において，交点が約定量と約定価格の実績値を与えていることがわかる．また，買い入札率・売り入札率曲線においては，約定率を表す点線が，売りと買いで 2 本表示されているが，x 軸に水平な点線が示す約定価格と売り入札率曲線，買い入札率曲線との交点が，それぞれ売り約定率，買い約定率に一致するので，ここでは，すべての結果について，右側の点線が売り約定率，左側の点線が買い約定率を示す点線となっている．これらの点線は，左側にあればあるほど，入札総量に対する約定量の比率が低いことを意味するので，本分析においては，売り約定率に対して買い約定率が相対的に低い値を示すことがわかる．これは，本分析が需要の高い時間帯を対象としているので，需要が供給を上回り，結果として売り約定率が買い約定率を相対的に上回るものになっているものと考えられる．

31）　なお，入札量−価格関数と入札率関数の説明に用いた図 1-8 も，午前 9 時価格の買い約定率が分析期間で中央値をとる 2012 年 7 月 2 日の推定結果である．

6 おわりに

本論文では，JEPX で取引されている電力スポット価格のシステムプライスを対象に，価格モデルの構築と外挿予測評価に関する分析を実施した．分析の結果，翌日価格予測の場合，決定係数で平均的には 8-9 割程度の比較的高い予測精度が達成される一方，昼間の時間帯に予測精度が 7 割以下まで低下することが確認された．さらに，約定量，売り入札総量，買い入札総量のデータを用いた入札量-価格関数の推定問題について検討し，価格に対する売り約定率，買い約定率の GAM から買い入札率曲線，売り入札率曲線をデータ解析的に導出する手法を提案した．また，実績データを用いて売り入札率関数，買い入札率関数を推定した結果，売り入札率関数は売り約定率が高いところで，買い入札率関数は買い約定率が低いところで，約定量変化に対する価格感応度が高いことを示した．なお，今回は，データ期間を分割せずに分析を実施したが，今後の課題としては，たとえば震災前後でデータ期間を分けて傾向を分析することなどがあげられる．また，入札量-価格関数の分析に関しても，時間帯ごとの特徴の抽出や，価格ジャンプについての検討が今後の課題としてあげられる．

〔参考文献〕

西川　寛（2005），「需給明示型モデルによる電力取引市場価格仮定の分析」『JAFEE 冬季大会予稿集』92-105．

日本卸電力取引所（2004），取引ガイド Ver. 1.40 (http://www.jepx.org/)．

大藤建太・兼本　茂（2008），「状態空間モデルを用いた JEPX 価格モデリングの基礎検討」『電気学会論文誌（B）』**128**（1），57-66．

大藤建太・巽　直樹（2013），「誤差修正モデルを用いた JEPX 前日スポット約定量の時系列分析」『電気学会論文誌（B）』**133**（8），664-671．

辻谷将明・外山信夫（2007），「R による GAM 入門」『行動計量学』**34**（1），111-131．

山口順之（2007），「同時方程式モデルを用いた JEPX の電力取引動向の実証研究」『電力中央研究所研究報告書』Y06006．

Hastie T. and Tibshirani R.（1990），*Generalized Additive Models*, Chapman&Hall.

Miyauchi H. and Misawa T.（2014），"Regression Analysis of Electric Power Market Price of JEPX," *Journal of Power and Energy Engineering*, **2**, 483-488.

Neumaier A. and Schneider T. (2001), "Algorithm 808: ARfit. A Matlab package for the estimation of parameters and eigenmodes of multivariate autoregressive models," *ACM Trans. on Mathematical Software*, **27** (4), 58-65.

Wolberg G. and Alfy I. (1999), "Monotonic cubic spline interpolation," *Proc. Int. Conf. Computer Graphics*, 188-195.

(山田雄二:筑波大学 ビジネスサイエンス系)
(牧本直樹:筑波大学 ビジネスサイエンス系)
(髙嶋隆太:東京理科大学 理工学部)

2 粒子フィルタを利用したボラティリティ・サーフェイスの推定*

篠田宜明・中村尚介

概要 本研究では，The Stochastic Alpha Beta Rho model（以下，「SABR モデル」）のパラメータを時間の関数で表現し，日経平均を原資産とするプレーン・バニラ・オプションのボラティリティ・サーフェイスを構築した．また，SABR パラメータ（α, β, ν, ρ）の期間構造を表現するため，パラメータ・セットを準備し，これらを状態空間モデルの状態変数とした．市場データとして上場データ，ブローカー・メールを整理し，状態の確率分布の逐次更新を行うアルゴリズムには，粒子フィルタを利用する．

本研究の目的は，パラメータ・セットの最適解を求めることではなく，尤度の上位の粒子に基づいて示される，インプライド・ボラティリティの存在可能性の高い範囲を示すことにある．それに伴い，本研究のテーマは，適切な事前情報や制約条件を与えることで，実質的な自由度を落とし，なるべく少ない粒子数で適切な分布を存続させることである．

単に粒子数を増やすのではなく，適切な制約条件として，無裁定条件のチェックやパラメータ・チェックを施し，不適切な粒子を予測分布から除外してリサンプリングを行うことで，500 個や 1000 個といった少ない粒子数で目的に適う分布が存続することを示す．

キーワード：日経平均オプション，SABR モデル，粒子フィルタ，無裁定条件

1 はじめに（目的と背景）

本研究は，日経平均を原資産とするプレーン・バニラ・オプションのボラティリティ・サーフェイス（以下，「本サーフェイス」）を複数のパラメータで表現し，これらを状態空間モデルの状態変数とした上で粒子フィルタを実行した．

---

* 本稿の内容は，筆者らが属する組織を代表するものではなく，すべて個人的見解である．また，本稿における誤りはすべて筆者の責に帰するものである．

その際，フィルタの過程における粒子の選定方法に無裁定条件を導入することで，粒子数にどのような影響を与えるかを比較検証した．

　一般に，市場価格は，ディーリングを行う企業によってクォートされた（複数の）データがあり，直近の約定や新しいクォートが情報ベンダーを通じて提供されている．本サーフェイスを市場価格として提供している画面は，現在のところまだ，存在していないようである．

　日経平均を原資産とするプレーン・バニラ・オプションは取引所に上場されており，日々取引がされている．取引所の取引データには，満期日，権利行使価格，コール/プットの別は取得できるものの，フォワード価格が明示されていないため，それを類推する過程において，計算に参照されるインプライド・ボラティリティ数が減ってしまう問題がある．取引所取引に加えて，日経平均を原資産とするプレーン・バニラ・オプションは，店頭でも活発に取引が行われている．店頭での取引状況は，日中にブローカー業者からのメールで配信される約定速報やクォートの情報（以下，「ブローカー・メール」）によって得ることができる．

　ブローカー・メールは，ATM 近辺といった一部の流動性の高い部分に偏在する傾向がある．同じ満期日，同じ権利行使価格に対して複数のプレミアムがクォートされ，異なるブローカー業者から同じ内容のメールが届くため，データ数の割りには，取得できるデータの範囲は限られている．即時性を求められているブローカー・メールには，毎日，必ず，タイプミスと思われるデータが 10 数件から多い日で 50 件程度は紛れている．そのため，データ・クレンジングの工程が必要となる．

　取引所データとブローカー・メールを利用しても，本サーフェイスを直接構築することができないことから，何らかのモデルを用いて本サーフェイスを表現する必要がある．

　ボラティリティのスキューやスマイルを表現するオプション・モデルとして，確率ボラティリティ・モデルが存在する．確率ボラティリティ・モデルは，Heston モデル（Heston (1993)）や SABR モデル（Hagan et al. (2002)）がよく知られている．本研究では，実装が容易で業界で普及している SABR モデルを採用した．SABR モデルでは，オプションの価格式を解析的に求めることができないため，ブラック・ショールズ・モデル・ベースのインプライド・ボラティリティの漸近展開式が使用される．SABR モデルは，特定の満期に対す

るスマイルを表現するモデルであるので，本研究では，SABRパラメータの期間構造を表現するため，各パラメータのもつ特徴を考慮しつつ，なるべく一般的な表現になる関数形を設定した．

現在の市場環境についてパラメータを用いて表現する場合，そのパラメータがカバーする領域を推定するには，現在の入力データでは十分とはいえない状況に置かれることがある．そのデータの不足を補うために，ウェイトを落として過去のデータを利用することが多い．しかしながら，本サーフェイスの推定のような場合には，過去のデータを利用することは必ずしも適切とはいえない．なぜなら，スポット価格の水準が大きく異なることも想定される上に，金利や配当予想なども異なるためである．そもそも，本来の目的である市場環境が変化した時の本サーフェイスの動きを正確に追うことができなくなる．

時々刻々と入ってくる観測データから，観測できない未知の量を含めた変数をオンラインで推定する手法に逐次型のデータ同化（樋口（2011））がある．観測されない変数は状態変数とよばれる．データ同化では，状態変数の推移を表現する「システム・モデル」と状態変数を用いて観測データを表現する「観測モデル」を連立させた「状態空間モデル」を考える．状態空間モデルのパラメータ推定法には，カルマン・フィルタやアンサンブル・カルマン・フィルタ，粒子フィルタなどのアルゴリズムがある．

粒子フィルタは，より一般的な時系列モデルに適用可能なアルゴリズムであり，状態の確率分布に非ガウス性がある場合や，観測ノイズにガウス性を仮定できない場合に用いられる．考え方は新しいものではないが，計算負荷がかかるため，計算機の能力が低い時代にはデメリットのある手法とされてきた．計算機の能力が向上した最近では，プログラムの実装が容易であるため，金融の分野でも利用される機会が増えているようである（佐藤・高橋（2005），島井（2013），大庭（2008））．

本研究では，SABRパラメータの期間構造を表現するパラメータ・セットを状態変数としている．インプライド・ボラティリティの漸近展開式は，当該状態変数を用いて線形表現できない．さらに，状態の誤差（システム・ノイズ）の分布は，正規分布と比較して尖度がきわめて高く，裾が重い．そのため，データ同化のアルゴリズムとして，粒子フィルタを用いる．この手法により，データの入力に対し，状態の分布を逐次更新することが可能である．

粒子フィルタの過程の中で，前日に生成されたフィルタ粒子群（事前分布）

にシステム・ノイズを加えて新たに生成された粒子群（予測分布）が誕生する．それらの新しく生成された粒子の中には，その組み合わせとして不自然な粒子が存在する．SABRパラメータの前提を満たさないものや，SABRパラメータの仮定は満たしていても，インプライド・ボラティリティが負の値になってしまうもの，無裁定条件を満たさない場合も考えられる．

このような不自然な粒子がないか，チェックを行う必要がある．チェック項目としては，8つの条件を準備した．無裁定条件のチェック項目については，Carr and Madan (2005) を参考にした．これらの条件を満たさない粒子については，リサンプリングの対象から外しておくことで，リサンプリングの前に生成される予測分布の粒子群には存在していないことになる．

本研究では，無裁定条件のチェックやパラメータ・チェックを通じて，適切な制約条件を施すことで，実質的な自由度を落とし，なるべく少ない粒子数で実行可能であることを示す．

本論文の構成は，次の通りである．2節では，状態空間モデルを使った時系列データの表現方法を導入し，1期先予測，フィルタについて定式化する．3節では，粒子フィルタのアルゴリズムを解説している．4節では，本研究のボラティリティ・モデルであるSABRモデルの定義を行い，SABRパラメータの期間構造の表現方法について述べる．5節では，粒子フィルタを実行する際の各手順での具体的な作業を説明する．6節では，本論文で用いる状態ベクトル，システムモデル，観測モデルを具体的に表現し，システムノイズの生成方法，本論文で利用する粒子フィルタの手順について説明する．7節では，計算結果を示し，無裁定条件チェックが粒子数へ与える影響などについて報告する．最後に，結論と今後の課題で締めくくる．

2 状態空間モデルによる時系列データの解析

2.1 状態空間モデルの概要

状態空間モデルでは，時間的に変化する信号を扱うシステム（動的システム）を考える．動的システムが出力する信号を定めるのは，システム内部の状態と，その時間変化規則および各種入力情報と考える．この内部状態を単に「状態」とよぶ．ある時刻 k での状態ベクトルを x_k，観測ベクトルを y_k と表す．

状態空間モデルは，観測モデル（観測方程式）とシステムモデル（遷移方程

式) の 2 つの方程式によって構成される.

$$\text{システムモデル} \quad \boldsymbol{x}_t = \mathcal{F}(\boldsymbol{x}_{t-1}, \boldsymbol{v}_t) \tag{1}$$

$$\text{観測モデル} \quad \boldsymbol{y}_t = \mathcal{H}(\boldsymbol{x}_t, \boldsymbol{\varepsilon}_t) \tag{2}$$

$\boldsymbol{v}_t$ はシステムノイズとよばれ,$\boldsymbol{\varepsilon}_t$ は観測ノイズとよばれる.

状態空間モデルは,観測されるデータを用いて観測されない変数を推定しようとするものであり,次のような解釈ができる.状態ベクトル $\boldsymbol{x}_t$ を推定すべき信号と考え,システムモデルは信号発生のメカニズムを表す.一方,観測モデルでは,その信号を実際に観測するときに信号が変換されノイズが加わっている様子を表している[1].

この状態空間モデルに対して,観測ベクトルや状態ベクトルの時系列を

$$\boldsymbol{y}_{1:k} \equiv \{\boldsymbol{y}_1, \boldsymbol{y}_2, \cdots, \boldsymbol{y}_k\}, \quad \boldsymbol{x}_{1:k} \equiv \{\boldsymbol{x}_1, \boldsymbol{x}_2, \cdots, \boldsymbol{x}_k\}$$

と表す.

観測データ $\boldsymbol{y}_{1:k}$ に基づいて時刻 $t=n$ における状態 $\boldsymbol{x}_n$ を推定する.$k<n$ の場合は,観測区間(現在)より先の将来の状態を推定するため「予測」とよばれる.$k=n$ の場合は,観測最終地点(現在)の状態を推定する問題で,「フィルタ」とよばれる.

2.2 一般状態空間モデル

式 (1),式 (2) をさらに一般化して,次のような時系列のモデルを考える.
・状態 $\boldsymbol{x}_{t-1}$ から,次の状態 $\boldsymbol{x}_t$ が確率 $p(\boldsymbol{x}_t|\boldsymbol{x}_{t-1})$ で生成される.
・状態 $\boldsymbol{x}_t$ から,観測されるサンプル $\boldsymbol{y}_t$ が確率 $p(\boldsymbol{y}_t|\boldsymbol{x}_t)$ で生成される.
これらは数式で次のように表現できる.

$$\boldsymbol{x}_t \sim p(\boldsymbol{x}_t|\boldsymbol{x}_{t-1}) \tag{3}$$

$$\boldsymbol{y}_t \sim p(\boldsymbol{y}_t|\boldsymbol{x}_t) \tag{4}$$

式 (3),式 (4) は,それぞれ,以下のマルコフ性が成立することを示している.

$$p(\boldsymbol{x}_t|\boldsymbol{x}_{1:t-1}, \boldsymbol{y}_{1:t-1}) = p(\boldsymbol{x}_t|\boldsymbol{x}_{t-1}) \tag{5}$$

$$p(\boldsymbol{y}_t|\boldsymbol{x}_{1:t}, \boldsymbol{y}_{1:t-1}) = p(\boldsymbol{y}_t|\boldsymbol{x}_t) \tag{6}$$

2.3 逐次ベイズフィルタ

式 (5) や式 (6) で関係式が与えられる場合には,状態ベクトルの「分布」

---

1) 一般的には,システムモデルは確率微分方程式の時間発展の離散化を表し,観測モデルは確率微分方程式の解として観測値と状態ベクトルの関係式を適用することになる.

の推定に関して，便利な漸化式が存在する．この漸化式を理解する上で，次の2つの条件付分布（「予測分布」，「フィルタ分布」）が登場する．

2.3.1 1期先予測

前提として，手元に $(t-1)$ 時点のフィルタ分布 $p(x_{t-1}|y_{1:t-1})$ があるものとする．このフィルタ分布が与えられると，予測の操作によって，t 時点の予測分布 $p(x_t|y_{1:t-1})$ が計算できる．式で書くと，

$$予測分布 \quad p(x_t|y_{1:t-1}) = \int \underbrace{p(x_t|x_{t-1})}_{システムモデル} \underbrace{p(x_{t-1}|y_{1:t-1})}_{フィルタ分布} dx_{t-1} \quad (7)$$

のようになる．

2.3.2 フィルタ

t 時点の予測分布 $p(x_t|y_{1:t-1})$ が得られると，ベイズの定理を使ったフィルタの計算を行い，t 時点のフィルタ分布 $p(x_t|y_{1:t})$ が計算できる．式で表すと，

$$フィルタ分布 \quad p(x_t|y_{1:t}) = \frac{\overbrace{p(y_t|x_t)}^{尤度関数} \overbrace{p(x_t|y_{1:t-1})}^{予測分布}}{\int p(y_t|x_t) p(y_t|y_{1:t-1}) dx_t} \quad (8)$$

となる．$p(y_t|x_t)$ は，x_t に対する y_t の当てはまりのよさ（「尤度」）を表す．

3 粒子フィルタ

工学の分野では，1960年ごろから状態空間モデル表現を用いたカルマンフィルタ（システムモデル，観測モデルともに線形で，システムノイズと観測ノイズがガウス分布である場合）を用いて逐次フィルタリングは実現されてきた．

粒子フィルタは，より一般的な時系列モデルに適用可能なアルゴリズムとして，Gordon et al. (1993) のブートストラップ・フィルタ，Kitagawa (1996) のモンテカルロ・フィルタという名称で提案された．

状態空間中の多数の粒子により状態の分布を近似し，分布の系列に従う粒子系列を効率的に生成する方法を一般に，逐次モンテカルロ法とよぶ．逐次モンテカルロ法の枠組みの中で，状態推定を扱う場合を粒子フィルタという．生駒(2008)，樋口 (2011) 等を参考に粒子フィルタについて概説を行う．

3.1 アンサンブル近似

アンサンブル近似では，ある確率変数 x の確率分布 $p(x)$ を，N 個のサンプ

ル集合 $\{x^{(i)}\}_{i=1}^{N}$ を用いて次のように近似表現する.

$$p(x) \doteq \frac{1}{N}\sum_{i=1}^{N}\delta(x-x^{(i)})$$

$\delta(\cdot)$ はデルタ関数である.このサンプル集合 $\{x^{(i)}\}_{i=1}^{N}$ のことをアンサンブルとよび,各 $x^{(i)}$ のことを粒子とよび,N を粒子数とよぶ.

3.2 粒子フィルタのアルゴリズム

粒子フィルタのアルゴリズムは,時間更新の形式で,1期先予測とフィルタリングの手続きを交互に時刻を進めながら実行する.

1. 時刻 $t=0$ の初期分布を近似するアンサンブル $\{x_{0|0}^{(i)}\}_{i=1}^{N}$ を準備する.
   $$p(x_0) \doteq \{(x_{0|0}^{(i)})\}_{i=1}^{N}$$
2. 時刻 $t=1,\cdots,T$ について,以下の手順を実行する.
   (a) 各 i $(i=1,\cdots,N)$ に対して,システムノイズを表現する乱数 $v_t^{(i)}$ を準備する.
   (b) 各 i $(i=1,\cdots,N)$ に対して,1期先予測の操作
   $$x_{t|t-1}^{(i)} = \mathcal{F}(x_{t-1|t-1}^{(i)}, v_t^{(i)})$$
   を行い,予測分布のアンサンブル近似 $\{x_{t|t-1}^{(i)}\}_{i=1}^{N}$ を得る.
   (c) 各 i $(i=1,\cdots,N)$ に対して,尤度 $\lambda_t^{(i)}$ を定義し,計算する.
   $$\lambda_t^{(i)} \equiv p(y_t|x_{t|t-1}^{(i)}) \tag{9}$$
   (d) 各 i $(i=1,\cdots,N)$ に対して,重み $w_t^{(i)}$ を計算する.
   $$w_t^{(i)} \equiv \lambda_t^{(i)} / \sum_{j=1}^{N}\lambda_t^{(j)} \tag{10}$$
   (e) 各粒子 $x_{t|t-1}^{(i)}$ が $w_t^{(i)}$ の確率で抽出されるように復元抽出[2] を行い,新しく得られたサンプルが,フィルタ分布のアンサンブル近似
   $$p(x_t|y_{1:t}) \doteq \{x_{t|t}^{(i)}\}_{i=1}^{N}$$
   を構成する.

3.3 アルゴリズムの導出

前節の粒子フィルタのアルゴリズムを導出し,それによって,予測分布,フ

---

[2] 復元抽出とは,同じ粒子が何度も抽出されることを許して抽出を繰り返す作業をいう.$\lambda_t^{(i)}$ の大きい(すなわち,$w_t^{(i)}$ の大きい)粒子は,何度も抽出されるので,フィルタ分布を近似するアンサンブルには,同じものの複製が多数含まれることになる.

ィルタ分布の近似が逐次的に得られることを確認する.

3.3.1 1期先予測

$(t-1)$ 時点のフィルタ分布 $p(\boldsymbol{x}_{t-1}|\boldsymbol{y}_{1:t-1})$ は，下のように近似される．

$$p(\boldsymbol{x}_{t-1}|\boldsymbol{y}_{1:t-1}) \fallingdotseq \frac{1}{N}\sum_{i=1}^{N}\delta(\boldsymbol{x}_{t-1}-\boldsymbol{x}_{t-1|t-1}^{(i)})$$

このとき，式（7）を用いた1期先予測の式は，

$$p(\boldsymbol{x}_t|\boldsymbol{y}_{1:t-1}) = \int p(\boldsymbol{x}_t|\boldsymbol{x}_{t-1})p(\boldsymbol{x}_{t-1}|\boldsymbol{y}_{1:t-1})d\boldsymbol{x}_{t-1} \qquad (\therefore 式(7))$$

$$\fallingdotseq \int p(\boldsymbol{x}_t|\boldsymbol{x}_{t-1})\frac{1}{N}\sum_{i=1}^{N}\delta(\boldsymbol{x}_{t-1}-\boldsymbol{x}_{t-1|t-1}^{(i)})d\boldsymbol{x}_{t-1}$$

$$= \frac{1}{N}\sum_{i=1}^{N}\delta(\boldsymbol{x}_t-\boldsymbol{x}_{t|t-1}^{(i)})$$

と記述できる．この様子を，各粒子に対してシステムモデル式（1）を用いて

$$\boldsymbol{x}_{t|t-1}^{(i)} = \mathcal{F}(\boldsymbol{x}_{t-1|t-1}^{(i)},\boldsymbol{v}_t^{(i)})$$

のように記述する．

3.3.2 フィルタ

式（8）を用いたフィルタの式は，

$$p(\boldsymbol{x}_t|\boldsymbol{y}_{1:t}) = \frac{p(\boldsymbol{y}_t|\boldsymbol{x}_t)p(\boldsymbol{x}_t|\boldsymbol{y}_{1:t-1})}{\int p(\boldsymbol{y}_t|\boldsymbol{x}_t)p(\boldsymbol{x}_t|\boldsymbol{y}_{1:t-1})d\boldsymbol{x}_t} \qquad (\therefore 式(8))$$

$$\fallingdotseq \frac{p(\boldsymbol{y}_t|\boldsymbol{x}_t)\frac{1}{N}\sum_{i=1}^{N}\delta(\boldsymbol{x}_t-\boldsymbol{x}_{t|t-1}^{(i)})}{\int p(\boldsymbol{y}_t|\boldsymbol{x}_t)\frac{1}{N}\sum_{j=1}^{N}\delta(\boldsymbol{x}_t-\boldsymbol{x}_{t|t-1}^{(j)})d\boldsymbol{x}_t}$$

$$= \frac{\sum_{i=1}^{N}p(\boldsymbol{y}_t|\boldsymbol{x}_{t|t-1}^{(i)})\delta(\boldsymbol{x}_t-\boldsymbol{x}_{t|t-1}^{(i)})}{\sum_{j=1}^{N}p(\boldsymbol{y}_t|\boldsymbol{x}_{t|t-1}^{(j)})}$$

ここで，式（10）で定義した $w_t^{(i)}$ を使って，

$$p(\boldsymbol{x}_t|\boldsymbol{y}_{1:t}) \fallingdotseq \sum_{i=1}^{N}w_t^{(i)}\delta(\boldsymbol{x}_t-\boldsymbol{x}_{t|t-1}^{(i)}) \qquad (11)$$

となる．ここで，$\sum_{i=1}^{N}w_t^{(i)}=1$ となるように尤度を規格化しておく．そこで，

$$m_t^{(i)} \approx Nw_t^{(i)}$$

を満たすような整数列 $\{m_t^{(i)}\}_{i=1}^N$ を考え，予測アンサンブルの各粒子 $\boldsymbol{x}_{t|t-1}^{(i)}$ の複製が $m_t^{(i)}$ 個ずつ含まれるような新たなアンサンブル $\boldsymbol{x}_{t|t}^{(i)}$ を生成する．

具体的には，アンサンブル $\{\boldsymbol{x}_{t|t-1}^{(i)}\}_{i=1}^N$ の各粒子が重み $w_t^{(i)}$ に比例する割合で抽出されるように N 個の粒子を復元抽出すれば，その N 個の粒子によって $\{\boldsymbol{x}_{t|t}^{(i)}\}_{i=1}^N$ が構成できる．この手続きのことを「リサンプリング」とよぶ．式で表現すると

$$p(\boldsymbol{x}_t|\boldsymbol{y}_{1:t}) \approx \frac{1}{N} \sum_{i=1}^N m_t^{(i)} \delta(\boldsymbol{x}_t - \boldsymbol{x}_{t|t-1}^{(i)})$$
$$= \frac{1}{N} \sum_{i=1}^N \delta(\boldsymbol{x}_t - \boldsymbol{x}_{t|t}^{(i)}) \tag{12}$$

のように変形できる．

3.4 リサンプリングの手続き

予測分布のアンサンブル $\boldsymbol{x}_t^{(i)}$ ($i=1,\cdots,N$) について，基準化された重み $w_t^{(i)}$ の大きい順に並び替える[3]．また，一様乱数 u_m ($m=1,\cdots,N$) も準備する．

基準化された重みは，0 から 1 の間の値をとる．また，一様乱数も 0 から 1 の間の値をとる．そこで，ある一様乱数の値 (u_m) が，累積の重み $\sum_{k=1}^{j-1} w_t^{(k)}$ と $\sum_{k=1}^{j} w_t^{(k)}$ の間にある場合，$\boldsymbol{x}_t^{(j)}$ を抽出するというルールにすれば，一様乱数によって，特定の粒子が決定される．

$$\boldsymbol{x}_t^{(i)} \sim \begin{cases} \boldsymbol{x}_t^{(1)} & 0 < u_m \leq w_t^{(1)} \\ \boldsymbol{x}_t^{(2)} & w_t^{(1)} < u_m \leq w_t^{(1)} + w_t^{(2)} \\ \vdots & \\ \boldsymbol{x}_t^{(j)} & \sum_{k=1}^{j-1} w_t^{(k)} < u_m \leq \sum_{k=1}^{j} w_t^{(k)} \\ \vdots & \\ \boldsymbol{x}_t^{(N)} & \sum_{k=1}^{N-1} w_t^{(k)} < u_m \leq 1 \end{cases}$$

この際，一度選択された粒子が除外されることがないため，重みの大きさによっては，何度となく抽出されることがある．リサンプリングは，重みの値が粒子間で大きくばらついている時にのみ行えば十分である．全粒子の重みにばらつきがない時にリサンプリングを行えば，無用にモンテカルロ誤差が混入することとなり，むしろ精度が悪化する恐れもある．

---

[3] 並び替えた後，累積の重みの数値 $\sum w_t^{(i)}$ も保存しておくとよい．これは，リサンプリングを簡単かつ正確にするための準備作業となる．

一般的に，粒子フィルタでは，大量の粒子を用いる場合が多い．そこで，重みの値が均等であるか偏っているのかを判断して，リサンプリングを行うかどうかを決定するのが好ましい．

重みが均等であるかを測る尺度として，有効サンプルサイズ（ESS）

$$\text{ESS} = 1 / \sum_{i=1}^{N} (w_t^{(i)})^2 \tag{13}$$

がある．もし，各粒子の重みが均等であれば，ESS=Nとなる一方，データが1つの粒子に退化してしまっているような場合は，ESS=1となる．そこで，有効サンプルサイズに適当な基準を設置しておいて，当該基準を上回った場合にはリサンプリングを行わないことも考えられる（生駒（2008））．

3.5 モンテカルロ・フィルタの尤度関数と問題点

モンテカルロ・フィルタは，状態ベクトル x_t を推定するアルゴリズムであり，これまでみてきたように，粒子は，各ステップで重みに応じてリサンプリングされる．Kitagawa（1996）では，モンテカルロ・フィルタの尤度関数 $L(\theta)$ を

$$\log L(\theta) = \sum_{t=1}^{T} \log \left(\sum_{i=1}^{N} w_t^{(i)} \right) - T \log N$$

と定義した．ここで，θ は，パラメータベクトルである．

モンテカルロ・フィルタにおけるパラメータ推定は，パラメータに対する尤度関数の推定量が前節で述べたモンテカルロ誤差を含むこと，尤度関数の微分が算出困難であることが指摘されている．そのため，モンテカルロ・フィルタではNewton法などの微分を必要とする関数最適化アルゴリズムを用いたパラメータの最尤推定が難しい．

そこで，Kitagawa（1998）によって，パラメータを状態空間に織り込んで，状態変数とみなし，同時にパラメータ推定を行う自己組織化状態空間モデルが提案された．しかしながら，自己組織化状態空間モデルを使う場合，パラメータの初期値を適切に選ぶ必要があり，パラメータに関する事前知識が乏しい場合には困難であることが指摘されている．

3.6 粒子フィルタの利点と問題点

粒子フィルタの最大の利点は，線形性・ガウス性の仮定を置いていないため，あらゆるタイプの非線形・非ガウス状態空間モデルに適用できることにある．

一方，粒子フィルタの最大の難点は，計算量が多いことである．粒子数は，多ければ多いほどよく，その分，計算コストが増加する．本研究も，なるべく少ない粒子数で目的に適う分布を存続させることをテーマとしている．

適切な粒子数を下回る数で，時間ステップを進めてリサンプリングをくり返していくうちに，粒子が特定の値に集中し，事後分布が退化する問題が起こることがある．これは，同じ粒子の複製であったものがアンサンブルに占める割合が増えてくることにより生じる．各粒子は，1期先予測のステップでシステムノイズ $v_t^{(i)}$ が加えられるため，元が同じ粒子の複製であっても次第に散らばってゆくものであるが，システムノイズによる散らばりよりも特定の粒子の複製が増殖してしまうようになる．この結果，本来の広がりをもった確率分布が表現されず，適切な状態推定ができなくなってしまう現象をアンサンブルの退化とよぶ．

また，状態ベクトルの次元が高い場合には，そもそも，状態の確率分布を適切に表現するために非常に多数の粒子が必要になる．アンサンブルを構成する粒子の数は，状態ベクトルの次元などにもよるが，数百個程度で済む場合もあれば，数十万個でも足りない場合もあり，基本的には，多ければ多いほどよい．実際には，状態の確率分布を表現するために必要な粒子数は，状態ベクトルの次元よりも，システムモデルの実質的な自由度に依存するため，適切な事前情報や制約条件を与えることで，実質的な自由度を落とし，粒子数を減らすことは可能である．

4　ボラティリティ・モデル：SABR モデル

ボラティリティのスキューやスマイルを表現するオプション・モデルとして，確率ボラティリティモデルがある．その1つで実装が容易で，ポピュラーなSABR モデルを採用する．

4.1　確率微分方程式

SABR モデルでは，フォワード価格 F_t[4] が原資産となる．原資産価格がマルチンゲールとなる確率測度の下で，SABR モデルは次のような確率微分方程式

---

[4] 日経平均のフォワード価格は，レポ金利および配当データを考慮したものを利用した．

で定義される.

$$\begin{cases} dF_t = \alpha_t F_t^\beta dW_t^1 \\ d\alpha_t = \nu \alpha_t dW_t^2 \end{cases} \tag{14}$$

ここで,dW_t^1, dW_t^2 は,相関 $\rho (dW_t^1 dW_t^2 = \rho dt)$ をもつ標準ブラウン運動過程である.また,$\beta \in (0, 1)$,$|\rho| \leq 1$,$\nu \geq 0$ を満たす必要がある.

4.2 インプライド・ボラティリティ式

SABR モデルでは,オプションの価格式を解析的に求めることができないため,ブラック・ショールズ・モデル・ベースのインプライド・ボラティリティの漸近展開式が使用される.本研究では,Hagan et al.(2002)のインプライド・ボラティリティ式を修正した論文(Oblóy(2008))の式を採用する.

権利行使価格 K とフォワード F_t を利用して,$x \equiv \ln(F_t/K)$ を定義し,満期を τ とすると,ブラック・ショールズ・モデル・ベースのインプライド・ボラティリティ $\sigma(x, \tau)$ は式(15)のように表現できる.

$$\sigma(x, \tau) = I^0(x)(1 + I^1(x)\tau) + o(\tau^2) \tag{15}$$

ただし,

$$I^0(x) = \begin{cases} \alpha K^{\beta-1} & x = 0 \\ \dfrac{x\alpha(1-\beta)}{F_t^{1-\beta} - K^{1-\beta}} & \nu = 0 \\ \nu x / \ln\left(\dfrac{\sqrt{1-2\rho z + z^2} + z - \rho}{1-\rho}\right), & z = \dfrac{\nu x}{\alpha} & \beta = 1 \\ \nu x / \ln\left(\dfrac{\sqrt{1-2\rho z + z^2} + z - \rho}{1-\rho}\right), & z = \dfrac{\nu}{\alpha} \dfrac{F_t^{1-\beta} - K^{1-\beta}}{1-\beta} & \beta < 1 \end{cases}$$

$$I^1(x) = \dfrac{(\beta-1)^2}{24} \dfrac{\alpha^2}{(F_t K)^{1-\beta}} + \dfrac{1}{4} \dfrac{\rho \nu \alpha \beta}{(F_t K)^{(1-\beta)/2}} + \dfrac{2-3\rho^2}{24} \nu^2$$

4.3 パラメータの期間構造

各パラメータのもつ特徴を考慮しつつ,なるべく一般的な表現となるよう関数形を設定した.制約は,5.4項で導入するパラメータ・チェックで実行される.

4.3.1 ATM ボラティリティ

満期によって変化する.ATM ボラティリティは,期近で高い値をとり,徐々

に低下した後,一定水準に漸近的に近づいていく特徴をもつ.この様子を4つのパラメータを用いて表現する.

$$\sigma_{\text{ATM}}(\sigma_1, \sigma_2, \sigma_3, \sigma_4, \tau) = \sigma_1 + (\sigma_2 + \sigma_3\tau)e^{-\sigma_4\tau} \tag{16}$$

$(\sigma_1 + \sigma_2)$ は,$\tau = 0$ 時点での ATM ボラティリティを示す.σ_1 は正の数をとり,満期 τ の長い回帰水準となり,0.2 から 0.4 の間の数値を示す.σ_2 はおおむね負の数となり,-0.2 から 0.1 の間の数値を示す.σ_3 はおおむね負の数となり,-0.1 から 0.02 の間の数値を示す.σ_4 は正の数となり,回帰水準への強さを示し,0.01 から 0.5 の間の数値を示す.

現実に即した形状にするため,少し余裕をもった次のような制約を課す.

$0 < \sigma_1 < 1,\ -1 < \sigma_2 < 1,\ -1 < \sigma_3 < 1,\ 0 < \sigma_4 < 1$

4.3.2 β

モデルの前提として,満期によって変化しないものとする.

$\beta(\tau) = \beta$

4.3.3 α

満期によって変化する.将来の時点の ATM における近似式が導かれるため

$$\ln(\sigma_{\text{ATM}}(\tau)) = \ln(\alpha(\tau)) - (1-\beta)\ln(F_\tau) + \cdots \tag{17}$$

と表され,ATM ボラティリティを既知とすれば,α は自動的に決まる.

4.3.4 ν

満期によって変化する.ν は,式 (14) では,ボラティリティのボラティリティであるが,本サーフェイスへの役割としては,スマイルの大きさと関係がある.本サーフェイスでは,満期までの期間が短いとスマイルが強く,満期が長くなると急速にスマイルはみられなくなり,スキューだけがみられるようになる.そのため,ν は,満期までの期間が短いほど大きく,満期までの期間が長くなると,急速に小さくなる.この様子を 2 つのパラメータを用いて表現する.

$$\nu(\nu_1, \nu_2, \tau) = \nu_1 \times \tau^{\nu_2} \tag{18}$$

ν は,モデルの前提として,$\nu \geq 0$ である必要がある.そのためには,ν_1 が正の数であることが必要で,τ の減少関数であることから ν_2 は負の数となる.ν_1 の絶対値が大きな数値となった場合,ν_2 がそれに応じるように絶対値が大きくなってしまう.そうした場合,式 (18) の計算時にオーバーフローが生じるこ

とがある．現実には，ν_1 は，0.4 から 0.8 の間の数値を示し，ν_2 は，-0.9 から -0.4 の数値を示す．先のような事態を避け，適切な ν の期間構造を表現するため，次のような制約を課す．

$$0<\nu_1\leq 1, \quad -1<\nu_2<0$$

4.3.5 ρ

満期によって変化する．ρ は，式（14）では，2つのブラウン運動の相関として導入されるが，本サーフェイスへの役割としては，β と共に大きさの水準に関係がある．ρ の期間構造は，以下のような特徴をもつ．

・全体的な特徴としては，山形の形状に続き，谷を作ったのち，緩やかに一定水準に近づく形状となる．
・最初の山の特徴は，2年近辺でいったんピークをつけるような形状をみせ，その後徐々に低下をはじめる．
・谷をつけた後は，緩やかに上昇し，一定水準に近づく形状となる．

これらの特徴を考慮して，5つのパラメータを用いてこの様子を表現する．

$$\rho(\rho_1,\rho_2,\rho_3,\rho_4,\rho_5,\tau) = \rho_1 + (\cos(\rho_2\pi + (\rho_3-\rho_2)\pi\tau) + \rho_5\tau)e^{-\rho_4\tau} \qquad (19)$$

$\tau=0$ 時点では，$-1\leq(\rho_1+\cos\rho_2\pi)\leq 1$ の必要がある．また，ρ_2 は，$0\leq\rho_2\leq 1$ の範囲をとる．ρ_1 は，-1 から 1 の間の数値を示す．ρ_3 は正の数となり，おおむね 0.3 から 1 の間の数値を示している．ρ_4 は正の数となり，0 から 1 の間の数値を示している．ρ_5 はおおむね -1 から 0 の間の負の数をとるが，まれに 0.1 程度の正の数を示す場合もある．

現実に即した適切な ρ の期間構造を表現するため，次のような制約を課す．

$$-1<\rho_1<1, \quad 0<\rho_2<1, \quad 0<\rho_3<1, \quad 0<\rho_4<1, \quad -1<\rho_5<1$$

5 データ・クレンジングと市場データとの適合性

5.1 上場データ

日経平均を原資産とするオプション取引は，取引所でも取引されている．取引所の取引データには，満期日，権利行使価格，コール／プットの別は取得できるものの，フォワード価格が明示されていない．計算に使用するフォワード価格を日中の適当なスポット価格（たとえば終値など）を基準としたフォワード価格にすると，実際の取引が行われたインプライド・ボラティリティと離れた

価格を逆算することになってしまう．

　そこで，コール・オプションのプレミアムとプット・オプションのプレミアムについて，同じ満期日で同じ権利行使価格を対象とし，ともに2円以上で値付けされている組み合わせをのものを準備する[5]．そのため，2014年3月31日では，238件の適合した上場データが得られているが，組み合わせがマッチした取引のみが計算の対象になるので，計算に利用されるデータとしては，154件にまで減ることになる．

　この組み合わせに対して，次の式からフォワード価格 F を計算する（Fukasawa et al. (2011)）．

$$F = K + (コール・オプションのプレミアム - プット・オプションのプレミアム)/DF$$

ここで，K は権利行使価格，DF はディスカウント・ファクターを表している．

5.2　ブローカー・メール

　ブローカー・メールとは，日中にブローカー業者からのメールで配信される約定速報やクォートの情報のことで，本文がなく，題名に必要最低限の情報が一定のルールに基づき記述されたメールのことである．下の例は，2013年12月20日に届いた例である．

　　　　NK　　JAN14 16500 C 64/65 REF 15800

この例では，最初の「NK」が日経平均を原資産とするオプション取引を示しており，次の「JAN14」が，2014年1月10日（金）が満期であることを意味している．次の「16500」が権利行使価格を示しており，C は，コール・オプション取引を表す．「64/65」については，プレミアムがビッド・サイドで64円，オファー・サイドで65円を表している．最後の「Ref 15800」は，スポット価格が15800円であることを表している．

　ブローカー・メールは，本サーフェイスの構成要素に関するもので1日に1000件から，多いときには2500件を上回る場合もある．

---

[5]　オプションのプレミアムが，1円で値付けされる権利行使価格は，ATM から遠く，四捨五入を考慮すると，複数の権利行使価格について，1円として値付けされることが想定される．そのため，スキューやスマイルをなるべく正確に測りたいにもかかわらず，アウト・オブ・ザ・マネー付近で不正確なデータが増えてしまうことになる．これらを避けるため，少なくとも，1円と値付けされているデータに関しては，除外して扱うものとする．

5.3 データ・クレンジング

ブローカー・メールには，毎日，必ず，タイプミスと思われるデータが混在している．スポット価格や権利行使価格が1桁大きい，1桁小さい，桁の入れ違い（たとえば，14500のところ，15400）などである．エクイティ・オプションのブローカー・メールのクォートは，ボラティリティではなくプレミアム・ベースで提示される．その値についても同様のタイプミスがある．

粒子フィルタは，あまり多くない市場データの中に外れ値が含まれていた場合，そのデータに対しても他の市場データと同様にフィットするように働く．データ・クレンジングにより除外されるデータは，以下のとおりである．

(1) プレミアムが不適切なデータ（0，1，9999，99999 は除外．）
(2) 満期日が，あらかじめスケジュールされた日でない場合
(3) 満期までの日数が，1週間未満のデータ

満期までの日数が短い場合，同じ権利行使価格に対して多くの異なるボラティリティが並ぶ傾向にあり，適切性に欠ける．

(4) スポット価格が不適切なデータ

当日安値の95％未満，当日高値の105％超は，タイプミスと判断して除外．

(5) 逆算されたインプライド・ボラティリティが不適切なデータ

インプライド・ボラティリティが大きすぎたり小さすぎたりするデータで，100％を超えたり，1％を下回るようなデータを除外対象としている．

5.4 パラメータ・チェック

システムノイズを加えて誕生した新たな粒子（パラメータ・セット）のなかには，その組み合わせとして不自然な粒子が存在し，そのような粒子については，尤度計算の対象から外しておく（ウェイトを0と設定する）．

チェック項目としては，Carr and Madan（2005）を参考に，8種の条件を準備した．

1. ATM ボラティリティ　　　$\sigma_{\mathrm{ATM}}(\sigma_1, \sigma_2, \sigma_3, \sigma_4, \tau)$
$\begin{cases} 0<\sigma_1<1,\ -1<\sigma_2<1,\ -1<\sigma_3<1,\ 0<\sigma_4<1 & \cdots\ 4.3.1\ 参照 \\ 0<\sigma_1+(\sigma_2+\sigma_3\tau)e^{-\sigma_4\tau}\leq 1 & \cdots\ 式(16) \end{cases}$

2. SABR パラメータ β
$0<\beta\leq 1$

3. SABR パラメータ ν $(\nu_1, \nu_2\tau)$

$$0 < \nu_1 \leq 1, \quad -1 < \nu_2 < 0 \quad \cdots \quad 4.3.4\text{参照}$$

4. SABR パラメータ ρ ($\rho_1, \rho_2, \rho_3, \rho_4, \rho_5, \tau$)

$$\begin{cases} -1 < \rho_1 < 1, 0 < \rho_2 < 1, 0 < \rho_3 < 1, 0 < \rho_4 < 1, -1 < \rho_5 < 1 & \cdots \quad 4.3.5\text{参照} \\ -1 < \rho_1 + (\cos(\rho_2 \pi + (\rho_3 - \rho_2)\pi\tau) + \rho_5 \tau)e^{-\rho_4 \tau} \leq 1 & \cdots \quad \text{式}(19) \end{cases}$$

5. インプライド・ボラティリティ σ

   $\sigma(x, \tau, \boldsymbol{x}_t^{(i)}) > 0$

6. 無裁定条件1（カレンダー・スプレッド取引の成立）：($\tau_1 < \tau_2$)

$$\sigma(x, \tau_1, \boldsymbol{x}_t^{(i)})^2 \tau_1 \leq \sigma(x, \tau_2, \boldsymbol{x}_t^{(i)})^2 \tau_2 \tag{20}$$

7. 無裁定条件2（バーティカル・スプレッド取引の成立）：($K_{i-1} < K_i$)

$$0 \leq \bar{Q}_i \equiv \frac{C(K_{i-1}, \tau, \boldsymbol{x}_t^{(i)}) - C(K_i, \tau, \boldsymbol{x}_t^{(i)})}{K_i - K_{i-1}} \leq 1$$

   ただし，$C(K_i, \tau, \boldsymbol{x}_t^{(i)})$ はコール・オプション取引のプレミアムとする．

8. 無裁定条件3（バタフライ・スプレッド取引の成立）

   $q_i \equiv \bar{Q}_i - \bar{Q}_{i+1} > 0$

Carr and Madan（2005）では，無裁定条件式には考慮されていないが，計算に使用した数値は，レポ金利や配当が考慮されている．その差による影響は，ある程度無視できるものとしている[6]．

5.5 データ適合性：尤度計算

各パラメータ・セットによって計算されるインプライド・ボラティリティと市場データから逆算されるインプライド・ボラティリティとの誤差を計算する．それらの差の合計が小さくなる粒子であるほど，実際の本サーフェイスに一番よくフィットしているため，尤度 $L(\boldsymbol{x}_t^{(i)})$ の高いものとして評価する．誤差分布が正規分布に従う場合，尤度は

$$L(\boldsymbol{x}_t^{(i)}) = \prod_{m=1}^{M} \frac{1}{\sqrt{2\pi}} \exp\left(-\frac{1}{2}(\theta_m^{(i)})^2\right)$$

$$\theta_m^{(i)} \equiv \left| \sigma_m^{(i)}[Market] - \sigma_m^{(i)}[Model] \right|$$

と定義できる．M は，データ・クレンジング後のデータ数を表す．ここでは，誤差分布に正規分布を仮定しないため，この式を直接利用しない．

---

[6] 一般的な無裁定条件については，Davis and Hobson（2007）を参照．

また，市場データとの2乗差の合計を尤度の指標にしてもよいが，その数値に多少の拡大を許してでも，より重要視すべき点があり，尤度を計算する際には，条件付きで市場データとの差を考慮する．

権利行使価格の方向では，ATM 近辺がもっとも流動性が高く，ポジションも多い．この部分に誤差が大きいと実務では利用価値がないため，重要視する必要がある．満期方向では，期近であるほど流動性が高く，同様の理由で重要視する必要がある．

この目的を達成するため，権利行使価格方向の調整として，ATM がもっとも大きな値を持つ，ベガ V(価格のボラティリティ感応度) を掛ける．また，満期方向の調整は，市場価格 ($P(\text{Market})$) で割ることで実現している．これらを考慮した対数尤度 $l(\bm{x}_t^{(i)})$ は

$$l(\bm{x}_t^{(i)}) \equiv \log \prod_{m=1}^{M} \exp\left\{-\frac{V_m}{P_m}(\theta_m^{(i)})^2\right\} \sim L(\bm{x}_t^{(i)})$$

$$= \sum_{m=1}^{M} \left\{-\frac{V_m}{P_m}(\theta_m^{(i)})^2\right\} \tag{21}$$

となる．ここで，V_m，P_m，$\theta_m^{(i)}$ は正の数であることから，各項は負の数となり，式 (21) も負の数となる．そこで，式 (21) をマイナス倍して正の数にしたものに対して対数をとった（再度対数をとったような形の）数値を負の数に変換したものを $\Lambda(\bm{x}_t^{(i)})$ と定義する．

$$\Lambda(\bm{x}_t^{(i)}) \equiv -\sum_{m=1}^{M} \left\{\log V_m - \log P_m + 2\log(\theta_m^{(i)})\right\} \tag{22}$$

この数値をデータ適合性を表す数値として利用する．

6 粒子フィルタの実行

本研究で用いる状態ベクトルについて定義し，システム・モデル，観測モデルを設定する．本研究では，システム・モデルはシンプルであるが，観測モデルは線形に表現できない．システムノイズが正規分布より尖度が高く，裾の重い分布が求められるため，現実に即した分布を2種類準備する．また，本研究での粒子フィルタの実行手順を記述する．

6.1 状態ベクトル

4.4項で導入したパラメータ・セットを状態変数として，それらの組み合わせを状態ベクトルとする．

$$\boldsymbol{x}_t^{\mathrm{T}} \equiv (\sigma_1, \sigma_2, \sigma_3, \sigma_4, \beta, \nu_1, \nu_2, \rho_1, \rho_2, \rho_3, \rho_4, \rho_5)$$

6.2 システム・モデル

本来であれば，確率微分方程式の離散式が記述される部分であるが，本研究では，式（14）に期間構造を加えたため，状態変数が時刻の推移に従って変化する様子をシステム・モデルとしている．

$$\boldsymbol{x}_t = \boldsymbol{x}_{t-1} + \boldsymbol{v}_t \tag{23}$$

6.3 観測モデル

この式中の σ_{Market} は観測データで，既知の量である．また，$\sigma(x, \tau, \boldsymbol{x}_t^{(i)})$ は，具体的に式（15）を意味している．

$$\sigma_{\mathrm{Market}}(x, \tau) = \sigma(x, \tau, \boldsymbol{x}_t^{(i)}) + \varepsilon_t \tag{24}$$

6.4 システムノイズの生成

粒子フィルタでは，システムノイズに正規分布を仮定する必要がないので，無駄な粒子が生成させるのを防ぐ目的もあり，現実に即したノイズを生成したい．

6.4.1 各パラメータの前日からの動きの統計情報

2010年10月から2013年9月までの期間について，フロントデスクが作成し

表2-1 過去データによるシステム・ノイズの統計情報

	σ_1	σ_2	σ_3	σ_4	ν_1	ν_2
平均	-0.005%	$+0.005\%$	-0.001%	-0.005%	$+0.012\%$	-0.007%
標準偏差	1.106%	1.452%	0.567%	4.599%	2.848%	3.905%
尖度	15.53	14.64	29.63	23.25	6.05	20.92
	β	ρ_1	ρ_2	ρ_3	ρ_4	ρ_5
平均	-0.003%	-0.006%	-0.008%	-0.014%	$+0.051\%$	$+0.075\%$
標準偏差	8.503%	16.34%	7.293%	10.42%	14.25%	24.05%
尖度	10.12	8.99	10.55	8.05	13.2	6.42

た本サーフェイスのデータを対象に，誤差が最小化するようにパラメータを決めたデータに基づき，各パラメータの前日からの動きの統計情報を表2-1に表す．この表からわかるように，各状態変数の分布は，正規分布と比較すると尖度が大きく（平均への集中度が高く），裾が重い．このような分布を表現するため，コーシー分布と混合正規分布（2種類の正規分布を利用）を準備した．

6.4.2 コーシー分布を仮定した場合

コーシー分布は，位置母数（中央値）μ_0と尺度母数γを用いて表現される．ある確率変数vがコーシー分布に従う場合，密度関数$q(\mu_0, \gamma; v)$は，

$$q(\mu_0, \gamma; v) = \frac{1}{\pi} \frac{\gamma}{\gamma^2 + (v-\mu_0)^2}$$

のように表わされる．

表2-2は，本研究で用いる母数を表している．すべてのパラメータにおいて位置母数（中央値）は0とした．連続分布としてのコーシー分布に標準偏差は定義されないが，10000個の乱数から計算された標準偏差を参考として載せておく．尺度母数γは，前節の計算に利用したデータの前日差を最大値と最小値で等間隔に20分割し，それらの値をヒストグラムとして表現し，各間隔のコーシー分布の累積密度の数値の差を用いて，ヒストグラムの数値と比較し，その差が最小になるように決定した．コーシー分布に従うシステムノイズを生成するには，一様乱数uを準備し，次式に当てはめる．

$$v_t^i = \mu_0 + \gamma^i \times \tan\{\pi(u-0.5)\}$$

表2-2 コーシー分布の母数

	σ_1	σ_2	σ_3	σ_4	ν_1	ν_2
位置母数（μ_0）	0	0	0	0	0	0
尺度母数（γ）	0.00222	0.00481	0.00208	0.00890	0.01035	0.01173
標準偏差（乱数）	15.33%	31.85%	14.25%	61.38%	55.20%	67.20%
	β	ρ_1	ρ_2	ρ_3	ρ_4	ρ_5
位置母数（μ_0）	0	0	0	0	0	0
尺度母数（γ）	0.00400	0.01883	0.01329	0.02600	0.03262	0.05265
標準偏差（乱数）	21.67%	108.2%	87.23%	147.1%	226.3%	284.8%

6.4.3 2種類の正規分布を混合した場合

混合正規分布では，同じ平均（μ）をもつ2種類の標準偏差（$\bar{\sigma}_1, \bar{\sigma}_2$）が大小

と異なる正規分布を定め，混合割合（混合割合$_1$，混合割合$_2$）を調整した分布とした．標準偏差の小さい分布を準備することで，平均への集中度を高め，標準偏差の大きい分布を準備することで，裾の重さを表現している．

表2-3は，本研究で用いる混合割合等を表している．すべてのパラメータにおいて平均（μ）は0とした．これらの標準偏差や混合割合は，コーシー分布の時と同様に前節の計算に利用したデータの前日差を最大値と最小値で等間隔に20分割し，それらの値をヒストグラムとして表現し，各間隔の累積密度の数値の差を用いて，ヒストグラムの数値と比較し，その差が最小になるように決定した．さらに，過去データが示す標準偏差と混合分布の理論的な標準偏差の差が最小になるように混合割合を決めた．そのため，理論尖度はヒストリカルデータとは少し異なるものとなっている．

1つのシステムノイズを生成するために，2つの独立な一様乱数u_1，u_2を準備する．u_1は，どちらの標準偏差を使用するのかを決める乱数，u_2は標準正規分布を生成するための乱数として使用する．

表2-3　システム・ノイズを作成するための混合割合

	σ_1	σ_2	σ_3	σ_4	v_1	v_2
平均	0.000%	0.000%	0.000%	0.000%	0.000%	0.000%
標準偏差$_1$	0.400%	0.400%	0.400%	1.000%	1.000%	1.000%
標準偏差$_2$	2.500%	2.500%	2.500%	1.000%	5.000%	5.000%
混合割合$_1$	86.20%	86.21%	86.20%	84.85%	87.50%	66.67%
混合割合$_2$	13.80%	13.79%	13.80%	15.15%	12.50%	33.33%
理論標準偏差	1.000%	1.000%	1.000%	4.000%	2.000%	3.000%
理論尖度	13.23	13.23	13.23	14.77	11.81	4.74
	β	ρ_1	ρ_2	ρ_3	ρ_4	ρ_5
平均	0.000%	0.000%	0.000%	0.000%	0.000%	0.000%
標準偏差$_1$	2.00%	2.00%	2.00%	4.00%	4.00%	2.00%
標準偏差$_2$	15.00%	25.00%	20.00%	20.00%	20.00%	30.00%
混合割合$_1$	86.20%	86.21%	86.20%	84.85%	87.50%	66.67%
混合割合$_2$	13.80%	13.79%	13.80%	15.15%	12.50%	33.33%
理論標準偏差	8.000%	16.00%	7.000%	10.00%	14.00%	24.00%
理論尖度	7.08	4.26	19.74	7.56	2.87	1.68

$$v_t^i = \begin{cases} \text{NormsInv}(u_2^i) \times \bar{\sigma}_1 + \mu & 0 < u_1^i \leq 混合割合_1 \\ \text{NormsInv}(u_2^i) \times \bar{\sigma}_2 + \mu & 混合割合_1 < u_1^i \leq 1 \end{cases}$$

$$(= 混合割合_1 + 混合割合_2)$$

6.5 本研究で行った粒子フィルタの手順

時刻 t 時点のフィルタ粒子群を得るための具体的な手続きを下に示す．

1. 将来時点 t_i のフォワード F_{t_i} を計算する．
2. 時刻 t の市場データを準備し，外れ値等を予め除外しておく．具体的には，5.3項「データ・クレンジング」を参照．
3. 時刻 $t-1$ の事前分布を読み込む．
   $$p(\boldsymbol{x}_{t-1}|\boldsymbol{y}_{1:t-1}) \doteq \{(\boldsymbol{x}_{t-1}^{(i)}, w_{t-1}^{(i)})\}_{i=1}^N$$
4. 各 i $(i=1,\cdots,N)$ に対して，システムノイズを表現する乱数 $\boldsymbol{v}_t^{(i)}$ を準備する．具体的には，6.4項「システムノイズの生成」を参照．
5. 各 i $(i=1,\cdots,N)$ に対して，1期先予測の操作を行う．
   $$\boldsymbol{x}_{t|t-1}^{(i)} = \boldsymbol{x}_{t-1|t-1}^{(i)} + \boldsymbol{v}_t^{(i)}$$
6. 各 $\boldsymbol{x}_{t|t-1}^{(i)}$ $(i=1,\cdots,N)$ に対して，パラメータ・チェックを施す．具体的には，5.4項「パラメータ・チェック」を参照．
7. 各 i $(i=1,\cdots,N)$ に対して，$\lambda_t^{(i)} = p(\boldsymbol{y}_t|\boldsymbol{x}_{t|t-1}^{(i)})$ を計算する．具体的には，5.5項「データの適合性」を参照．
8. 各 i $(i=1,\cdots,N)$ に対して，式（10）で定義した重み $w_t^{(i)}$ を計算する．
9. 有効サンプルサイズを計算する．計算方法は，式（13）に同じ．
10. 各 i $(i=1,\cdots,N)$ に対して，重み $w_t^{(i)}$ の大きい順に並び替える．
11. リサンプリングを行う[7]．3.4項「リサンプリングの手順」を参照．
12. 新しく選び直された粒子 $\boldsymbol{x}_t^{(i)}$ $(i=1,\cdots,N)$ に対して，重み $w_t^{(i)}$ を更新する．計算方法は，式（10）に同じ．
13. 再度，有効サンプルサイズを計算する．計算方法は，式（13）に同じ．
14. 各 i $(i=1,\cdots,N)$ に対して，重み $w_t^{(i)}$ の大きい順に並び替える．
    $$p(\boldsymbol{x}_t|\boldsymbol{y}_{1:t}) \doteq \{(\boldsymbol{x}_t^{(i)}, w_t^{(i)})\}_{i=1}^N$$

---

[7] 本研究では，毎回リサンプリングを行うこととした．有効サンプルサイズの数値によっては，リサンプリングが不要ともいえる場合もあるが，本研究の内容では，一般的な粒子フィルタと比べて粒子数も少なく，計算に1秒も要しないため，計算負荷の観点からいっても問題ない．また，パラメータ・チェックの過程で一定量の粒子が除外されるため，有効サンプルサイズにかかわらず，リサンプリングを行うこととした．

15. 次回の作業の準備として重みと共に粒子群を保存する[8]．

以上の手続きにより，時刻 t のフィルタ分布を近似する粒子群が得られた．

7　数値分析結果

前節までに説明した手順に従い，粒子フィルタを実行した．表 2-4 で示すのは，2013 年 9 月 30 日に適当な初期値[9] を与え，2013 年 10 月 1 日から 2014 年 6 月 30 日までの 9 ヵ月間，粒子フィルタを繰り返した結果である．比較のため，粒子数は 500 個，1000 個，10000 個，50000 個のケースを準備した．さらに，6.4 項で導入した 2 種類のシステム・ノイズを考慮した場合を含め，計 8 種類の試行について計算させた．計算結果[10] を表 2-4 にまとめた．

一般に，粒子数を増やしていくと，誤差の最小値が縮小していく傾向が予想されるが，表 2-4 をみる限り，顕著な差はみられない．粒子数を増やすと，パラメータ・チェックに掛かる計算負荷はそれに比例して高まる．試行 7 と試行 8 においてもっとも誤差が小さくなったパラメータ・セットの数値例である表 2-5 をみると，誤差合計の数値は近いにもかかわらず，パラメータの示す数値には，お互いに近い物もあれば，水準感の違うものもある．これは，パラメータの設定が悪く，実際の自由度以上にパラメータが設定されているため，同じサーフェイスを表すにも，複数の表現方法があることによるものと予想される．尤度の上位の粒子に基づいて示される，インプライド・ボラティリティの存在可能性の高い範囲を示すことが目的であるため，そのことについて問題はないと考える．

また，図 2-1 に，システム・ノイズにコーシー分布と混合正規分布の最小誤差合計の推移を示す．結論として，一方に明らかな優位性はなく，システム・ノイズの従う分布の違いによる影響はほぼなかった．混合正規分布は，乱数を倍量生成するコスト（時間）が必要なため，わずかではあるが，コーシー分布が計算時間の面で優位である結果となった．このことは，t 分布を仮定した場

---

8) 粒子フィルタの手順のなかでは，重みについては再利用しないが，適合性上位の粒子の範囲を効率よく計算するための補足データである．
9) フロントデスクが 2013 年 9 月 30 日の引けに用いている本サーフェイスを用いて誤差が最小化するようにパラメータを決め，システム・ノイズを加えたもの．
10) 計算環境は，Intel Core i5-334 2.70 GHz，Windows 7，Excel 2010 の VBA による実装．

2 粒子フィルタを利用したボラティリティ・サーフェイスの推定 63

表 2-4 2014/06/30 の粒子フィルタ結果

	試行 1	試行 2	試行 3	試行 4
粒子数	500 個	500 個	1000 個	1000 個
システムノイズの分布	コーシー分布	混合正規分布	コーシー分布	混合正規分布
チェック時間	38 秒	49 秒	68 秒	100 秒
Parameter Check 1	19/500	1/500	46/1000	2/1000
Parameter Check 2	3/481	5/499	14/954	22/998
Parameter Check 3	17/478	0/494	28/940	0/976
Parameter Check 4	118/461	109/494	204/912	193/976
Parameter Check 5	0/343	0/385	0/708	0/783
Parameter Check 6	45/343	40/385	71/708	68/783
Parameter Check 7	1/298	0/345	0/637	0/715
Parameter Check 8	31/298	28/345	69/637	81/715
Inappropriate 粒子	233/500	183/500	432/1000	366/1000
No Arbitrage Free 粒子	267/500	317/500	568/1000	634/1000
有効サンプルサイズ	262/500	313/500	558/1000	627/1000
リサンプリング後 No Arbitrage Free 粒子	500/500	500/500	1000/1000	1000/1000
有効サンプルサイズ	484/500	473/500	975/1000	963/1000
誤差の最小値	3.98	4.48	5.05	4.74
尤度上位 1% の誤差の平均	5.28	5.17	5.89	5.75
尤度上位 3% の誤差の平均	6.10	5.81	6.28	6.30
	試行 5	試行 6	試行 7	試行 8
粒子数	10000 個	10000 個	50000 個	50000 個
システムノイズの分布	コーシー分布	混合正規分布	コーシー分布	混合正規分布
チェック時間	719 秒	765 秒	3359 秒	3657 秒
Parameter Check 1	414/10000	83/10000	2126/50000	317/50000
Parameter Check 2	75/9586	181/9917	420/47874	935/49683
Parameter Check 3	330/9511	0/9736	1658/47454	5/48748
Parameter Check 4	2137/9181	2085/9736	10855/45796	10143/48743
Parameter Check 5	0/7044	0/7651	0/34941	0/38600
Parameter Check 6	791/7044	892/7651	4109/34941	4463/38600
Parameter Check 7	2/6253	0/6759	21/30832	0/34137
Parameter Check 8	693/6253	550/6759	3164/30832	3017/34137
Inappropriate 粒子	4440/10000	3791/10000	22332/50000	18880/50000
No Arbitrage Free 粒子	5560/10000	6209/10000	27668/50000	31120/50000
有効サンプルサイズ	5485/10000	6139/10000	27291/50000	30771/50000
リサンプリング後 No Arbitrage Free 粒子	10000/10000	10000/10000	50000/50000	50000/50000
有効サンプルサイズ	9811/10000	9755/10000	49269/50000	48870/50000
誤差の最小値	4.25	3.99	3.42	3.48
尤度上位 1% の誤差の平均	5.58	5.35	5.70	5.29
尤度上位 3% の誤差の平均	6.40	5.82	6.51	5.84

表 2-5　アンサンブルの数値例

	σ_1	σ_2	σ_3	σ_4	ν_1	ν_2	
試行 7	0.18096	-0.02188	0.01859	0.89038	0.62742	-0.4453	
試行 8	0.18620	-0.02361	0.01627	0.56743	0.43479	-0.5243	
	β	ρ_1	ρ_2	ρ_3	ρ_4	ρ_5	誤差合計
試行 7	0.90202	-0.07701	0.55803	0.56372	0.78906	-0.4346	3.429
試行 8	0.44832	-0.10404	0.63175	0.59778	0.65091	-0.0593	3.862

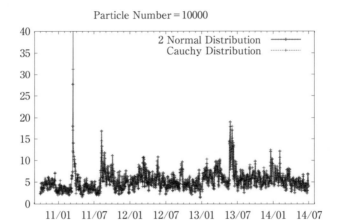

図 2-1　コーシー分布と混合正規分布の最小誤差合計の推移（粒子数＝1万個）

合においても，倍量の乱数の量を必要とするので，コーシー分布で十分といえる．

付録に，試行3の8つの満期日について市場データと最大尤度のスマイル・カーブについてのグラフを示した．

8　結論・今後の課題

本研究では，粒子フィルタの適切な制約条件として，無裁定条件のチェックやパラメータ・チェックを施し，不適切な粒子を予測分布から除外して実質的な自由度を落とすことで，500個や1000個といった少ない粒子数で目的に適う分布が存続することを示した．

数値分析の結果からは，当然に，粒子数を相当程度増やせば，最小誤差が小さく，より精度の高い分布が構成されていることがわかる．計算コストは，500個と50000個の場合とで比較すると正に桁違いに大きなものとなる．最適解を求めることが目的であれば，そのコストに対する価値はあるものと思われる．しかしながら，上位1％の粒子で表現される存在可能性の高い範囲を確認したいという目的の場合，費やされた時間に対する見返りが少ない．粒子数がわずか500個や1000個といった，モンテカルロ法としては，決して多くない数の場合に，分布の退化が心配されたが，数値分析の結果からは，そのようなこともなく，50000個の場合と比較して遜色ない結果が示された．これは，状態の確率分布を表現するための，実質的な自由度を落とすことに，無裁定条件等のパラメータ・チェックが有効に働いていることを示す結果といえる．

本研究では，制約上，1日1回のデータ更新のみを対象とした．1日1回のデータ更新であれば，夜間にバッチ作業をさせればよいので，5万個でも10万個の粒子を扱っても問題なく終了する．実際には，日中に時々刻々とスポット価格も変化し，ブローカーメールのデータも次々に受信され，イールドカーブも変化する．これらの変化を機動的に把握し，フィルタが素早く実行される（粒子数が500個であれば，1分と要しない）のであれば，まさにオンラインで日中のボラティリティ・サーフェイスの動きを追うことが可能となる．そのような状況の場合，本研究では示していないが，日締めのデータで日中のデータの平滑化の作業を行ってもよいかも知れない．

他にも，ボラティリティのスキューやスマイルを表現するオプション・モデルは多数存在する．たとえば，平均回帰構造を組み入れている λ-SABR モデル（Pierre（2008））や，はじめからパラメータに期間構造を持たせた Heston モデル（Andersen-Andreasen version）（Andersen and Andersen（2002））での応用が考えられる．また，Johnson and Nonas（2009）を参考に，スワップションのボラティリティ・キューブへの応用も今後の課題としてあげられる．

付録 計算結果

試行3の市場データとの最大尤度のスマイル・カーブと尤度上位3％点までの最大値と最小値で描くスマイル・カーブを1つのグラフにした．

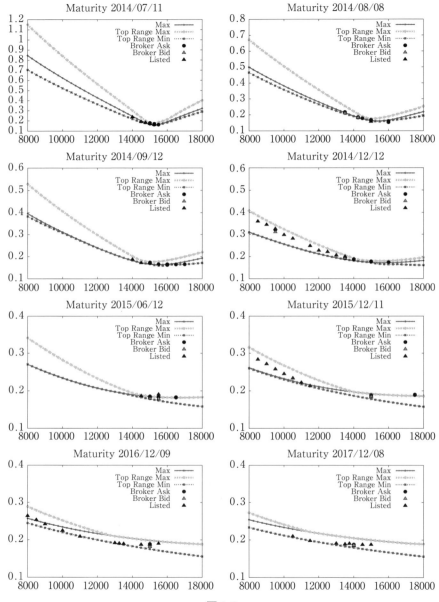

図 2-2

[参考文献]

生駒哲一（2008），「逐次モンテカルロ法とパーティクルフィルタ」『数理・計算の統計科学（21世紀の統計科学Ⅲ）』東京大学出版会，第11章，305-338.

伊庭幸人（2005），「逐次モンテカルロ法入門」『計算統計Ⅱ（マルコフ連鎖モンテカルロ法とその周辺）』岩波書店，補論A，294-326.

佐藤整尚・高橋明彦（2005），「モンテカルロフィルタを用いた金利モデルの推定」『計算統計Ⅱ（マルコフ連鎖モンテカルロ法とその周辺）』岩波書店，補論B，327-353.

島井祥行（2013），「パーティクルフィルタによる4ファクター確率ボラティリティ金利モデルの推定と債券アービトラージ戦略への応用」『現代ファイナンス』No.34，3-31.

大庭昭彦（編）（2008），「最新金融工学に学ぶ資産運用戦略（野村證券金融工学研究センター）」東洋経済新報社，第2章，21-51.

樋口知之（編）（2011），「データ同化入門―次世代のシミュレーション技術―」朝倉書店．

Andersen, L. and Andersen, J. (2002), "Volatile volatilities", Risk Magazine, December, 163-168.

Carr, P. and Madan, B. (2005), "A Note on Sufficient Conditions for No Arbitrage", *Finance Research Letters*, **2**, 125-130.

Davis, M. and Hobson, D. (2007), "The Range of Traded Option Prices", *Mathematical Finance*, Vol.17, Issue 1, 1-14.

Fukasawa, M., Ishida, I., Maghrebi, N., Oya, K. Ubukata, M. and Yamazaki, K. (2011), "MODEL-FREE IMPLIED VOLATILITY : FROM SURFACE TO INDEX", *International Journal of Theoretical and Applied Finance*, **14** (4), 433-463.

Gordon, N., Salmond D. and Smith A. (1993), "Novel approach to nonlinear/ non-Gaussian Bayesian state estimation", *IEEE Proceedings-F*, **140**, 107-113.

Hagan, P. S., Kumar, D. Lesniewski, A. S. and Woodward, D. E. (2002), "Managing Smile Risk", Wilmott Magazine, July, 84-108.

Hürseler, M. and Künsch, H. R. (2001), "Approximating and maximizing the likelihood for a general state-space model", in A.Doucet, N. de Freitas, and Gordon N. eds. Sequential Monte Carlo Methods in Practice, Springer-Verlag New York, 159-175.

Heston, S. (1993), "A Closed-Form Solution for Options with Stchastic Volatility with Applications to Bond and Currency Options", *The Review of Financial*

Studies, **6** (2), 327-343.

Johnson, S. and Nonas, B. (2009), "Arbitrage-Free Construction of the Swaption Cube", http://papers.ssrn.com/sol3/papers.cfm?abstract id=1330869

Kitagawa, G. (1996), "Monte Carlo Filter and Smoother for Non-Gaussian Nonlinear State Space Models", *Journal of Computational and Graphical Statistics* **5** (1), 1-25.

Kitagawa, G. (1998), "A Self-Organizing State-Space Model", *Journal of the American Statistical Association*, Vol.93, No.43, 1203-1215.

Oblóy, J. (2008), "Fine-tune your smile: correction to Hagan et al"., Willmot Magazine, May, 102-109.

Liu, J. and West, M. (2001), "Combined Parameter and State Estimation in Simulation-Based Filtering", in Sequential Monte Carlo Methods in Practice, Statistics for Engineering and Information Science 2001, Springer-Verlag, 197-223.

Pierre Henry-Labordere (2008), "Analysis, Geometry and Modelling in Finance", *CRC Press*, 164-178.

Pitt, M. and Shephard, N. (1999), "Filtering via Simulation Auxiliary Particle Filters", *Journal of the American Statistical Association*, Vol.94, Issue 446, 590-599.

(篠田宜明：みずほ証券株式会社　リスク管理グループ)
(中村尚介：みずほ証券株式会社　リスク管理グループ)

3 ヴァイン・コピュラを用いた CAPM の非正規・非線形への拡張：日本株式市場における実証分析

岩永育子

概要 多変量の依存構造を補足しモデル化するための手段として，近年ヴァイン・コピュラに注目が集まっている．ヴァイン・コピュラは多変量の依存構造をペアコピュラに分解し，その構造体として表現することができるため，従来の多変量コピュラ（多変量 t コピュラなど）よりも柔軟に多変量の依存構造を補足しモデル化することができる．Brechmann and Czado (2011), Heinen and Valdesogo (2008) では，ヴァイン・コピュラをファクターモデルに導入し，周辺分布に GARCH モデルを採用することで，古典的な CAPM を動的かつ非正規・非線形に拡張するヴァイン・マーケット・セクターモデルを提案している．両者の違いは，ヴァイン・コピュラにおけるペアコピュラの結合形態の違いである．

本論文では，両者の提案するそれぞれのヴァイン・マーケット・セクターモデルについて，日本の株式市場を対象データとして実証分析を行い，モデル間の有意性の確認を目的としている．さらに，当該モデルを採用することで，VaR の推定精度の向上やポートフォリオの最適構成比率決定のパフォーマンス向上に寄与するか検証を行った．

1 研究の背景と目的

近年の金融危機時には，サブプライムローンなどの証券化商品のみならず，ほとんどのリスク資産価格が同時に下落して分散投資が有効に機能しなくなるという事象が起こり，金融市場が混乱に陥った．野澤 (2010) にもみられるように，この 2007-2009 年の金融危機を境に，資産間の依存関係をより正確に捕捉し評価することについての関心が集まっている．

多変量の依存構造を捕捉しモデル化するための手段として，近年ヴァイン・コピュラに注目が集まっている．ヴァイン・コピュラは，Bedford and Cooke (2002) により考案された多変量コピュラである．ヴァイン・コピュラは多変量の依存構造をペアコピュラに分解し，その構造体として表現することができる

ため，従来の多変量コピュラ（多変量 t コピュラ，多変量アルキメディアン・コピュラなど）よりも柔軟に多変量の依存構造を捕捉しモデル化することができる．Brechmann and Czado（2011），Heinen and Valdesogo（2008）では，ヴァイン・コピュラをファクターモデルに導入し，周辺分布に GARCH モデルを採用することで，古典的な CAPM（Capital Asset Pricing Model）を動的かつ非正規・非線形に拡張するモデルを提案している．両者の主な違いは，ヴァイン・コピュラにおけるペアコピュラの結合形態の違いであり，前者は分解したペアコピュラをレギュラー・ヴァインで結合し，後者はカノニカル・ヴァインで結合する方法を提案している．

ヴァイン・コピュラを金融市場分析に適用した例は近年増加しており，その適用範囲も拡大している．アセットアロケーションの分野では，ノルウェー株，ノルウェー債券と外債，外国株式に適用し分析した Aas et al.（2009）や，コピュラパラメータが時間変化するモデルを取り入れ，国内株，国内債券，外国株式，外国債券，短期資産の5資産に適用した研究中村・横内（2010）がある．株式に限定した分野では，前述の Brechmann and Czado（2011），Heinen and Valdesogo（2008）がある．債券ポートフォリオに限定した分野では，野澤（2010）が，金融市場混乱期における日本のクレジット・スプレッドにヴァイン・コピュラを適用し，セクター間の依存構造の違いが債券ポートフォリオ運用に与える影響を考察している．以上のように，ヴァイン・コピュラの有用性に注目が集まり，その適用範囲が拡大しているものの，日本株のポートフォリオに適用された例はまだ存在しない．

本研究の第一の目的は，日本の株式市場における個別株やセクターリターンの依存構造について，ヴァイン・コピュラを含む多変量コピュラによって明らかにし，取り出した情報の有用性を検討することである．

本研究の第二の目的は，前述の Brechmann and Czado（2011），Heinen and Valdesogo（2008）を題材として CVMS モデルと RVMS モデルを日本の株式市場にそれぞれ適用して，その優位性について実証分析を通じて比較検証することである．実証研究では，Heinen and Valdesogo（2008），中村・横内（2010），野澤（2010）にみられるように R-vine のなかでも特別なケースの C-vine を利用したものが多い．しかし，C-vine はモデルの形についての制約条件が厳しく，特にファクターモデルへの導入に当たっては，その制約のためにやや現実と整合性の取れない仮定を置かなければならない．文献 Brechmann and

Czado (2011) では，Heinen and Valdesogo (2008) のモデルにおけるこの弱点を指摘し，さらにローリング分析により R-vine を用いた RVMS モデルの C-vine を用いた CVMS モデルに対する優位性を示している．日本市場においても RVMS モデルの優位性を確認する結果となると予想している．

　本研究の第三の目的は，当該モデルの採用が，依存構造を考慮しない場合のモンテカルロ・シミュレーションと比較し，VaR の推定精度の向上やポートフォリオの最適構成比率決定のパフォーマンス向上に寄与するか検証することである．

　本研究の貢献は2点ある．まず1つ目が，日本株ポートフォリオにヴァイン・コピュラを適用しポートフォリオの最適化まで踏み込んだはじめての研究であるということと，2つ目が Brechmann and Czado (2011) にならい，ヴァイン・コピュラにおけるペアコピュラの結合形態の違いに注目して日本株ポートフォリオに適用してはじめて検証したことである．

　本稿の構成は以下の通りである．2項にて先行研究について述べる．まず，ヴァイン・コピュラの概要について解説したのち，モチーフとした2つの論文に沿って CVMS モデルと RVMS モデルについて解説する．3項で国内株式の個別銘柄とセクターのリターンについてヴァイン・コピュラの実証分析を展開し，4項では3項にて推定したコピュラをもとに，市場，セクター，個別銘柄リターンの依存構造を考慮したモンテカルロ・シミュレーションを実施し，1期先 VaR 予測値のローリング分析を実施した．さらに，モンテカルロ・シミュレーションにより発生させた市場リターン，セクターリターンおよび個別銘柄のパスを元に，4種類のポートフォリオを構築しそのパフォーマンスを比較検証する．4種類のポートフォリオは，それぞれ等ウェイト，最小分散，リスク・パリティ，CVaR 最小化ポートフォリオである．最後に，5項で本研究の成果と今後の課題をまとめることとする．

2　先　行　研　究

　本節では，まず，Aas et al. (2009)，Bedford and Cooke (2002)，Kurowicka and Cooke (2007)，戸坂・吉羽 (2005)，野澤 (2010) を参考に，多変量分布を周辺分布と分布間の依存構造に分離して表現したコピュラ関数と多変量コピュラとして注目されているヴァイン・コピュラについての概要を述べる．その

後，Brechmann and Czado（2011），Heinen and Valdesogo（2008）により提案された，ヴァイン・コピュラの利用によって非線形な依存構造をも捕捉・表現可能となったCAPMの拡張版ともいえる『マーケット・セクター・モデル』について解説する．

2.1 ペアコピュラ

2.1.1 ペアコピュラの種類とパラメータ

以下では，本論文で対象とするペアコピュラをあげて簡単にその特徴を説明する．なお，各ペアコピュラの分布関数および密度関数については詳細な数式についてはNelsen（2006），Patton（2006），戸坂・吉羽（2005），服部（2011）参照のこと．

本論文では，正規コピュラ，スチューデント t コピュラ，クレイトン・コピュラ，ガンベル・コピュラ，対称化ジョー・クレイトンコピュラ（以下SJC），90°回転クレイトン・コピュラ，90°回転ガンベル・コピュラのペアコピュラを対象とする．各コピュラが捉えることができる依存構造の特徴とパラメータについては，表3-1にまとめた．

各コピュラの特徴を以下に簡単に解説する．まずコピュラ変量間の依存構造を相関行列 ρ で表現するコピュラとして，正規コピュラ，スチューデント t コピュラがあげられる．スチューデント t コピュラは，パラメータ ρ に加え自由度（以下，ν）をパラメータにもつ．ν は2より大きく値が小さいほど分布の裾が厚くなる．

表3-1　ペアコピュラの種類とパラメータ

	正規	t	Clayton	Gumbel	SJC	回転Clayton (90°)	回転Gumbel (90°)
正の依存構造	✓	✓	✓	✓	✓	—	—
負の依存構造	✓	✓	—	—	—	✓	✓
依存構造の非対称性	—	—	✓	✓	✓	✓	✓
下方裾依存性	—	✓	✓	—	✓	✓	✓
上方裾依存性	—	✓	—	✓	✓	✓	✓
パラメータ	ρ	ρ	δ	δ	τ^U	δ	δ
	—	ν	—	—	τ^L	—	—
（備考）	—	$\nu>2$	$\delta\in[-1,\infty)\setminus\{0\}$	$\delta\in[1,\infty)$	$0<\tau<1$	$\delta\in[-1,\infty)\setminus\{0\}$	$\delta\in[1,\infty)$

次に，変量間の依存構造を1種類のパラメータで表現するアルキメディアン・コピュラとして，クレイトン，ガンベルがあげられる．パラメータ δ の値が大きくなるほど依存構造が強いことを示すのは両コピュラとも同じである．クレイトンは下裾の依存構造のみを，ガンベルは上裾の依存構造のみを捕捉する．回転クレイトンと回転ガンベルはその派生であり，90°回転させることで負の依存構造を捕捉可能となった．パラメータ δ の値が大きくなるほど依存構造が強いことを示すのは両コピュラとも同じである．

SJC は上下非対称の依存構造を捕捉することができる．上下それぞれの裾依存の強さを司るパラメータ τ（上裾が τ^U，下裾が τ^L）をもち，$\tau^U = \tau^L$ のとき上下対称となる．

なお，2変量の間に依存構造がない場合は，先行研究 Brechmann and Czado（2011），Schmit（2006）にならい『独立コピュラ』（"independent copula"）とよぶこととする．『独立』と『コピュラ』という単語の組み合わせは，矛盾しているようにも感じられるが，依存構造がない場合の分類として利用する．

2.2 ヴァイン・コピュラ

2.2.1 ヴァイン・コピュラの概要

R-vine は Bedford and Cooke（2002）によって提案されたモデルである．ヴァイン・コピュラとは，ペアコピュラ関数のみを用いて任意の多次元分布を構成しようというアプローチである．n 個の要素 $\{1, 2, ..., n\}$ 上のヴァイン（vine）とは，木（Tree）T_i（$i = 1, ..., n-1$）の集合であり，次の入れ子条件

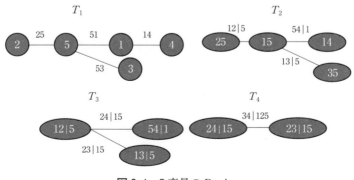

図3-1　5変量の R-vine

を満たすものである．

(i) T_1 は N_1 $\{i=1, 2, ..., n\}$ を頂点（node）集合，E_1 を辺（edge）集合とする連結の木である

(ii) $i=2, ..., n-1$ に対して，T_i は E_{i-1} を頂点集合，E_i を辺集合とする木である

ヴァインが正則（regular）であるとは，$i=2, \cdots, d-1$ に対して，$\{a, b\} \in E_i$ ならば，$a \triangle b$ の要素の個数が2となることである（ここで，$\triangle$ は対称差を表す）．

ヴァイン構造における条件付け変数の集合を $D(e)$，集合 E_i の要素である辺を $e=j(e), k(e)|D(e)$，ペアコピュラの密度関数を $c_{j(e), k(e)|D(e)}$，周辺密度関数を $f_k, k=1, ..., n$ とすると，R-vine で捕捉したベクトル X の密度関数は，以下のように表現される．

$$\prod_{k=1}^{n} f(x_k) \prod_{j=1}^{n-1} \prod_{e \in E_i} c_{j(e), k(e)|D(e)} \{F(x_{j(e)}|\boldsymbol{x}_{D(e)}), F(x_{k(e)}|\boldsymbol{x}_{D(e)})\} \quad (1)$$

次に，R-vine の特別なケースであり，しばしば取り上げられる C-vine について説明する．

C-vine では，各 T_i において，$d-i$ 本の辺で結ばれている頂点がただ一つ存在する．$d=5$ の場合の C-vine は図 3-2 のようになる．N 変量の同時密度関数を分解すると，$N(N-1)/2$ の辺と n の周辺密度関数に分解される．

$$\prod_{k=1}^{n} f(x_k) \prod_{j=1}^{n-1} \prod_{i=1}^{n-j} c_{j, i+j|1, ..., j-1} \{F(x_j|x_1, ..., x_{j-1}), F(x_{i+j}|x_1, ..., x_{j-1})\} \quad (2)$$

データセットにおいて，特定の変数が各変数間の相互作用の中心となること

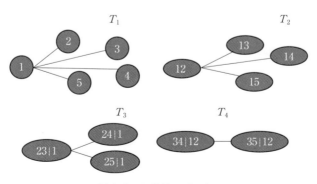

図 3-2 　5 変量の C-vine

が明らかである場合に，C-vine を用いるメリットがある．そのような状況では，その中心となる変数を C-vine の頂点に据えてモデル化する．

R-vine の場合，ツリーの構築にあたり全 $\binom{d}{2} \times (d-2)! \times 2^{\binom{d-2}{2}}$ パターンの中から，適切なグラフを選択しなければならない．以下の方法で行う．

① T_1 における設定は，d 個の頂点が辺で結合されたグラフを基に考える．任意の辺について，対応するペアの依存尺度 $\delta_{ij}(i \neq j)$ で重みづけする．依存尺度 δ_{ij} には，たとえば「ケンドールの τ」を用いる．

② 依存尺度の絶対値の合計を最大化する「全域木」(spanning tree)[1] を求める．絶対値を合計する理由は，負の依存関係についてもそれが強い場合には捕捉してモデル化することが重要であるためである．

$$\max \sum_{\substack{\text{edges } e_{ij} \\ \text{in spanning tree}}} |\delta_{ij}| \tag{3}$$

2.2.2 h 関数と h 逆関数

ヴァイン・コピュラにおいて重要な役割を果たすのは，Aas et al. (2009) で紹介された h 関数とその逆関数である h 逆関数である．h 関数は，ヴァイン構造における T_i から T_{i+1} に移る際に必要な，条件付けを行うための関数である．x と v を一様変数，Θ を x と v の同時分布関数のコピュラパラメータとすると，条件付き分布関数（h 関数）は以下のように表現できる．

$$F(x|v) = \frac{\partial C_{x,v}(x, v, \Theta)}{\partial v} := h(x, v, \Theta) \tag{4}$$

式 (4) からも明らかなように，h 関数はコピュラのタイプごとに異なる関数形をもつ．

h 逆関数は h 関数の逆関数で，条件付けを解除する目的で使用する関数である．モンテカルロ・シミュレーションを行う際に，発生させた乱数に対して h 逆関数で条件付参照を解除していき，最終的にヴァイン構造の T_1 における変数に該当する乱数を全変数間の依存構造の情報を有する形に変換することが可能となる．

h 逆関数は，本論文においても Aas et al. (2009) にならい，$h^{-1}(u, v, \Theta)$ と表現することとする．

$$h(x, v, \Theta) := u$$

---

1) 「全域木」とはグラフ理論の分野で用いられる単語で，すべての点を閉路なしで結ぶグラフのこと．

$$x = h^{-1}(u, v, \Theta)$$

なお,各ペアコピュラのh関数とその逆関数式についてはNelsen (2006), Patton (2006), 戸坂・吉羽 (2005), 服部 (2011) 参照のこと.

2.3 ヴァイン・マーケット・セクター・モデル
2.3.1 カノニカル・ヴァイン・自己回帰モデル(CAVA モデル)

文献 Heinen and Valdesogo (2008) において,C-vine をベースとした依存構造の動的モデルとしてカノニカル・ヴァイン・自己回帰モデル(CAVA モデル)が提案された.ファクターモデルに,時系列モデルとヴァイン・コピュラを導入することで,CAPM における正規性や線形性の制約を緩和した.具体的には,GARCH モデルを株価指数と個別銘柄リターンの時系列データに適用し,指数リターンと個別銘柄リターンのおのおのの標準化残差項間の依存構造をペアコピュラでモデル化し,残りの特異部分の依存構造は多変量正規コピュラで捕捉することでモデル化し,『マーケット・モデル』と名付け紹介している.

しかし,マーケット・モデルでは捕捉可能な依存構造の数が少なくなってしまうため,Heinen and Valdesogo (2008) は,さらにセクターリターンをファクターとして追加することでこのモデルを拡張し,『マーケット・セクター・モデル』として紹介した.文献 Heinen and Valdesogo (2008) では,各ペアコピュラを結合するヴァイン構造として C-vine を選択し,『カノニカル・ヴァイン・マーケット・セクター・モデル』(以下,CVMS モデル)と名付け,モデルの構造について説明している.セクター数を s とすると,$s+1$ レベルに単純化した C-vine 構造となる.次項にて,Brechmann and Czado (2011),Heinen and Valdesogo (2008) を参考に具体例で示しながらモデルの構造を説明する.

2.3.2 カノニカル・ヴァイン・マーケット・セクター・モデル

2つの異なるセクターにそれぞれ2銘柄が属するケースを想定する.マーケットリターンの標準化残差を r_M,セクター A,B のそれをそれぞれ r_A,r_B,セクター A,B に属する個別銘柄リターンのそれをそれぞれ $r_1^A, r_2^A, r_1^B, r_2^B$ とすると,同時密度関数は以下の形になる.

$$\begin{aligned}&f(r_M, r_A, r_B, r_1^A, r_2^A, r_1^B, r_2^B)\\&= f(r_M) \cdot f(r_A) \cdot f(r_B) \cdot f(r_1^A) \cdot f(r_2^A) \cdot f(r_1^B) \cdot f(r_2^B)\end{aligned}$$ ⎫ (i) 周辺分布

3 ヴァイン・コピュラを用いた CAPM の非正規・非線形への拡張

$$
\begin{aligned}
&\cdot c_{M, r_A}(F(r_M), F(r_A)) \cdot c_{M, r_B}(F(r_M), F(r_B)) \\
&\cdot c_{M, r_1^A}(F(r_M), F(r_1^A)) \cdot c_{M, r_2^A}(F(r_M), F(r_2^A)) \\
&\cdot c_{M, r_1^B}(F(r_M), F(r_1^B)) \cdot c_{M, r_2^B}(F(r_M), F(r_2^B)) \\
&\cdot c_{A, r_1^A|r_M}(F(r_A|r_M), F(r_1^A|r_M)) \cdot c_{A, r_2^A|r_M}(F(r_A|r_M), F(r_2^A|r_M)) \\
&\cdot c_{B, r_1^B|r_M}(F(r_B|r_M), F(r_1^B|r_M)) \cdot c_{B, r_2^B|r_M}(F(r_B|r_M), F(r_2^B|r_M)) \\
&\cdot c^\rho_{r_1^A, r_2^A, r_1^B, r_2^B|r_M, r_A, r_B}(\cdot)
\end{aligned}
$$

(ii) マーケットとの依存構造
(iii) セクターとの依存構造
(iv) 特異項の依存構造

(5)

(iv) は，パラメータ ρ を持つ 4 次元の多変量コピュラを意味している．マーケット・モデルとの主な違いは，(iii) のセクターとの依存構造部分の有無である．$T_1 \sim T_3$ について図 3-3 に描画した．式 (5) の (ii) は，図 3-3 の T_1 部分に該当する．式 (5) の (iii) は，T_2 と T_3 部分に該当する．

本来 C-vine では図 3-3 にもあるように，T_1 の変数すべてが T_2 以降にも登場し順次条件付けを行いながら，最後の 1 ペアになるまでツリーが構築される．一方で CVMS モデルは，最後の 1 ペアになるまでツリーを組上げることはせず，(iv) 以降は Vuong 検定（Vuong (1989)）に基づき単純化している．

さらに CVMS モデルの特徴としては，T_2 以降のツリーにおいて，以下 2 つの独立仮定を前提としている．図 3-3 の点線で結合されているペアがこのいず

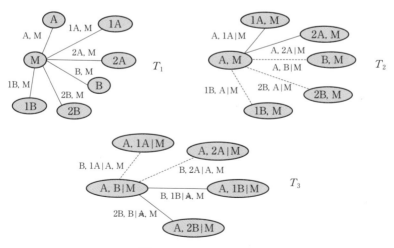

図 3-3 CVMS モデル
CVMS モデルの $T_1 \sim T_2$ の描画．点線は独立の関係を示している．独立仮定①②による．

れかに該当する．
① 市場で条件付けた軸のセクターと，市場で条件付けた軸と異なるセクターは独立．
② 市場で条件付けた軸のセクターと，軸とは異なるセクターに属する市場で条件付けた個別銘柄との依存構造は独立．

この独立仮定により，式 (5) の (ii) と (iii) の部分が単純化されている．たとえば，T_2 ではこの3つの点線のペアは，以下のように1になる．

$$\underbrace{\cdot c_{1B,A|M}(F(r_1^B|r_M), F(r_A|r_M))}_{\text{独立仮定②により}=1} \underbrace{\cdot c_{2B,A|M}(F(r_2^B|r_M), F(r_A|r_M))}_{\text{独立仮定②により}=1}$$
$$\underbrace{\cdot c_{A,B|r_M}(F(r_A|r_M), F(r_B|r_M))}_{\text{独立仮定①により}=1} \tag{6}$$

文献 Brechmann and Czado (2011) において指摘されているが，このモデルを適用する際には，これらの仮定を実際に満たしているかどうかを事前に十分検証・評価する必要がある．本論文の3項の実証分析では，Brechmann and Czado (2011) にならい Genest and Favre (2007) によって提案されたケンドールのτに基づく「2変量独立検定」を実施し，独立の仮定が妥当であるかどうか検討する．

2.3.3 レギュラー・ヴァイン・マーケット・セクター・モデル

Regular Vine Market Sector Model （以下，RVMS モデル）は，CVMS モデルの前提である独立仮定に対する疑問と，C-vine よりも一般的で非常に柔軟な結合形態を取り得る R-vine の特性がモチベーションとなり Brechmann and Czado (2011) において提案されたモデルである．

RVMS モデルと CVMS モデルの主な相違点であるが，RVMS モデルでは CVMS モデルと異なり，個別銘柄のリターンとその銘柄の属するセクターリターンの間に強い依存関係があると考えて，モデル化初期段階で市場リターンとセクターリターン間の依存関係のみならず，個別銘柄リターンと所属セクターリターンについての依存関係についてもモデル化をする点である．RVMS モデルの利点をイメージとしてつかみやすくするために，式 (5) の仮定にさらに1セクターを追加しセクター C とし，T_1, T_2 を図3-4に描画した．市場リターンで条件付けたセクターリターン間が独立であると仮定する点（独立仮定①）は，CVMS モデルと RVMS モデルのいずれにおいても同じである．

Brechmann and Czado (2011) では，Vuong 検定の結果に基づき，RVMS

3 ヴァイン・コピュラを用いた CAPM の非正規・非線形への拡張   79

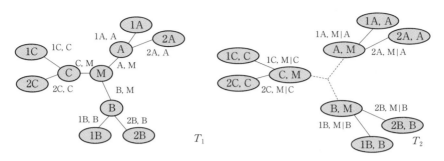

図 3-4 RVMS モデル

RVMS モデルの T_1, T_2 の描画. 点線は独立の関係を示している. 独立仮定①による.

モデルにおける T_3 以上のツリーを, ペア正規コピュラによって構築することとしている. C-vine の場合と異なり, T_3 以上のツリーにおけるペアは T_1, T_2 の形状により一意に定まらないので, 2.2.1 項で紹介した式 (4) を用いてモデル化する.

RVMS モデルの同時密度関数の式は以下のとおり.

$$
\begin{aligned}
& f(r_M, r_A, r_B, r_C, r_1^A, r_2^A, r_1^B, r_2^B, r_1^C, r_2^C) \\
&= f(r_M) \cdot f(r_A) \cdot f(r_B) \cdot f(r_1^A) \cdot f(r_2^A) \cdot f(r_1^B) \cdot f(r_2^B) \cdot f(r_1^C) \cdot f(r_2^C) \\
&\quad \cdot c_{M, r_A}(F(r_M), F(r_A)) \cdot c_{M, r_B}(F(r_M), F(r_B)) \cdot c_{M, r_C}(F(r_M), F(r_C)) \\
&\quad \cdot c_{r_A, r_1^A}(F(r_A), F(r_1^A)) \cdot c_{r_A, r_2^A}(F(r_A), F(r_2^A)) \\
&\quad \cdot c_{r_B, r_1^B}(F(r_B), F(r_1^B)) \cdot c_{r_B, r_2^B}(F(r_B), F(r_2^B)) \\
&\quad \cdot c_{r_C, r_1^C}(F(r_C), F(r_1^C)) \cdot c_{r_C, r_2^C}(F(r_C), F(r_2^C)) \\
&\quad \cdot c_{M, r_1^A | r_A}(F(r_M | r_A), F(r_1^A | r_A)) \cdot c_{M, r_2^A | r_A}(F(r_M | r_A), F(r_2^A | r_A)) \\
&\quad \cdot c_{M, r_1^B | r_B}(F(r_M | r_B), F(r_1^B | r_B)) \cdot c_{M, r_2^B | r_B}(F(r_M | r_B), F(r_2^B | r_B)) \\
&\quad \cdots
\end{aligned}
$$

(i) 周辺分布

(ii) T_1: セクターとの依存構造

(iii) T_2: セクターで条件付けた個別銘柄とマーケットのとの依存構造

(iv) T_3 以降

(7)

くり返しになるが, 式 (7) の (iv) の部分は, CVMS モデルとは異なり一意に定まらないため記載を省略した. 本論文の実証分析では, T_3 以降のペア正規コピュラで構築する部分を, アルゴリズムの複雑化を回避するため, CVMS モデルに倣い便宜的に多変量正規コピュラを用いて代替することとした.

$$
\cdot c^{\rho}_{r_1^A, r_2^A, r_1^B, r_2^B, r_1^C, r_2^C | r_M, r_A, r_B, r_C}(\cdot) \quad \} \text{(iv) } T_3 \text{ 以降} \quad (8)
$$

2.3.4 段階的推定

次に, マーケット・セクター・モデルの段階的パラメータ推定を行う. 中

村・横内（2010）や野澤（2011）でも紹介されている2段階推定を単純に4段階推定に拡張したものである．式（5）は，同時密度関数を①周辺分布，②マーケットとの依存構造部分，③個別銘柄とマーケットで条件付けたその所属セクターとの依存構造部分，④マーケットとセクターで条件付けた個別銘柄の依存構造を多変量正規分布で捕捉した部分，の4つの部分に分解したものであった．対数尤度関数にもこの分解は有効で，これにより4段階推定が可能となる．推定方法の詳細は，Brechmann and Czado（2011），Heinen and Valdesogo（2008）を参照されたい．

3 実証分析

本節では，前節で説明したマーケット・セクター・モデルの段階推定によって，分離して推定することが可能となった，周辺分布とヴァインの構成要素であるペアコピュラの推定結果のまとめと，Brechmann and Czado（2011）により指摘された CVMS における現実に即していない仮定について独立検定を行いその結果についてまとめる．

3.1 分析対象データ
3.1.1 分析対象銘柄

市場リターンとしては TOPIX コア30株価指数のリターン，セクターリターンとしては東証業種別株価指数（33種）のうち構成銘柄が2つ以上存在する業種の指数リターン，個別銘柄リターンとしては，2013年3月29日時点で TOPIX コア30株価指数を構成する30銘柄中23銘柄のリターン（配当・株式分割調整済み）を分析対象とすることとした（表3-2）．30銘柄中7銘柄はセクターに所属する銘柄が一銘柄だったため採用しなかった．除外した銘柄は，JT（食料品），東京海上 HD（保険業），新日鐵住金（鉄鋼），東日本旅客鉄道（陸運業），三菱地所（不動産），セブン＆アイ HD（小売業），野村 HD（証券・商品先物）である．

対象分析期間は，2003年11月1日〜2013年10月31日とし，日本の株式市場が開場している2424営業日の日次データを利用した．データの区切りを10月31日としたのは，指数構成銘柄の入替が10月最終営業日実施であるためである．

表3-2 分析対象データ

指数	電気機器 (東証1)	情報・通信業 (東証1)	輸送用機器 (東証1)	銀行業 (東証1)
TOPIX コア 30 電気機器 情報・通信業 輸送用機器 銀行業 化学 機械 卸売業 医薬品	キヤノン ソニー パナソニック ファナック 東芝	エヌ・ティ・ティ・ ドコモ ソフトバンク KDDI NTT	トヨタ自動車 日産自動車 本田技研工業	みずほ FG 三井住友 FG 三菱 UFJ FG
9	5	4	3	3

指数	化学 (東証1)	機械 (東証1)	卸売業 (東証1)	医薬品 (東証1)
TOPIX コア 30 電気機器 情報・通信業 輸送用機器 銀行業 化学 機械 卸売業 医薬品	信越化学工業 花王	コマツ 日立製作所	三井物産 三菱商事	アステラス製薬 武田薬品工業
9	2	2	2	2

なお,対象とした 23 銘柄のうち 4 銘柄 (NTT, みずほ FG, 三井住友 FG[2], 三菱 UFJFG[3]) において,データ期間内に売買停止期間があった.売買停止期間中のリターンについては,時系列モデルの推定を誤らないよう 0 とはせず,売買停止期間開始日前営業日までの時系列データで時系列モデルを推定し,欠損期間中のリターンをモンテカルロ・シミュレーションによる予測値[4]で補填

---

[2] NTT, みずほ FG, 三井住友 FG の売買停止は株券電子化に伴う株式分割によるもの.停止期間は,2008 年 12 月 25 日 (木)~12 月 30 日 (火) までの 4 営業日.
[3] 三菱 UFJFG の売買停止期間は,2007 年 9 月 25 日 (火)~9 月 28 日 (金) までの 4 営業日.
[4] シナリオ数は 10000 とした.1 階もしくは 2 階の自己相関がみられ,偏自己相関が減衰していることから ARMA (1,1) を適用することとした.

し，データ個数を揃えた．

3.1.2 分析対象時期

日次データについて 10 年間という長期で時系列モデルを当てはめようとすると，レジームシフトなどにより正しく捕捉できない可能性があるので，分析対象期間として特徴的な 4 つの期間を選択し，各期間におけるモデル精度の変化

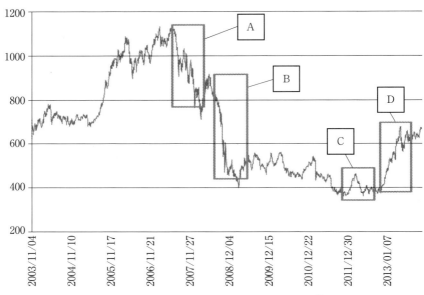

図 3-5 TOPIX コア 30 株価指数チャート[5]
（2003/11/4～2013/10/31）

表 3-3

期間名	特徴	期間
期間 A	それまでの上昇基調から反転し，下落を始めた時期	2007 年 7 月 9 日からの 250 営業日
期間 B	リーマンショックで急落した時期	2008 年 9 月 22 日からの 250 営業日
期間 C	A，B，D の期間と比較すると相対的に変動が小さい時期	2011 年 11 月 15 日からの 250 営業日
期間 D	アベノミクスへの期待で上昇しはじめた時期	2012 年 10 月 24 日からの 250 営業日

5) ブルームバーグより作成．

や，パラメータの変化を分析することとした．

4節にて，ローリング分析を行う．具体的には，基準日を t_i，添字 i をローリングの回数とし，$i=1, 2, \cdots, 250$ とすると，基準日（t_i）の前900営業日分（$t_i-900\sim t_i-1$）のヒストリカルデータを用いた1期先予測（t_i）の実施を，基準日を1営業日ずつローリングしながら逐次的に繰り返していく．その前準備として次節で，t_1-900 から t_{250} までの1150営業日分のデータを用いて周辺分布の時系列モデルを推定した．

ローリング対象として選択した期間（250営業日）の特徴は表3-3の通り．

3.2 周辺分布の推定

ヴァイン・モデルを構築するためには，変数間のペアコピュラを推定する前に，あらかじめ各系列の周辺分布の時系列モデルを特定しておく必要がある．ペアコピュラの推定に際しては，差分系列 $\triangle \boldsymbol{y}_t$ が従う周辺分布の累積分布関数を用いて観測データ系列を一様分布にしたがう確率変数 u_t に変換しておかなければならない．なぜなら，$\boldsymbol{y}$ を直接ヴァイン・コピュラ関数に代入するのではなく，$\boldsymbol{y}$ の変動過程を ARMA(1,1)-GARCH(1,1) モデルなどで定式化し，その標準化残差同士の依存構造にヴァイン・コピュラを導入しているためである．

時系列モデルの選択は，Brechmann and Czado (2011) を参考に以下①～③の段階的アプローチで実施した．

① 指数リターン，セクターリターンおよび個別銘柄リターン（計32）の各時系列データに ARMA(1,1)-GARCH(1,1)，AR(1)-GARCH(1,1)，MA(1)-GARCH(1,1)，GARCH(1,1)（誤差項は t 分布すると仮定）を当てはめ，標準化残差についてコルモゴロフ・スミルノフ検定（以下，KS検定．帰無仮説は「2つの分布は等しい」）により，標準化残差の分布とスチューデント t 分布が一致しているかを検定する．p 値が5%以上のモデルの中でもっとも p 値が高い時系列モデルを選択する．

② p 値が5%以上，かつ，スチューデント t 分布の誤差項の自由度が10よりも大きい場合は，標準正規分布を代わりに選択．

③ KS検定は検定力が弱いことがあるので，同時に標準化残差および標準化残差の二乗のラグ1から30について Ljung-Box 検定（以下，LB検定．帰無仮説は「自己相関なし」）を行った．推定した GARCH モデルが正しいモデルであるならば，推定結果から得られる標準化残差ならびにその二

表 3-4 日次差分系列の基本統計量

	TPX コア 30	電機機器	情報・通信	輸送用機器	銀行	化学	機械	卸売業
平均 [%]	−0.002	−0.005	0.007	0.022	−0.008	0.009	0.028	0.018
標準偏差	0.015	0.018	0.014	0.019	0.020	0.015	0.019	0.019
尖度(正規分布=3)	6.670	5.868	7.819	6.509	5.235	8.461	5.964	6.029
歪度	−0.274	−0.390	−0.592	0.064	0.021	−0.375	−0.285	−0.381

	医薬品	キヤノン	ソニー	パナソニック	ファナック	東芝	NTTドコモ	ソフトバンク
平均 [%]	0.017	−0.003	−0.030	−0.010	0.038	−0.001	−0.016	0.059
標準偏差	0.012	0.021	0.024	0.022	0.024	0.024	0.016	0.030
尖度(正規分布=3)	10.576	5.401	4.314	7.873	6.277	7.038	7.372	4.857
歪度	−0.770	−0.073	−0.063	−0.209	−0.020	−0.581	−0.319	−0.153

	KDDI	NTT	トヨタ自動車	日産自動車	本田技研工業	みずほFG	三井住友FG	三菱UFJ FG
平均 [%]	0.031	0.002	0.025	−0.014	0.026	−0.009	−0.004	−0.008
標準偏差	0.020	0.017	0.019	0.023	0.022	0.026	0.025	0.024
尖度(正規分布=3)	5.316	4.736	5.248	5.260	6.485	5.601	5.097	4.584
歪度	−0.473	0.078	0.115	0.165	0.320	0.109	0.149	0.304

	信越化学工業	花王	コマツ	日立製作所	三井物産	三菱商事	アステラス製薬	武田薬品工業
平均 [%]	0.013	0.016	0.051	0.004	0.021	0.023	0.031	0.009
標準偏差	0.021	0.016	0.026	0.022	0.024	0.024	0.017	0.015
尖度(正規分布=3)	3.785	5.866	3.528	7.104	4.921	5.312	6.490	11.707
歪度	−0.230	−0.334	−0.161	−0.507	−0.252	−0.171	−0.185	−0.924

乗は自己相関をもたないはずである（沖本（2010））．p 値が 5% よりも低い場合は，KS 検定と LB 検定が両方とも p 値が 5% 以上になるまで，段階的に ARMA (p, q) の項を増やす．

なお，誤差項を t 分布すると仮定したことについてもその妥当性を検証するために，基本統計量の確認（表3-4）により，差分系列と正規分布の比較を行った．いずれにおいても，正規分布（尖度 = 3）と比較して裾が厚く尖度が高いことがわかる．

期間 A，C，D では，いずれにおいても ARMA(1,1)-GARCH(1,1) がもっとも多かった．一方，リーマンショックを含む期間 B では MA(1)-GARCH(1,1) がもっとも多い結果となった．以上を考慮し，できるだけパラメータの少ないモデルで近似するために，この期間に適用する周辺分布の時系列モデルとしては ARMA(1,1)-GARCH(1,1) を選択することとした．誤差項については，正規分布よりも厚い裾を表現するために，スチューデント t 分布を採用した．

3.3 依存構造の推定結果と考察

ここでは，前項で求めた標準化残差間の依存構造の推定には最尤法を用い，AIC 基準で適合するペアコピュラを推定する．

推定時期として選択した 4 期間ごとに，ヴァイン・コピュラ構造体のパーツとして選択されたペアコピュラの内訳とそのパラメータを比較し，CVMS モデルと RVMS モデルがマーケットの変化を正確に捕捉できているかという点についても合わせて考察する．250 日間すべてのペアコピュラとそのパラメータを比較することは困難なので，各期間におけるローリング基準日の初日と最終日の変化を表3-5～表3-8 にまとめた．いずれの期間においても，選択されたのは，正規コピュラ，スチューデント t コピュラ，SJC の 3 タイプのコピュラのいずれかであった．以下に，大きく 2 つに分けて考察する．

【考察①】 いずれの期間においても CVMS モデルと RVMS モデルは，TOPIX コア 30 と各セクターの関係をうまく捕捉できていると思料する．

・期間 A においては，1 営業日目と 250 営業日目ですべてのセクターにおいて t コピュラが選択された．リーマンショック直前の 1 年間，すなわち経済の成長期待がピークアウトした時期に該当するが，かかる局面において高い成長期待の反動が顕在化しつつあった銀行と電気機器，また，製造業の上流セクターである化学の ν の相対的な低さ（約 4.5～8.2）は分布の裾におけるボラティリ

表 3-5　期間 A における CVMS モデル (上) と RVMS モデル (下) のペアコピュラ推定結果とその変化

T_1

	1営業日目			250営業日目		
	Copula	param ①	param ②	Copula	param ①	param ②
電気機器	'Stud-t'	0.860	4.552	'Stud-t'	0.879	4.345
情報・通信	'Stud-t'	0.804	8.987	'Stud-t'	0.796	10.571
輸送用機器	'Stud-t'	0.860	13.471	'Stud-t'	0.882	10.263
銀行	'Stud-t'	0.820	8.195	'Stud-t'	0.871	10.455
化学	'Stud-t'	0.824	8.014	'Stud-t'	0.832	7.712
機械	'Stud-t'	0.800	16.590	'Stud-t'	0.813	9.816
卸売業	'Stud-t'	0.752	13.647	'Stud-t'	0.734	21.005
医薬品	'Stud-t'	0.645	12.391	'Stud-t'	0.676	7.988
キヤノン	'Stud-t'	0.665	5.631	'Stud-t'	0.701	5.637
ソニー	'Stud-t'	0.635	7.119	'Stud-t'	0.672	5.354
パナソニック	'Stud-t'	0.699	9.786	'Stud-t'	0.677	9.275
ファナック	'Stud-t'	0.620	11.261	'Stud-t'	0.658	8.182
東芝	'Stud-t'	0.591	10.524	'Stud-t'	0.596	6.985
NTT ドコモ	'Stud-t'	0.589	7.002	'Stud-t'	0.578	11.331
ソフトバンク	'Stud-t'	0.458	24.010	'Stud-t'	0.498	40.841
KDDI	'Stud-t'	0.501	15.777	'Stud-t'	0.479	14.039
NTT	'Stud-t'	0.528	16.663	'Stud-t'	0.532	20.122
トヨタ自動車	'Stud-t'	0.785	11.924	'Stud-t'	0.828	9.079
日産自動車	'Stud-t'	0.644	15.467	'Stud-t'	0.695	8.343
本田技研工業	'Stud-t'	0.685	14.794	'Stud-t'	0.737	13.974
みずほ FG	'Stud-t'	0.713	15.078	'Stud-t'	0.785	11.601
三井住友 FG	'Stud-t'	0.669	16.364	'Stud-t'	0.738	20.181
三菱 UFJ FG	'Stud-t'	0.713	9.394	'Stud-t'	0.778	13.303
信越化学工業	'Stud-t'	0.637	14.177	'Stud-t'	0.654	10.706
花王	'Stud-t'	0.430	10.870	'SJC'	0.253	0.221
コマツ	'Stud-t'	0.613	33.966	'Stud-t'	0.658	10.229
日立製作所	'Stud-t'	0.659	9.583	'Stud-t'	0.657	16.564
三井物産	'Stud-t'	0.602	11.374	'Stud-t'	0.595	13.093
三菱商事	'Stud-t'	0.612	100.001	'Stud-t'	0.624	79.588
アステラス製薬	'Stud-t'	0.456	16.988	'Stud-t'	0.494	9.390
武田薬品工業	'Stud-t'	0.539	27.623	'Stud-t'	0.574	9.603

T_1

	1営業日目			250営業日目		
	Copula	param ①	param ②	Copula	param ①	param ②
電気機器	'Stud-t'	0.860	4.552	'Stud-t'	0.879	4.345

$T_2 \sim T_9$

	1営業日目			250営業日目		
	Copula	param ①	param ②	Copula	param ①	param ②
キヤノン	'Stud-t'	0.446	28.731	'Stud-t'	0.465	19.850
ソニー	'Stud-t'	0.421	44.108	'Stud-t'	0.394	19.461
パナソニック	'Stud-t'	0.479	11.301	'Stud-t'	0.445	11.646
ファナック	'Stud-t'	0.413	72.480	'Stud-t'	0.416	144.387
東芝	'Stud-t'	0.531	27.886	'Stud-t'	0.476	99.999
NTT ドコモ	'Stud-t'	0.600	7.942	'Stud-t'	0.546	10.238
ソフトバンク	'Stud-t'	0.282	9.659	'Stud-t'	0.339	8.184
KDDI	'Stud-t'	0.383	14.468	'Stud-t'	0.453	11.012
NTT	'Stud-t'	0.472	9.923	'Stud-t'	0.559	11.994
トヨタ自動車	'Stud-t'	0.848	19.863	'Stud-t'	0.840	14.808
日産自動車	'Stud-t'	0.517	12.492	'Stud-t'	0.497	10.432
本田技研工業	'Stud-t'	0.648	12.729	'Stud-t'	0.672	8.371
みずほ FG	'Stud-t'	0.780	9.523	'Stud-t'	0.743	11.059
三井住友 FG	'Stud-t'	0.703	19.791	'Stud-t'	0.685	18.680
三菱 UFJ FG	'Stud-t'	0.706	19.068	'Stud-t'	0.717	9.562
信越化学工業	'Stud-t'	0.502	91.079	'Stud-t'	0.506	22.085
花王	'SJC'	0.112	0.101	'Stud-t'	0.317	19.051
コマツ	'Stud-t'	0.631	20.613	'Stud-t'	0.692	24.216
日立製作所	'Stud-t'	0.135	32.934	'Stud-t'	0.071	43.517
三井物産	'Stud-t'	0.718	8.601	'Stud-t'	0.802	5.721
三菱商事	'Stud-t'	0.715	15.053	'Stud-t'	0.805	9.455
アステラス製薬	'Stud-t'	0.614	15.808	'Stud-t'	0.609	19.424
武田薬品工業	'Stud-t'	0.773	11.415	'Stud-t'	0.799	6.648

3 ヴァイン・コピュラを用いた CAPM の非正規・非線形への拡張

情報・通信	Stud-t'	0.804	8.987	Stud-t'	0.796	10.571
輸送用機器	Stud-t'	0.860	13.471	Stud-t'	0.882	10.262
銀行	Stud-t'	0.820	8.195	Stud-t'	0.871	10.455
化学	Stud-t'	0.824	8.014	Stud-t'	0.832	7.712
機械	Stud-t'	0.800	16.590	Stud-t'	0.813	9.816
卸売業	Stud-t'	0.752	13.647	Stud-t'	0.734	21.016
医薬品	Stud-t'	0.645	12.391	Stud-t'	0.676	7.988

	T_2					
	1営業日目			250営業日目		
	Copula	param①	param②	Copula	param①	param②
キヤノン	Stud-t'	0.091	9.021	Stud-t'	0.079	11.458
ソニー	Stud-t'	0.074	12.549	Stud-t'	0.100	12.619
パナソニック	Stud-t'	0.102	19.108	Stud-t'	0.050	12.052
ファナック	Stud-t'	0.061	30.306	Stud-t'	0.066	22.061
東芝	Normal'	−0.088	—	Stud-t'	−0.060	50.034
NTTドコモ	Stud-t'	−0.068	5.510	Stud-t'	−0.008	10.864
ソフトバンク	Stud-t'	0.080	22.361	Stud-t'	0.085	28.863
KDDI	Stud-t'	0.037	7.596	Stud-t'	−0.037	6.524
NTT	Stud-t'	−0.013	26.604	Stud-t'	−0.079	24.222
トヨタ自動車	Stud-t'	−0.149	15.686	Stud-t'	−0.075	9.071
日産自動車	Stud-t'	−0.013	22.610	Stud-t'	0.023	11.238
本田技研工業	Stud-t'	−0.101	14.791	Stud-t'	−0.111	11.213
みずほFG	Stud-t'	−0.087	59.696	Stud-t'	−0.037	15.906
三井住友FG	Stud-t'	−0.081	53.495	Stud-t'	−0.077	36.576
三菱UFJ FG	Stud-t'	0.012	17.165	Stud-t'	−0.017	57.466
信越化学工業	Stud-t'	0.062	24.682	Stud-t'	0.065	26.616
花王	Normal'	0.045	18.140	Normal'	−0.002	
コマツ	Stud-t'	−0.054	43.780	Stud-t'	−0.079	20.859
日立製作所	Stud-t'	0.386	18.485	Stud-t'	0.407	25.836
三井物産	Stud-t'	−0.063	15.317	Stud-t'	−0.153	17.592
三菱商事	Stud-t'	−0.046	127.556	Normal'	−0.082	
アステラス製薬	Stud-t'	−0.004	100.850	Stud-t'	0.014	100.000
武田薬品工業	Stud-t'	−0.029	8.796	Stud-t'	−0.047	14.195

当該期間におけるローリング分析の基準日初日と基準日最終日のペアコピュラとそのパラメータを示している。"Param①" と "Param②" 欄は、選択されたコピュラのタイプによりパラメータが異なる。"Copula" 欄は8種類のコピュラの中から AIC 基準で選択されたコピュラのタイプを示している。Student-t コピュラの場合は、"Param①" が ρ、"Param②" が自由度。SJC の場合は、"Param①" には τ^U、"Param②" には τ^D をそれぞれ格納している。

上下表では、そのヴァイン構造の違いにより、依存構造を推定したペアが異なる。

上表の CVMS モデルの T_1 では、1〜8行目が各セクター間の依存構造の推定結果、9〜31行目は各指数とそれぞれ条件付けした所属セクターと個別銘柄の依存構造の推定結果である。

下表の RVMS モデルにおける T_1 では、1〜8行目が各指数と各セクター間の依存構造の推定結果、9〜31行目が個別銘柄の依存構造の推定結果である。T_2 の1〜23行目はそれぞれ指数で条件付けで各セクターと個別銘柄の依存構造の推定結果である。

表 3-6 期間 B における CVMS モデル (上) と RVMS モデル (下) のベイズコピュラ推定結果とその変化

T_1

	1営業日目			250営業日目		
	Copuka	param①	param②	Copuka	param①	param②
電機機器	'Stud-t'	0.880	4.787	'Stud-t'	0.916	11.457
情報・通信	'Stud-t'	0.788	8.599	'Stud-t'	0.750	8.443
輸送用機器	'Stud-t'	0.878	12.615	'Stud-t'	0.881	13.580
銀行	'Stud-t'	0.876	11.163	'Stud-t'	0.905	18.831
化学	'Stud-t'	0.830	8.795	'Stud-t'	0.865	24.494
機械	'Stud-t'	0.816	10.377	'Stud-t'	0.854	12.846
卸売業	'Stud-t'	0.728	28.093	'Stud-t'	0.782	9.566
医薬品	'Stud-t'	0.656	7.335	'Stud-t'	0.671	7.597
キヤノン	'Stud-t'	0.700	5.592	'Stud-t'	0.767	7.655
ソニー	'Stud-t'	0.682	5.854	'Stud-t'	0.761	9.501
パナソニック	'Stud-t'	0.679	9.398	'Stud-t'	0.734	12.393
ファナック	'Stud-t'	0.669	8.574	'Stud-t'	0.715	8.834
東芝	'Stud-t'	0.619	7.245	'Stud-t'	0.675	7.874
NTTドコモ	'Stud-t'	0.567	9.682	'Stud-t'	0.502	13.579
ソフトバンク	'Stud-t'	0.505	33.813	'Stud-t'	0.562	39.288
KDDI	'Stud-t'	0.476	9.630	'Stud-t'	0.448	12.947
NTT	'Stud-t'	0.537	13.394	'Stud-t'	0.481	11.526
トヨタ自動車	'Stud-t'	0.825	9.346	'Stud-t'	0.841	8.073
日産自動車	'Stud-t'	0.697	10.952	'Stud-t'	0.731	16.688
本田技研工業	'Stud-t'	0.736	14.754	'Stud-t'	0.772	14.582
みずほFG	'Stud-t'	0.793	11.197	'Stud-t'	0.829	14.170
三井住友FG	'Stud-t'	0.756	20.552	'Stud-t'	0.788	9.289
三菱UFJ FG	'Stud-t'	0.793	11.259	'Stud-t'	0.835	11.628
信越化学工業	'Stud-t'	0.665	9.761	'Stud-t'	0.694	14.832
花王	'SJC'	0.209	0.242	'Stud-t'	0.425	11.108
コマツ	'Stud-t'	0.661	8.490	'Stud-t'	0.722	7.938
日立製作所	'Stud-t'	0.647	15.626	'Stud-t'	0.698	21.142
三井物産	'Stud-t'	0.598	10.944	'Stud-t'	0.680	16.177
三菱商事	'Stud-t'	0.628	59.484	'Stud-t'	0.701	13.750
アステラス製薬	'Stud-t'	0.466	7.816	'Stud-t'	0.578	13.893
武田薬品工業	'Stud-t'	0.562	10.626	'Stud-t'	0.614	9.237

$T_2 \sim T_9$

	1営業日目			250営業日目		
	Copuka	param①	param②	Copuka	param①	param②
キヤノン	'Stud-t'	0.503	17.874	'Stud-t'	0.494	8.931
ソニー	'Stud-t'	0.432	17.920	'Stud-t'	0.427	9.900
パナソニック	'Stud-t'	0.431	12.729	'Stud-t'	0.433	18.197
ファナック	'Normal'	0.409	—	'Stud-t'	0.428	100.000
東芝	'Normal'	0.478	—	'Stud-t'	0.455	100.000
NTTドコモ	'Stud-t'	0.558	10.821	'Stud-t'	0.614	9.348
ソフトバンク	'Stud-t'	0.341	10.213	'Stud-t'	0.412	17.951
KDDI	'Stud-t'	0.498	13.703	'Stud-t'	0.598	11.720
NTT	'Stud-t'	0.599	9.179	'Stud-t'	0.724	10.641
トヨタ自動車	'Stud-t'	0.847	12.753	'Stud-t'	0.865	23.743
日産自動車	'Stud-t'	0.499	7.950	'Stud-t'	0.522	7.104
本田技研工業	'Stud-t'	0.684	8.043	'Stud-t'	0.736	10.000
みずほFG	'Stud-t'	0.750	12.462	'Stud-t'	0.734	37.220
三井住友FG	'Stud-t'	0.692	13.512	'Stud-t'	0.722	18.279
三菱UFJ FG	'Stud-t'	0.726	8.827	'Stud-t'	0.763	8.294
信越化学工業	'Stud-t'	0.528	69.315	'Stud-t'	0.538	21.709
花王	'Stud-t'	0.327	17.584	'SJC'	0.111	0.117
コマツ	'Stud-t'	0.716	22.946	'Stud-t'	0.738	17.355
日立製作所	'Stud-t'	0.075	26.670	'Stud-t'	0.132	17.477
三井物産	'Stud-t'	0.819	5.596	'Stud-t'	0.874	8.796
三菱商事	'Stud-t'	0.825	8.338	'Stud-t'	0.872	9.182
アステラス製薬	'Stud-t'	0.614	17.328	'Stud-t'	0.672	18.909
武田薬品工業	'Stud-t'	0.794	6.268	'Stud-t'	0.819	9.421

3 ヴァイン・コピュラを用いたCAPMの非正規・非線形への拡張

T_1

	Copuka	1営業日目 param①	param②	Copuka	250営業日目 param①	param②
電機機器	'Stud-t'	0.880	4.787	'Stud-t'	0.916	11.457
情報・通信	'Stud-t'	0.788	8.599	'Stud-t'	0.750	8.443
輸送用機器	'Stud-t'	0.878	12.615	'Stud-t'	0.881	13.580
銀行	'Stud-t'	0.876	11.163	'Stud-t'	0.905	18.831
化学	'Stud-t'	0.830	8.795	'Stud-t'	0.865	24.494
機械	'Stud-t'	0.816	10.377	'Stud-t'	0.854	12.846
医薬業	'Stud-t'	0.728	28.093	'Stud-t'	0.782	9.566
キヤノン	'Stud-t'	0.656	7.335	'Stud-t'	0.671	7.597
ソニー	'Stud-t'	0.790	7.962	'Stud-t'	0.831	6.776
パナソニック	'Stud-t'	0.751	6.329	'Stud-t'	0.809	6.898
ファナック	'Stud-t'	0.749	9.975	'Stud-t'	0.792	8.848
東芝	'Stud-t'	0.729	14.272	'Stud-t'	0.773	11.376
NTTドコモ	'Stud-t'	0.721	7.044	'Stud-t'	0.751	6.997
ソフトバンク	'Stud-t'	0.732	11.120	'Stud-t'	0.734	10.570
KDDI	'Stud-t'	0.583	9.478	'Stud-t'	0.646	11.659
NTT	'Stud-t'	0.644	19.119	'Stud-t'	0.687	14.261
トヨタ自動車	'Stud-t'	0.738	13.211	'Stud-t'	0.783	12.321
日産自動車	'Stud-t'	0.953	6.869	'SJC'	0.846	0.821
本田技研工業	'Stud-t'	0.781	7.164	'Stud-t'	0.810	6.398
みずほFG	'Stud-t'	0.867	10.953	'Stud-t'	0.900	10.135
三井住友FG	'Stud-t'	0.915	9.410	'SJC'	0.863	0.714
三菱UFJ FG	'Stud-t'	0.879	6.851	'SJC'	0.836	0.757
信越化学工業	'Stud-t'	0.906	4.806	'Stud-t'	0.933	4.885
花王	'SJC'	0.775	33.409	'Stud-t'	0.794	9.645
コマツ	'Stud-t'	0.387	0.260	'SJC'	0.385	0.229
日立製作所	'Stud-t'	0.850	9.695	'Stud-t'	0.881	11.489
三井物産	'Stud-t'	0.562	11.823	'Stud-t'	0.644	11.571
三菱商事	'Stud-t'	0.884	5.384	'Stud-t'	0.932	23.284
アステラス製薬	'Stud-t'	0.897	8.298	'Stud-t'	0.936	12.553
武田薬品工業	'Stud-t'	0.721	9.731	'Stud-t'	0.798	14.402

T_2

	Copuka	1営業日目 param①	param②	Copuka	250営業日目 param①	param②
キヤノン	'Stud-t'	0.041	11.938	'Stud-t'	0.039	16.908
ソニー	'Stud-t'	0.077	14.224	'Stud-t'	0.094	27.477
パナソニック	'Stud-t'	0.067	13.345	'Stud-t'	0.045	33.263
ファナック	'Stud-t'	0.084	17.426	'Stud-t'	0.032	24.684
東芝	'Stud-t'	−0.038	99.986	'Stud-t'	−0.040	99.996
NTTドコモ	'Stud-t'	−0.019	12.662	'Stud-t'	−0.099	134.179
ソフトバンク	'Stud-t'	0.104	99.412	'Normal'	0.159	—
KDDI	'Stud-t'	−0.071	6.989	'Stud-t'	−0.146	8.194
NTT	'Stud-t'	−0.103	18.518	'Stud-t'	−0.256	22.760
トヨタ自動車	'Stud-t'	−0.074	10.307	'Stud-t'	−0.043	8.316
日産自動車	'Stud-t'	0.029	9.885	'Stud-t'	0.053	13.525
本田技研工業	'Stud-t'	−0.118	9.861	'Stud-t'	−0.118	9.723
みずほFG	'Stud-t'	−0.044	15.728	'Stud-t'	−0.029	33.500
三井住友FG	'Stud-t'	−0.068	38.207	'Stud-t'	−0.117	26.653
三菱UFJ FG	'Stud-t'	−0.005	27.582	'Stud-t'	−0.052	64.188
信越化学工業	'Stud-t'	0.070	24.695	'Stud-t'	0.027	204.363
花王	'Normal'	−0.014	—	'Stud-t'	−0.013	27.412
コマツ	'Stud-t'	−0.107	19.555	'Stud-t'	−0.127	9.031
日立製作所	'Stud-t'	0.392	29.834	'Stud-t'	0.367	18.702
三井物産	'Stud-t'	−0.163	16.461	'Stud-t'	−0.223	24.113
三菱商事	'Stud-t'	−0.089	—	'Stud-t'	−0.139	23.142
アステラス製薬	'Normal'	−0.002	100.021	'Normal'	0.102	—
武田薬品工業	'Stud-t'	−0.020	14.458	'Stud-t'	0.043	26.049

表の見方は，表 3-5 と同じ．

表3-7 期間CにおけるCVMSモデル（上）とRVMSモデル（下）のペアコピュラ推定結果とその変化

T_1

	1営業日目			250営業日目		
	copula			copula		
電機機器	'SJC'	0.724	0.724	'SJC'	0.759	0.752
情報・通信	Stud-t'	0.708	9.824	Stud-t'	0.773	7.573
輸送用機器	'SJC'	0.877	0.757	'SJC'	0.780	0.760
銀行	Stud-t'	0.884	9.672	Stud-t'	0.754	0.813
化学	Stud-t'	0.876	8.516	Stud-t'	0.901	10.345
機械	Stud-t'	0.612	15.991	Stud-t'	0.890	30.905
卸売業	Stud-t'	0.750	32.800	Stud-t'	0.880	11.744
医薬品	Stud-t'	0.740	8.443	Stud-t'	0.659	5.697
キヤノン	Stud-t'	0.765	11.198	Stud-t'	0.738	9.032
ソニー	Stud-t'	0.714	6.065	Stud-t'	0.718	6.303
パナソニック	Stud-t'	0.704	8.850	Stud-t'	0.737	6.400
ファナック	Stud-t'	0.116	7.276	Stud-t'	0.715	8.467
東芝	'SJC'	0.551	7.968	Stud-t'	0.748	9.373
NTTドコモ	Stud-t'	0.440	0.368	'SJC'	0.547	15.679
ソフトバンク	Stud-t'	0.481	12.623	Stud-t'	0.544	9.294
KDDI	'SJC'	0.840	19.344	Stud-t'	0.489	12.882
NTT	Stud-t'	0.769	6.334	'SJC'	0.322	0.416
トヨタ自動車	Stud-t'	0.806	5.728	Stud-t'	0.865	8.860
日産自動車	Stud-t'	0.765	9.356	Stud-t'	0.789	5.932
本田技研工業	Stud-t'	0.801	13.297	Stud-t'	0.839	15.305
みずほFG	Stud-t'	0.834	7.678	Stud-t'	0.808	9.162
三井住友FG	Stud-t'	0.733	8.574	Stud-t'	0.849	15.306
三菱UFJ FG	Stud-t'	0.436	19.237	Stud-t'	0.864	50.037
信越化学工業	Stud-t'	0.759	11.200	Stud-t'	0.777	11.872
花王	Stud-t'	0.686	10.964	Stud-t'	0.523	6.681
コマツ	Stud-t'	0.773	8.635	Stud-t'	0.755	7.910
日立製作所	Stud-t'	0.823	5.133	Stud-t'	0.743	5.108
三井物産	Stud-t'	0.535	26.073	Stud-t'	0.775	16.242
三菱商事	Stud-t'	0.563	100.000	Stud-t'	0.800	15.404
アステラス製薬	Stud-t'		14.624	Stud-t'	0.548	6.853
武田薬品工業	Stud-t'		12.024	Stud-t'	0.587	8.751

$T_2 \sim T_9$

	1営業日目			250営業日目		
	copula			copula		
キヤノン	Stud-t'	0.442	25.243	Stud-t'	0.436	32.471
ソニー	Stud-t'	0.496	19.846	Stud-t'	0.475	13.974
パナソニック	Stud-t'	0.447	18.042	Stud-t'	0.432	45.199
ファナック	Stud-t'	0.498	15.646	Stud-t'	0.477	41.977
東芝	Stud-t'	0.456	43.127	Stud-t'	0.415	29.842
NTTドコモ	Stud-t'	0.612	9.861	Stud-t'	0.489	9.052
ソフトバンク	Stud-t'	0.551	14.276	Stud-t'	0.665	10.944
KDDI	Stud-t'	0.602	17.149	Stud-t'	0.543	11.144
NTT	Stud-t'	0.717	10.142	Stud-t'	0.605	11.103
トヨタ自動車	Stud-t'	0.758	100.000	Stud-t'	0.737	91.839
日産自動車	Stud-t'	0.574	14.545	Stud-t'	0.532	21.713
本田技研工業	Stud-t'	0.690	7.639	Stud-t'	0.664	14.651
みずほFG	Stud-t'	0.664	9.963	Stud-t'	0.603	11.165
三井住友FG	Stud-t'	0.778	9.060	Stud-t'	0.745	13.310
三菱UFJ FG	Stud-t'	0.830	11.740	Stud-t'	0.790	100.000
信越化学工業	Stud-t'	0.538	10.975	Stud-t'	0.560	42.230
花王	'SJC'	0.104	0.149	Stud-t'	0.300	17.321
コマツ	Stud-t'	0.736	13.925	Stud-t'	0.694	27.999
日立製作所	Stud-t'	0.347	68.985	Stud-t'	0.346	25.443
三井物産	Stud-t'	0.814	7.901	Stud-t'	0.760	10.139
三菱商事	Stud-t'	0.838	16.937	Stud-t'	0.812	11.770
アステラス製薬	Stud-t'	0.726	10.664	Stud-t'	0.725	9.145
武田薬品工業	Stud-t'	0.789	34.459	Stud-t'	0.790	10.332

3 ヴァイン・コピュラを用いたCAPMの非正規・非線形への拡張

	T_1						T_2				
		1営業日目			250営業日目			1営業日目			250営業日目
電機機器	'SJC'	0.724	0.749	'SJC'	0.755	0.752	キヤノン	'Normal'	0.084	—	'Stud-t'	0.039	25.225
情報・通信	'Stud-t'	0.724	9.824	'Stud-t'	0.773	7.573	ソニー	'Stud-t'	0.013	49.015	'Stud-t'	-0.040	103.298
輸送用機器	'SJC'	0.708	0.757	'SJC'	0.742	0.764	パナソニック	'Stud-t'	0.104	46.002	'Stud-t'	0.025	22.477
銀行	'Stud-t'	0.884	9.672	'Stud-t'	0.908	14.515	ファナック	'Stud-t'	-0.023	15.625	'Stud-t'	-0.038	31.231
化学	'Stud-t'	0.877	8.516	'Stud-t'	0.901	10.345	東芝	'Stud-t'	0.013	79.664	'Stud-t'	0.079	13.830
機械	'Stud-t'	0.876	15.991	'Stud-t'	0.890	30.902	NTTドコモ	'Stud-t'	-0.124	33.616	'Stud-t'	0.038	17.686
卸売業	'Stud-t'	0.876	32.800	'Stud-t'	0.880	11.744	ソフトバンク	'Stud-t'	-0.053	6.476	'Stud-t'	-0.139	10.480
医薬品	'Stud-t'	0.612	8.443	'Stud-t'	0.659	5.697	KDDI	'Stud-t'	-0.121	65.242	'Stud-t'	-0.071	44.511
キヤノン	'Stud-t'	0.805	7.274	'Stud-t'	0.793	7.344	NTT	'Stud-t'	-0.206	8.396	'Stud-t'	-0.051	9.015
ソニー	'Stud-t'	0.814	5.078	'Stud-t'	0.789	5.027	トヨタ自動車	'Stud-t'	0.022	5.927	'Stud-t'	0.034	6.917
パナソニック	'Stud-t'	0.817	7.402	'Stud-t'	0.789	7.340	日産自動車	'Stud-t'	0.000	11.982	'Stud-t'	0.024	8.514
ファナック	'Stud-t'	0.795	8.352	'Stud-t'	0.783	8.851	本田技研工業	'Stud-t'	-0.057	15.055	'Stud-t'	-0.024	21.002
東芝	'Stud-t'	0.772	6.593	'Stud-t'	0.790	12.043	みずほFG	'Stud-t'	-0.027	11.569	'Stud-t'	0.010	13.563
NTTドコモ	'Stud-t'	0.717	13.808	'Stud-t'	0.679	7.661	三井住友FG	'Stud-t'	-0.093	17.061	'Stud-t'	-0.063	30.269
ソフトバンク	'Stud-t'	0.710	12.206	'Stud-t'	0.775	11.722	三菱UFJ FG	'Stud-t'	-0.050	25.235	'Normal'	-0.056	—
KDDI	'Stud-t'	0.692	14.318	'Stud-t'	0.679	7.572	信越化学工業	'Stud-t'	0.059	22.771	'Stud-t'	0.039	32.903
NTT	'Stud-t'	0.783	11.050	'Stud-t'	0.754	8.945	花王	'Stud-t'	-0.027	9.356	'Stud-t'	-0.003	12.266
トヨタ自動車	'SJC'	0.738	0.769	'SJC'	0.783	0.802	コマツ	'Stud-t'	-0.112	34.426	'Stud-t'	-0.117	20.718
日産自動車	'Stud-t'	0.849	8.641	'Stud-t'	0.857	11.520	日立製作所	'SJC'	0.000	0.111	'SJC'	0.006	0.168
本田技研工業	'Stud-t'	0.903	5.228	'Stud-t'	0.915	6.945	三井物産	'Stud-t'	-0.205	38.701	'Stud-t'	-0.126	19.580
みずほFG	'Stud-t'	0.875	5.466	'Stud-t'	0.891	5.340	三菱商事	'Stud-t'	-0.070	36.090	'Stud-t'	-0.136	58.601
三井住友FG	'Stud-t'	0.927	6.826	'SJC'	0.741	0.859	アステラス製薬	'Stud-t'	0.090	52.023	'Stud-t'	0.019	27.852
三菱UFJ FG	'SJC'	0.775	0.859	'Stud-t'	0.960	10.308	武田薬品工業	'Stud-t'	0.092	16.642	'Stud-t'	0.026	18.445
信越化学工業	'Stud-t'	0.820	8.359	'Stud-t'	0.853	11.786							
花王	'Stud-t'	0.510	12.715	'Stud-t'	0.579	7.850							
コマツ	'Stud-t'	0.897	7.311	'Stud-t'	0.879	7.479							
日立製作所	'Stud-t'	0.724	5.687	'Stud-t'	0.765	8.555							
三井物産	'Stud-t'	0.927	7.380	'Stud-t'	0.910	8.977							
三菱商事	'Stud-t'	0.950	30.552	'Stud-t'	0.936	13.614							
アステラス製薬	'Stud-t'	0.814	8.268	'Stud-t'	0.822	7.716							
武田薬品工業	'Stud-t'	0.859	14.010	'Stud-t'	0.867	7.019							

表の見方は，表3-5と同じ．

表 3-8 期間 D における CVMS モデル（上）と RVMS モデル（下）のペアコピュラ推定結果

		T_1				
		1営業日目			250営業日目	
電機機器	Stud-t'	0.903	9.843	'SJC'	0.768	0.752
情報・通信	Stud-t'	0.713	9.684	Stud-t'	0.768	7.614
輸送用機器	Stud-t'	0.898	8.728	'SJC'	0.745	0.766
銀行	Stud-t'	0.877	10.087	Stud-t'	0.908	14.400
化学	Stud-t'	0.856	6.892	Stud-t'	0.891	15.591
機械	Stud-t'	0.875	10.149	Stud-t'	0.890	36.697
卸売業	Stud-t'	0.873	16.636	Stud-t'	0.875	12.271
医薬品	Stud-t'	0.604	7.516	Stud-t'	0.651	6.365
キヤノン	Stud-t'	0.744	12.054	Stud-t'	0.736	9.024
ソニー	Stud-t'	0.735	5.890	Stud-t'	0.714	6.174
パナソニック	Stud-t'	0.761	7.641	Stud-t'	0.733	6.655
ファナック	Stud-t'	0.710	7.800	Stud-t'	0.716	8.465
東芝	Stud-t'	0.702	8.003	Stud-t'	0.745	9.852
NTTドコモ	Stud-t'	0.469	35.475	Stud-t'	0.544	17.255
ソフトバンク	Stud-t'	0.539	10.662	Stud-t'	0.537	8.909
KDDI	Stud-t'	0.437	26.406	Stud-t'	0.491	11.065
NTT	Stud-t'	0.489	6.718	'SJC'	0.318	0.416
トヨタ自動車	Stud-t'	0.845	6.559	Stud-t'	0.871	9.645
日産自動車	Stud-t'	0.767	7.084	Stud-t'	0.790	6.312
本田技研工業	Stud-t'	0.804	13.618	Stud-t'	0.841	15.866
みずほFG	Stud-t'	0.758	8.082	Stud-t'	0.807	9.153
三井住友FG	Stud-t'	0.798	8.481	Stud-t'	0.851	16.254
三菱UFJ FG	Stud-t'	0.829	25.200	Stud-t'	0.865	42.477
信越化学工業	Stud-t'	0.739	13.007	Stud-t'	0.774	11.026
花王	Stud-t'	0.434	10.224	Stud-t'	0.522	6.991
コマツ	Stud-t'	0.756	8.037	Stud-t'	0.751	7.458
日立製作所	Stud-t'	0.687	5.126	Stud-t'	0.746	5.120
三井物産	Stud-t'	0.781	29.146	Stud-t'	0.772	17.659
三菱商事	Stud-t'	0.815	41.426	Stud-t'	0.794	16.088
アステラス製薬	Stud-t'	0.528	13.140	Stud-t'	0.544	7.101
武田薬品工業	Stud-t'	0.563	9.673	Stud-t'	0.591	9.236

		$T_2 \sim T_9$				
		1営業日目			250営業日目	
キヤノン	Stud-t'	0.443	23.345	Stud-t'	0.390	25.388
ソニー	Stud-t'	0.490	12.194	Stud-t'	0.465	17.150
パナソニック	Stud-t'	0.460	12.801	Stud-t'	0.406	100.000
ファナック	Stud-t'	0.499	14.562	Stud-t'	0.450	86.943
東芝	Stud-t'	0.468	20.613	Stud-t'	0.395	15.744
NTTドコモ	Stud-t'	0.611	8.365	Stud-t'	0.481	8.987
ソフトバンク	Stud-t'	0.555	8.917	Stud-t'	0.674	11.032
KDDI	Stud-t'	0.586	11.995	Stud-t'	0.533	11.402
NTT	Stud-t'	0.688	10.187	Stud-t'	0.604	10.148
トヨタ自動車	Stud-t'	0.755	13.304	Stud-t'	0.751	100.000
日産自動車	Stud-t'	0.585	9.878	Stud-t'	0.569	34.148
本田技研工業	Stud-t'	0.700	6.909	Stud-t'	0.681	17.681
みずほFG	Stud-t'	0.670	9.598	Stud-t'	0.636	8.615
三井住友FG	Stud-t'	0.789	8.692	Stud-t'	0.786	11.217
三菱UFJ FG	Stud-t'	0.837	12.988	Stud-t'	0.830	24.267
信越化学工業	Stud-t'	0.511	13.410	Stud-t'	0.541	41.869
花王	'SJC'	0.059	0.148	'SJC'	0.051	0.148
コマツ	Stud-t'	0.742	16.311	Stud-t'	0.689	28.649
日立製作所	Stud-t'	0.342	34.324	Stud-t'	0.323	28.269
三井物産	Stud-t'	0.812	7.767	Stud-t'	0.750	9.168
三菱商事	Stud-t'	0.845	18.008	Stud-t'	0.818	12.479
アステラス製薬	Stud-t'	0.721	9.590	Stud-t'	0.717	8.636
武田薬品工業	Stud-t'	0.785	33.590	Stud-t'	0.791	13.376

3　ヴァイン・コピュラを用いた CAPM の非正規・非線形への拡張

T_1

	1営業日目			250営業日目		
電気機器	'Stud-t'	0.903	9.843	'Stud-t'	0.768	0.752
情報・通信	'Stud-t'	0.713	9.684	'Stud-t'	0.768	7.614
輸送用機器	'Stud-t'	0.898	8.728	'SJC'	0.745	0.766
銀行	'Stud-t'	0.877	10.087	'Stud-t'	0.908	14.400
化学	'Stud-t'	0.856	6.892	'Stud-t'	0.891	15.591
機械	'Stud-t'	0.875	10.149	'Stud-t'	0.890	36.697
卸売業	'Stud-t'	0.873	16.636	'Stud-t'	0.875	12.271
医薬品	'Stud-t'	0.604	7.516	'Stud-t'	0.651	6.365
キヤノン	'Stud-t'	0.800	7.692	'Stud-t'	0.780	7.962
ソニー	'Stud-t'	0.809	4.940	'Stud-t'	0.784	5.207
パナソニック	'Stud-t'	0.818	6.879	'Stud-t'	0.777	9.196
ファナック	'Stud-t'	0.791	8.279	'Stud-t'	0.775	9.332
東芝	'Stud-t'	0.777	7.438	'Stud-t'	0.783	11.227
NTTドコモ	'Stud-t'	0.712	12.047	'Stud-t'	0.671	7.485
ソフトバンク	'Stud-t'	0.709	11.574	'Stud-t'	0.777	12.924
KDDI	'Stud-t'	0.680	9.464	'Stud-t'	0.674	7.259
NTT	'Stud-t'	0.770	8.948	'Stud-t'	0.751	8.308
トヨタ自動車	'SJC'	0.746	0.762	'SJC'	0.790	0.808
日産自動車	'Stud-t'	0.853	11.696	'Stud-t'	0.861	10.505
本田技研工業	'Stud-t'	0.904	5.342	'Stud-t'	0.916	7.928
みずほFG	'Stud-t'	0.874	5.466	'Stud-t'	0.890	5.064
三井住友FG	'SJC'	0.859	0.780	'Stud-t'	0.946	11.752
三菱UFJ FG	'Stud-t'	0.951	8.595	'SJC'	0.846	0.847
信越化学工業	'Stud-t'	0.813	11.077	'Stud-t'	0.845	13.115
花王	'SJC'	0.187	0.390	'SJC'	0.249	0.459
コマツ	'Stud-t'	0.897	7.699	'Stud-t'	0.876	6.505
日立製作所	'Stud-t'	0.723	5.698	'Stud-t'	0.760	8.159
三井物産	'Stud-t'	0.930	7.990	'Stud-t'	0.906	8.504
三菱商事	'Stud-t'	0.950	42.844	'Stud-t'	0.936	13.172
アステラス製薬	'Stud-t'	0.809	7.749	'Stud-t'	0.814	7.736
武田薬品工業	'Stud-t'	0.856	13.714	'Stud-t'	0.868	8.156

T_2

	1営業日目			250営業日目		
キヤノン	'Stud-t'	0.090	48.810	'Stud-t'	0.093	18.051
ソニー	'Stud-t'	0.032	24.469	'Stud-t'	−0.023	89.553
パナソニック	'Stud-t'	0.102	22.581	'Stud-t'	0.060	19.591
ファナック	'Stud-t'	−0.021	12.508	'Stud-t'	0.008	20.860
東芝	'Stud-t'	−0.006	26.830	'Stud-t'	0.095	12.757
NTTドコモ	'Stud-t'	−0.090	22.404	'Stud-t'	0.045	16.360
ソフトバンク	'Stud-t'	0.043	5.154	'Stud-t'	−0.151	9.962
KDDI	'Stud-t'	−0.092	68.531	'Stud-t'	−0.053	28.472
NTT	'Stud-t'	−0.139	8.645	'Stud-t'	−0.047	8.403
トヨタ自動車	'Stud-t'	0.024	5.156	'Stud-t'	0.016	7.032
日産自動車	'Stud-t'	−0.002	7.183	'Stud-t'	−0.016	9.025
本田技研工業	'Stud-t'	−0.043	15.821	'Stud-t'	−0.050	20.448
みずほFG	'Stud-t'	−0.025	12.251	'Stud-t'	0.007	15.436
三井住友FG	'Stud-t'	−0.073	17.161	'Stud-t'	−0.060	27.994
三菱UFJ FG	'Stud-t'	−0.039	20.701	'Stud-t'	−0.042	57.846
信越化学工業	'Stud-t'	0.155	89.774	'Stud-t'	0.087	25.971
花王	'Stud-t'	0.026	11.845	'Stud-t'	0.032	20.507
コマツ	'Stud-t'	−0.123	17.336	'Stud-t'	−0.122	35.279
日立製作所	'SJC'	0.000	0.128	'SJC'	0.006	0.199
三井物産	'Stud-t'	−0.159	40.842	'Stud-t'	−0.101	16.236
三菱商事	'Stud-t'	−0.097	32.687	'Stud-t'	−0.146	85.063
アステラス製薬	'Stud-t'	0.094	100.008	'Stud-t'	0.031	25.305
武田薬品工業	'Stud-t'	0.109	13.971	'Stud-t'	0.056	19.008

表の見方は，表 3-5 と同じ．

ティ拡大の懸念をうまく捉えている．

　また1営業日から250営業日後のパラメータ変化に着目すると，業績のピークが遅くファンダメンタルズの悪化が顕在化しつつあった機械，自動車の ν の低下が顕著であることも適切に捕捉できていると思料する．同期間に医薬品の ν が低下しているのは（期間B，Dではみられない），高利回りなディフェンシブ銘柄のアクティブ投資家による保有ウェイトが増加したのがこの時期といわれることとも合致する．

・期間Bにおいても，1営業日目と250営業日目の両方で，すべてのセクターにおいて t コピュラが選択された．マーケットが悪化しつつあった期間Aに対して，期間Bはリーマンショック以降の株式市場の底打ちのタイミングであり，多くのセクターで ν が上昇していることはそのことを表現できていると思料する．卸売の ν が低下しているのは円高と資源安の長期化が予測されるため，商社株を中心にその影響が顕著だったためと考えられる．一方で ρ が全体的に上昇しているのは，株式市場の変動が各国の金融政策，財政政策によってもたらされたことで，個別銘柄の動きのバラつきが小さくなったためと思料する．

・期間Dにおいては，選択されたコピュラの種類に変化があった．1営業日目は全て t コピュラであったが，250営業日目はうち2セクター（電機機器，輸送機器）においてSJCへの変化があった．当期間はアベノミクス後の市況を反映させたものだが，アベノミクス直前となる1営業日目の ρ が全体的に低いこと，また ν のセクター間格差が小さいことはそれまでの相場（期間C含む）が方向感に欠ける狭いレンジ下でのモデル，すなわち個別銘柄の動きが市場全体の動きに影響されにくかった状況を表現している．対して，250営業日目では2つの傾向を適切に反映できている．

　まず，t コピュラが適用されたセクターでの ρ，ν の上昇である．すなわちアベノミクス期待の下，相場全体が大きく動く中で，個別銘柄独自の動きが減少したことをうまく捕捉できていると思料する．

　そして2つ目に，電気機器と輸送機器にSJCが選択され，そのパラメータとして逆方向のパラメータが採用されたこと，すなわち，電気機器の下方バイアスが上昇する一方，輸送機器の上方バイアスが強まったことが特徴といえる．これも，キヤノン，ソニー，パナソニックが円安環境下でも大きくリストラを進捗させたことと，円安のメリットを素直に享受したトヨタとの対称を明確に捉えている．

3 ヴァイン・コピュラを用いた CAPM の非正規・非線形への拡張 　95

・医薬品セクターは A，B，D の全期間で t コピュラが採用されているが，ρ が他セクターに比べて明確に低く，ν については明確な特徴が見受けられない点は，医薬品セクターのディフェンシブセクターとしてのボラティリティの低さの一方で，投資家の需給要因により大きな市場変動が生じる場合（業績の安定性が価格に反映されにくいタイミング）においては市場相応の動きとなる傾向をうまく捕捉できているといえよう．

【考察②】 個別銘柄については全体像を正確に捕捉できていると思料する．また，限定的な事例ながら，一般的なモデルでは表現できない点を捉えていることは評価できるが，より詳細な分析が必要．

・CVMS（マーケットと個別銘柄）より RVMS（セクターと個別銘柄）の方が ρ が高く，ν が小さい（相関，分布の裾における依存が高い）傾向にあるのは直感的にも肯定されるところである．

・また限定的な事例ながら，マーケットでハイベータ，ローベータといわれる銘柄をうまくモデルで捕捉できていると思料する．たとえば，ローベータ代表といわれる花王については SCJ モデルが選択され，期間 A，B，D を通して変動率は小さいながら相場のトレンドの方向には連動するが，逆には動きにくい性質を捉えている（ローベータ＝逆相関ではない点には注意）．また，トヨタや銀行株がマーケットを先導した時期にも SCJ モデルを選択し，トレンドの方向に大きく動く様子を捉えている．

・ただし，現行モデルではかなり特徴的な動きを示した銘柄以外は SCJ では捉えられず，t コピュラが採用されてしまっている．たとえば，上述の通り，期間 D では電気機器セクターを SCJ で捉えているものの，個別銘柄では捉えられてない．RVMS ではかかる特徴を捉えることが可能と思われるので時系列モデルのパラメータ推定期間の短期化等により積極的に株価変動の特徴を捉えることが必要かもしれない．

・他にも，セクターおよび指数にて投資家の選好がニュートラルになりがちな銘柄のモデルが正規コピュラになっていると考えられるため，こちらも合わせて研究が必要と思われる．

3.4 独立仮定の検証

この項では，TOPIX コア 30 の構成銘柄について CVMS モデルで仮定されている下記 2 点の独立仮定を満たしているかを検証する．独立仮定の検証は，

Genest and Favre（2007）を参考にケンドールの τ をベースとした『2変量独立検定』を用いて実施した．繰り返しになるが，RVMS モデルを当てはめる場合でも，(i) の独立仮定を満たしている必要があるが，2つ目についてはモデルの構成上仮定していないので満たす必要はない．

(i) TOPIX コア 30 株価指数リターンで条件付けたセクターリターン同士が互いに独立

(ii) TOPIX コア 30 株価指数リターンで条件付けた個別銘柄のリターンが，TOPIX コア 30 株価指数リターンで条件付けた所属しないセクターのリターンと互いに独立

(i) についての独立検定の結果は表 3-9 に，(ii) についての独立検定の結果は表 3-10 にまとめた．表 3-9 についてみると，独立性が棄却されなかったのは，28 ペア中 4 ペア（情報・通信業-卸売業，輸送用機器-卸売業，医薬品-銀行，医薬品-卸売業）のみであった．つまり，CVMS モデルにおいて仮定されている独立仮定は正しくないとみてよさそうである．

表 3-10 についてみてみると，すべての銘柄の独立性が棄却されなかったのは，76 ペア中 4 ペア（情報・通信業-卸売業，輸送用機器-卸売業，医薬品-銀行，医薬品-卸売業）のみであった．(ii) の仮定についても，CVMS モデルに

表 3-9 (i) についての独立検定結果

	電気機器	情報・通信業	輸送用機器	銀行業
電気機器		-0.126^*	0.191^*	-0.208^*
情報・通信業			-0.163^*	-0.045^*
輸送用機器				-0.296^*
銀行業				
化学				
機械				
卸売業				

	化学	機械	卸売業	医薬品
電気機器	0.334^*	0.392^*	0.097^*	-0.088^*
情報・通信業	0.054^*	-0.130^*	0.007	0.227^*
輸送用機器	0.099^*	0.183^*	-0.018	-0.116^*
銀行業	-0.112^*	-0.136^*	-0.098^*	-0.001
化学		0.327^*	0.179^*	0.124^*
機械			0.222^*	-0.083^*
卸売業				0.037

*印は，「H_0：二変量は独立である」が有意水準 5% 点で棄却されたことを示している．
数値は p 値ではなく，ケンドールの τ である．

表 3-10 (ii) についての独立検定結果

指数	電気機器	情報・通信業	輸送用機器	銀行業
電気機器	—	100%	80%	80%
情報・通信業	75%	—	100%	25%
輸送用機器	67%	100%	—	100%
銀行業	100%	100%	100%	—
化学	100%	50%	100%	50%
機械	100%	100%	100%	50%
卸売業	50%	50%	0%	100%
医薬品	100%	100%	100%	0%

指数	化学	機械	卸売業	医薬品
電気機器	100%	100%	40%	60%
情報・通信業	75%	75%	0%	100%
輸送用機器	67%	67%	100%	100%
銀行業	100%	100%	100%	100%
化学	—	100%	50%	100%
機械	100%	—	100%	100%
卸売業	100%	100%	—	0%
医薬品	50%	100%	50%	—

TOPIX コア 30 株価指数リターンで条件付けた個別銘柄のリターンが，TOPIX コア 30 株価指数リターンで条件付けた所属以外のセクターリターンと「互いに独立である」という帰無仮説が棄却された割合を示す．

おいて仮定されている独立仮定は正しくないとみてよさそうである．

4 シミュレーション

本節では，ヴァイン・コピュラにおけるペアコピュラの結合形態の違いや，ヴァイン・コピュラの設定の違いがポートフォリオに与える影響をリスク特性の観点から考察する．前節で推定した時系列モデルおよび依存構造モデルに基づき，株価指数，セクター，構成銘柄のサンプルパスを 1 営業日ずつずらしながら発生させ一期先の VaR の予測を実施し，ローリング分析を行う．またそのサンプルパスより株式ポートフォリオを構築し，そのリスク特性について考察する．依存構造を考慮したサンプルパスの発生および VaR 予測精度評価手法は，Brechmann and Czado (2011) を参考にした．

4.1 シミュレーション設定

4.1.1 ローリング対象期間

前項にて説明したが,ローリング分析対象期間は以下の4期間を選択した.基準日 t_i を1日ずつローリングしながら $i=1$ から $i=250$ まで,基準日 t_i の前営業日を含む過去900営業日の過去データを利用して t_i のリターンを逐次的に予測していく.

4.1.2 乱数の発生

本項では,CVMSモデルとRVMSモデルのヴァイン構造に従う乱数の発生方法を,以下に説明する.一般化するためにセクター数を J とし,各セクターに属する銘柄数を I とする.なお,本論文中で適用するコピュラは,前項で推定した8種類とし,分析対象となるセクター数 $J=8$,各セクターに所属する銘柄数 I は5~2銘柄である.

CVMS モデル

① 市場リターンと市場で条件付けたセクター指数リターンの標準化残差として,[0,1]の一様乱数を発生する($\omega_{rM}, \omega_{S_1}, \cdots, \omega_{S_J}$).

② 市場と所属セクターの指数で条件付けられた個別銘柄リターンの標準化残差として,パラメータ Θ_G の多変量正規コピュラから乱数を発生させ,正規累積分布関数に代入して[0,1]の範囲に揃えた($\omega_1^{S_j}, \omega_2^{S_j}, \cdots, \omega_I^{S_j}$)を求める.

③ 3.3項の方法で推定したセクター j と銘柄 i 間のペアコピュラのパラメータと,①で得た市場で条件付けたセクターリターンの乱数と②で得た市場とセクターで条件付けた個別銘柄の乱数を,対応するペアコピュラの h 関数の逆関数[6]に代入し,セクターでの条件付けが取り除かれ市場のみで条件付けられた個別銘柄リターンの標準化残差としての乱数に変換し,$x_i =$

表 3-11

		期間 A	期間 B	期間 C	期間 D
過去データ start	(基準日 t_1 ▲ 900)	2003/11/10	2005/1/27	2008/3/12	2009/2/25
過去データ end	(基準日 t_1 ▲ 1)	2007/7/6	2008/9/19	2011/11/14	2012/10/23
ローリング初日	(基準日 t_1)	2007/7/9	2008/9/22	2011/11/15	2012/10/24
ローリング最終日	(基準日 t_1 + 249)	2008/7/14	2009/10/1	2012/11/14	2013/10/30

$(x_{i1}, \cdots, x_{iT})_\top$ とする.

④ 3.3項の方法で推定した市場コピュラのパラメータと，③で得た市場リターンの標準化残差と①で得た x_i とを，対応するペアコピュラの h 関数の逆関数に代入し，市場の条件付けが取り除かれ個別銘柄リターンの標準化残差としての乱数に変換し，$y_i = (y_{i1}, \cdots, y_{iT})_\top$ とする.

⑤ 3.3項の方法で推定したセクター j と市場 M 間のペアコピュラのパラメータと，①で得た ω_{Sj} と ω_{rM} を，対応するペアコピュラの h 関数の逆関数に代入し，市場の条件付けが取り除かれたセクターリターンの標準化残差に対応する乱数に変換する.

⑥ 市場リターンの一様化標準化残差の乱数には ω_{rM} を採用する.

ヴァイン・コピュラ構造から発生させた乱数を発生させ，株価指数，セクター指数，構成銘柄が互いに非線形の依存構造をもった乱数に変換することができたことから，通常のモンテカルロ・シミュレーションよりも予測精度が高まることが期待される.

RVMSモデル のヴァイン構造に従う乱数の発生方法を，以下に説明する.

① 市場リターンとセクター指数リターンの標準化残差として，[0,1]の一様乱数を発生する ($\omega_{rM}, \omega_{S_1}, \cdots, \omega_{S_j}$).

② 3.3項の方法で推定した市場リターンとセクター指数のリターン間のコピュラとパラメータを用い対応する h 関数で，①で求めた乱数を利用し，セクターで条件付けたマーケットリターンを J 個求める．($\omega_{M|S_1}, \cdots, \omega_{M|S_j}$)

③ 市場と所属セクターの指数で条件付けられた個別銘柄リターンの標準化残差として，パラメータ Θ_G の多変量正規コピュラから乱数を発生させ，正規累積分布関数に代入して [0,1] の範囲に揃えた ($\omega_1^{S_j}, \omega_2^{S_j}, \cdots, \omega_I^{S_j}$) を求める.

④ 3.3項の方法で推定したセクター j と銘柄 i 間のペアコピュラのパラメータと，①で得たセクターで条件付けた市場リターンの乱数と②で得た市場とセクターで条件付けた個別銘柄の乱数を，対応するペアコピュラの h 関数の逆関数に代入し，セクターでの条件付けが取り除かれ市場のみで条件付けられた個別銘柄リターンの標準化残差としての乱数に変換し，$x_i = (x_{i1}, \cdots, x_{iT})_\top$ とする.

---

6) 各ペアコピュラの h 関数とその逆関数式については Nelsen (2006), Patton (2006), 戸坂・吉羽 (2005) 服部 (2011) を参照.

⑤ 3.3項の方法で推定した市場コピュラのパラメータと，③で得た市場リターンの標準化残差と①で得た x_i とを，対応するペアコピュラの h 関数の逆関数に代入し，市場の条件付けが取り除かれた個別銘柄リターンの標準化残差としての乱数に変換し，$y_i = (y_{i1}, \cdots, y_{iT})_\top$ とする．

4.2 シミュレーション①— VaR のバックテスト

この項では，CVMS モデルと RVMS モデルについて，VaR の予測精度を比較し，より精度の高い予測ができたモデルのほうがパフォーマンスがよいと評価する．予測精度の評価は，3種類の尤度比検定にて実施する．3種類の内訳は，Cristoffersen and Pelletier（2004）による2種類の尤度比検定と Kupiec（1995）による尤度比検定である．

3.2項での詳細な分析を踏まえて，残差が t 分布すると仮定し，ARMA(1,1)-GARCH(1,1) モデルをすべての周辺分布の時系列データに当てはめることにする．コピュラ関数の特性として，各確率変数 x_i が従う分布関数 F_i を変数ごとに異なる関数に設定することが可能であるが，「モデルの周辺分布の形状は同一であり，そのパラメータのみが異なる」という設定を置く．アルゴリズムの複雑性を軽減するためであり，3.2項の周辺分布推定の結果よりこのように判断した．

先行研究にならい，モデルのパラメータ推定には，推定時点（t_i）を基準として過去900営業日（約3.5年）のヒストリカルデータを用いた．このパラメータを利用して1営業日先（t_i+1）の VaR を計算し，観測データとの比較をした．この作業を，1営業日ずつローリングしながら逐次的にくり返してゆく．予測 VaR と観測データを比較する検証期間としては，前項で設定した 2007年7月9日〜2013年10月31日の1553営業日（約6年間）の間の4期間を対象とした．ローリング分析の手順は以下の通り．

(i) $j = 1, \cdots, 32$, $t = 900$ とし，式（8），式（9）の時系列モデルのパラメータを推定する．

$$r_{t,j} = \mu_j + \phi_{1,j} r_{t-1,j} + \varepsilon_{t,j} + \theta_{1,j} \varepsilon_{t-1,j}, \tag{9}$$

$$\sigma^2_{t,j} = \omega_j + \alpha_{1,j} \varepsilon^2_{t-1,j} + \beta_{1,j} \sigma^2_{t-1,j} \tag{10}$$

自由度 v_j の t 分布の分散は $v_j/(v_j-2)$ で与えられるので，攪乱項 $\varepsilon_{t,j}$ の標準化残差を $z_{t,j}$ とすると，以下の通り．

$$\varepsilon_{t,j} = \sqrt{v_j} z_{t,j} / \sqrt{v_j - 2} \sim \text{iid} \quad t(v_j), \tag{11}$$

(ii) パラメータの推定値を用いて, $j=1,\cdots,32$ について時点 t の一時点先の条件付き分散を事前予測する.

$$\sigma^2_{901,j} = \hat{\omega}_j + \hat{\alpha}_{1,j}\hat{\varepsilon}^2_{900,j} + \hat{\beta}_{1,j}\hat{\sigma}^2_{900,j}, \tag{12}$$

(iii) 標準化残差を, スチューデント t 累積分布関数 F_j を用いて一様化する. ($j=1,\cdots,32$ と $t=1,\cdots,900$)

$$u_{t,j} = F_j(\hat{z}_{t,j}), \tag{13}$$

(iv) 一様化標準化残差 $\boldsymbol{u}_j = (u_{1,j},\cdots,u_{900,j})'$ について RVMS モデルあるいは CVMS モデルを適用し, 逐次的に推定を行うためのコピュラのパラメータを推定する.

(v) シナリオ数を 5000 として,

(a) 推定したヴァイン構造のパラメータを用いてサンプリングし, 標準化残差のスチューデント t 累積分布関数の逆関数 F_j^{-1} を用いて一様化を解除し, 残差を計算する ($j=1,\cdots,32$ と $t=1,\cdots,900$).

(b) サンプリングして求めた残差と, ARMA のパラメータ, GARCH パラメータを利用して, 1 期先のリターンを予測する.

$$\hat{r}_{901,j} = \hat{\mu}_j + \hat{\phi}_{1,j} r_{900,j} + \hat{\sigma}_{901,j}\hat{z}_{901,j} + \hat{\theta}_{1,j}\hat{\sigma}_{900,j}\hat{z}_{900,j}, \tag{14}$$

(c) ポートフォリオのリターンの一時点先の予測値を計算する. 23 銘柄のポートフォリオのウェイトは, 対象期間中最後の TOPIX コア 30 のリバランスが 2007 年 10 月最終営業日であることから, 2007 年 11 月 1 日における当該 23 銘柄の時価総額加重比率を用いることとした.

(vi) ポートフォリオリターンの予測値の 10%, 5%, 1% 分位点を計算し, 90%, 95%, 99% の VaR を算出する.

CVMS モデルと RVMS モデルの他に, 2 つのベンチマークを採用した. 1 つは多変量コピュラを利用しない, すなわち依存構造を一切考慮せず時系列モデルのパラメータのみ用いて個別銘柄のリターンをサンプリングする「多変量独立コピュラ」である. もう一方は, ヴァイン・コピュラの代わりに「多変量 t コピュラ」[7] によって依存構造を捉えて個別銘柄のリターンをサンプリングする. CVMS モデルと RVMS モデルいずれにおいても, ヴァイン・コピュラを構成するペアコピュラとしてスチューデント t コピュラがもっとも多く選択されていることを踏まえ (表 3-5〜表 3-8), 既存の多変量コピュラに対するヴァ

---

[7] 多変量 t コピュラでの乱数発生には MATLAB の statistic toolbox の mvtrnd 関数を使用した.

イン・コピュラ導入の優位性を確認する目的で，2つ目のベンチマークとして採用した．

Cristoffersen and Pelletier（2004），Kupiec（1995）の3種類の尤度比検定で，VaRの予測精度を評価する．それぞれの尤度比の式は，添え字にて区別して表記する．$r_{t,p}$ を時点 t における事後の観測ポートフォリオのリターン，$VaR_t(1-\alpha)$ が時点 $t-1$ において事前予測した時点 t の $VaR(1-\alpha$ 点$)$ とすると，指示関数を以下のように表現する．

$$I_t = \begin{cases} 1, & \text{if } r_{t,p} < VaR_t(1-\alpha) \\ 0, & \text{else} \end{cases} \tag{15}$$

Kupiec の検定（Cristoffersen and Pelletier（2004））では，網羅率（coverage rate）が平均的に正しいことを検定する．α を帰無仮説における抵触（以下 hit）割合，観測値の総数を T，$I_t=1$ の回数を N とし，観測した抵触割合を $\hat{f}$ とすると，帰無仮説を「$\hat{f}=\alpha$」対立仮説を「$\hat{f} \neq \alpha$」とし，尤度比の式は式（16）の通り．帰無仮説のもとでは，Kupiec の尤度比統計量 LR は漸近的に自由度1の χ^2 分布する．

$$LR_{\text{Kupiec}} = 2\ln[\hat{f}^N(1-\hat{f})^{T-N}] - 2\ln[\alpha^N(1-\alpha)^{T-N}], \tag{16}$$

Cristoffersen の2種類の検定では，いずれも hit のシーケンスが独立であるという仮定を検定する．検定における対立仮説として，hit が一次マルコフ配列であるとし，hit のシーケンスを以下の確率推移行列 Π_1 で表現する．$\pi_{ij} = Pr(I_t=j|I_{t-1}=i)$ である．

$$\Pi_1 = \begin{bmatrix} 1-\pi_{01} & \pi_{01} \\ 1-\pi_{11} & \pi_{11} \end{bmatrix}, \tag{17}$$

Cristoffersen がこの対立仮説を定義した背景には，シミュレーション結果において hit が集中して発生している場合，リスクモデルが誤っているシグナルであるという考えがある．

Markov 独立検定（添え字は "ind"）における，帰無仮説は「$\pi_{01}=\pi_{11}$」である．n_{ij} は hit のうち指示関数の j に i が続く回数を表現しており，$\hat{\pi}_{01} = n_{01}/(n_{00}+n_{01})$，$\hat{\pi}_{11} = n_{11}/(n_{10}+n_{11})$ である．

$$LR_{ind} = 2\ln[(1-\hat{\pi}_{01})^{n_{00}}\hat{\pi}_{01}^{n_{01}}(1-\hat{\pi}_{11})^{n_{10}}\pi^{n_{11}}] - 2\ln[\pi_1^{n_{10}+n_{11}}(1-\pi_1)^{n_{01}+n_{00}}], \tag{18}$$

Cristoffersen の "conditional coverage" 検定（添え字は "cc"）における帰無仮説は「$\pi_{01}=\pi_{11}=\alpha$」で，尤度比式は以下の通り．

$$LR_{cc} = 2\ln[(1-\hat{\pi}_{01})^{n_{00}}\hat{\pi}_{01}^{n_{01}}(1-\hat{\pi}_{11})^{n_{10}}\pi^{n_{11}}] - 2\ln[\alpha^{n_{10}+n_{11}}(1-\alpha)^{n_{01}+n_{00}}], \tag{19}$$

つまり Cristoffersen の "conditional coverage" 検定においては，以下2つの条件を満たす場合にモデルによる VaR 値の予測が正確であると考えてよい．
　① hit が集中して発生しない
　② hit の割合が信頼水準 α とほぼ同じ水準になる
Cristoffersen の Markov 独立検定においては①のみを検定していると考えられる．

4.3 シミュレーション①の結果と考察

　まず，各モデルの VaR テストの結果について考察する．モデルの予測精度の高さは，p 値だけでなく hit 数も目安となる．パフォーマンスのよいモデルであるほど，hit 率が信頼水準 α% に近づくはずである．つまり，信頼水準1%であれば2.5回，同5%であれば12.5回，同10%であれば25回に近いものが，よいモデルであるといえる．

　上昇期や急落期などの期間によって，推定精度に差が出るのかという観点でみると，予想通り4つのモデルすべてで期間 A における予測精度がもっとも悪く，hit 数も多い．これは，VaR の予測に利用した過去データに，下落の情報が十分に織り込まれておらず，VaR が過小評価されたためだと考えられる．リーマンショックでもう一段大幅な下落をする B 期には，900営業日の過去データ（A 期を含む）に下落の情報が織り込まれていることから各検定の p 値や hit 数がすべてのモデルで A 期よりも改善しているがまだ一部検定で帰無仮説が棄却されている．相対的に変動の小さい C 期，上昇期である D 期では，さらに改善がみられ hit 数が α（%）に近づきパフォーマンスがよい時期であることがわかる．

　まとめると，時系列モデルのパラメータを推定する期間に情報として含まれていないような急落が生じた際には，やはり一時的にモデルのパフォーマンスは悪化する．これについてはヒストリカルデータを用いる以上は仕方がない点だと思料する．こういったケースに実務で対応する場合は，使用するデータ期間を柔軟に短期化するなどの方法で対処するしかないであろう．しかし，それ以外の期間についてはモデルのパフォーマンスはよいと評価できる．

　次に，モデル間の予測精度の違いという観点で考察する．抵触数や p 値より，4期間とも RVMS モデルと独立コピュラの推定精度は他2つのモデルと比較してパフォーマンスは悪い．一方で，CVMS と多変量 t コピュラは，期間 B にお

けるCVMSモデルの信頼水準95%の *VaR* が棄却されている点を除き，パフォーマンスはよいと評価できる．

事前の予想に反して，先行研究Brechmann and Czado (2011) で成果として報告された結果と異なり，マーケットリターンとセクターリターン，個別リターン間の依存構造を捕捉する多変量コピュラを，C-vineからR-vineに切り替えることで，パフォーマンスは改善していないどころかCVMSモデルの方がパフォーマンスがよい．表3-13をみると，RVMSモデルのパフォーマンスはすべての期間において独立コピュラよりはいくぶんかましであるが，CVMSモデルや多変量tコピュラと比較すると悪い．

この要因について，表3-5～表3-8で2つのモデルのコピュラとそのパラメータを比較することで分析を試みた．RVMSモデルは，セクターで条件付けた個別銘柄とセクターで条件付けたマーケットの標準化残差の依存構造を推定し高次ツリーにつなげている．セクターで条件付けを行う，つまり標本空間をセクターリターンに狭めていることにより，個別銘柄のリターンとマーケットリターンの依存構造がほぼ無相関になるケースが少なくないようである．たとえば，パフォーマンスが安定しているC期についてみると，基準日t_1では，23銘柄中21銘柄についてtコピュラが，1銘柄についてSJCが選択されている．しかし，そのパラメータについてみると，23銘柄中20銘柄（約87%）においてρは$[-0.15, +1.5]$の値を取り，21銘柄中16銘柄（約76.2%）で自由度νは10以上と大きい値を取っており，分布の裾を含めて依存構造がほとんどない状態（独立コピュラに近い）であることがみて取れる．これが，モデルのパフォーマンスに影響を及ぼしている可能性があると考えられる．

RVMSのCVMSに対する優位性を主張したBrechmann and Czado (2011) においては，マーケットをユーロストックス50株価指数，個別銘柄をユーロストックス50株価指数の構成銘柄，セクターとしては構成銘柄が属する各国の株価指数を採用しているが，RVMSモデルのT_2で独立コピュラに分類されているものは52%程度[8]である．選択した対象データの特性の違いが影響していると思われる．

線形の依存関係の比較にしかならないが，単純な回帰分析を行い，先行研究と本論文のデータを比較したところ（表3-14），本論文におけるセクターと個

---

8) Brechmann and Czado (2002) pp.25のTable 8参照のこと．

別銘柄間の相関の3割が0.9〜0.96なのに対して，先行研究におけるセクター（各国指数）と個別銘柄間の相関において0.9を超えているのは46銘柄中2銘柄であった（全体の4.4%程度）．次いでマーケットとセクターの関係をみると，本論文では8セクター中2セクターのみが0.9以上だったのに対し，先行研究においては，5セクター中すべてのセクターでマーケットとの相関が0.93〜0.98と，本論文のそれよりも高かった．さらに，マーケットとの相関が0.85以上のセクターと，セクターとの相関が0.85以上の個別銘柄の組み合わせの全体に占める割合についてみていくと，先行研究では46銘柄中6銘柄（全体の13%）で本論文では23銘柄中8銘柄（全体の34.8%）であった．

セクターとして選択したデータと，マーケットと個別銘柄として選択したデータの間で相関が強い場合は，RVMSモデルでは，条件付けを繰り返していくとT_2以上のツリーで依存構造がなくなってしまう．そのため，多変量独立コピュラに近いパフォーマンスになってしまったと考察する．ヴァイン構造を導入したマーケット・セクター・モデルにおいては，適用する前に対象とするデータ間の依存構造についても事前に詳細に検証する必要があろう．

4.4 シミュレーション②—ポートフォリオパフォーマンスの比較

次に，本項では，CVMSモデルを用いて発生させた23の個別銘柄のサンプルリターンを用いて，Amenc et al. (2013)，Rockafellar and Uryasev (2000)を参考に，表3-12に示す4種類のポートフォリオを構築し，そのパフォーマンスを比較する．

ポートフォリオシミュレーションとVaRの予測では性質が異なるため，パスの発生の設定をシミュレーション①と若干変えることとした．実務に近づける

表3-12

ポートフォリオストラテジー	特徴
CVaR最小化ポートフォリオ	ポートフォリオの期待損失額を最小化することを目指した戦略．
最小分散ポートフォリオ	ポートフォリオ全体のボラティリティを最小化することを目指した戦略．
等ウェイトポートフォリオ	組み入銘柄を均等に保有することを目指した戦略．
リスクパリティポートフォリオ	組み入れ銘柄のリスクの寄与度を均一にすることを目指した戦略．

表3-13 VaR ローリング分析結果

モデル	VaR水準	期間A 下落期① (2007/7/9~2008/7/15)				期間B 下落期② (2008/9/22~2009/10/1)			
		抵触数	Kupiec	Markov test	Conditional Coverage	抵触数	Kupiec	Markov test	Conditional Coverage
CVMS	90%	48	0.000 *	0.508	0.000 *	31	0.221	0.203	0.210
	95%	28	0.001 *	0.105	0.000 *	20	0.044 *	0.601	0.116
	99%	8	0.005 *	0.440	0.016 *	3	0.758	0.755	0.908
RVMS	90%	78	0.000 *	0.121	0.000 *	68	0.000 *	0.095 *	0.000 *
	95%	67	0.000 *	0.217	0.000 *	56	0.000 *	0.071	0.000 *
	99%	49	0.000 *	0.499	0.000 *	36	0.000 *	0.398	0.000 *
tコピュラ	90%	46	0.000 *	0.501	0.000 *	30	0.305	0.250	0.305
	95%	24	0.003 *	0.251	0.006 *	19	0.079	0.537	0.176
	99%	9	0.001 *	0.387	0.004 *	4	0.381	0.687	0.628
独立コピュラ	90%	92	0.000 *	0.000 *	0.000 *	77	0.000 *	0.109	0.000 *
	95%	84	0.000 *	1.000	0.000 *	72	0.000 *	0.099	0.000 *
	99%	61	0.000 *	0.157	0.000 *	59	0.000 *	0.070	0.000 *

モデル	VaR水準	期間C 横ばい (2011/11/15~2012/11/15)				期間D 上昇期 (2012/10/24~2013/10/31)			
		抵触数	Kupiec	Markov test	Conditional Coverage	抵触数	Kupiec	Markov test	Conditional Coverage
CVMS	90%	20	0.834	0.492	0.437	24	0.832	0.510	0.787
	95%	8	0.163	0.229	0.184	14	0.669	0.675	0.836
	99%	1	0.276	0.899	0.551	3	0.095	0.755	0.908
RVMS	90%	60	0.000 *	0.414	0.000 *	59	0.000 *	1.000	0.000 *
	95%	45	0.000 *	1.000	0.000 *	46	0.000 *	1.000	0.000 *
	99%	27	0.000 *	0.408	0.000 *	27	0.000 *	0.630	0.000 *
tコピュラ	90%	19	0.188	0.560	0.355	23	0.67	0.442	0.679
	95%	7	0.083	0.497	0.176	15	0.481	0.713	0.729
	99%	1	0.278	0.899	0.551	2	0.742	0.826	0.925
独立コピュラ	90%	77	0.000 *	0.310	0.000 *	69	0.000 *	1.000	0.000 *
	95%	64	0.000 *	0.363	0.000 *	61	0.000 *	1.000	0.000 *
	99%	44	0.000 *	0.070	0.000 *	43	0.000 *	1.000	0.000 *

期間をずらした4期間についてローリング分析を実施。起点日(t)を1日ずつずらしながら、起点日の前営業日を含む過去900営業日分($t-900 \sim t-1$)の観測データを利用して1期先($t+1$)のVaRを予測。予測した250営業日分のVaRと250営業日分の観測データとを比較した。帰無仮説が棄却された場合はp値の横に*印をつけた。

3　ヴァイン・コピュラを用いた CAPM の非正規・非線形への拡張　107

表 3-14　先行研究データと本論文分析対象データの単回帰分析結果比較

	CAC Index	FP FP	SAN FP	OR FP	BNP FP	MC FP	CS FP	GSZ FP	GLE FP	SU FP
	フランスCAC40指数	トタル	サノフィ	ロレアル	BNPパリバ	LVMHモエヘネシー・ルイヴィトン	アクサ	GDFスエズ	ソシエテジェネラル	シュネデールエレクトリック
M_S	98.27%	85.37%	63.41%	69.45%	77.33%	80.35%	84.58%	70.86%	72.01%	82.51%
L_S	—	—	—	—	—	—	—	—	—	—
L_M	—	83.36%	61.68%	68.14%	77.34%	79.29%	84.75%	70.24%	71.64%	80.54%
	ORA FP	VIV FP	UL NA	AI FP	ACA FP	DG FP	ALO FP	BN FP	CA FP	
	オランジュ	ビベンディ	ユニベイルーロダムコ	エア・リキード	クレディ・アグリコル	ヴァンシ	アルストーム	ダノン	カルフール	
M_S	62.29%	73.21%	—	80.86%	76.64%	85.25%	73.65%	64.56%	66.27%	
L_S	—	—	—	—	—	—	—	—	—	
L_M	63.69%	72.66%	—	79.59%	76.55%	82.87%	71.05%	62.79%	64.59%	

	DAX Index	SIE GY	BAYN GY	BAS GY	SAP GY	DAI GY	ALV GY	DTE GY	DBK GY	EOAN GY
	ドイツDAX指数	シーメンス	バイエル	BASF	SAP	ダイムラー	アリアンツ	ドイツ・テレコム	ドイツ銀行	イーオン
M_S	95.49%	78.00%	66.31%	78.44%	60.39%	77.68%	75.69%	59.02%	74.92%	69.09%
L_S	—	—	—	—	—	—	—	—	—	—
L_M	—	79.57%	67.30%	78.73%	61.81%	78.49%	80.64%	64.00%	79.23%	71.57%
	MUV2 GY	RWE GY	DB1 GY	IBEX Index	SAN SQ	TEF SQ	BBVA SQ	IBE SQ	REP SQ	AGN NA
	ミュンヘン再保険	RWE	ドイツ証券取引所	スペインIBEX35指数	サンタンデール銀行	テレフォニカ	バンコ・ビルバオ	イベルドローラ	レプソル	エイゴン
M_S	64.87%	64.35%	—	93.24%	93.10%	86.52%	93.43%	82.74%	83.43%	76.16%
L_S	—	—	—	—	—	—	—	—	—	—
L_M	69.11%	67.32%	—	—	86.50%	79.00%	86.80%	77.86%	79.86%	59.95%

	FTSEMIB Index	ENI IM	UCG IM	TIT IM	ENEL IM	ISP IM	G IM	AEX Index	UNA NA	INGA NA	PHIA NA
	イタリアFTSE MIB指数	ENI	ウニクレディト	テレコム・イタリア	イタリア電力公社	インテサ・サンパオロ	ゼネラリ保険	アムステルダム AEX指数	ユニリーバ	INGグループ	コーニンクレッカ・フィリップス
M_S	94.23%	81.56%	85.62%	69.33%	77.26%	86.53%	83.03%	94.32%	65.78%	79.75%	79.10%
L_S	—	—	—	—	—	—	—	—	—	—	—
L_M	—	94.23%	81.56%	58.32%	53.31%	56.27%	58.98%	—	94.32%	65.78%	40.32%

表 3-14 先行研究データと本論文分析対象データの単回帰分析結果比較（続き）

	TPELMH Index	7751 JT	6758 JT	6752 JT	6954 JT	6502 JT	TPCOMM Index	9437 JT	9984 JT	9433 JT	9432 JT	TPTRAN Index	7203 JT	7201 JT	7267 JT
	電気機器（東証1）	キヤノン	ソニー	パナソニック	ファナック	東芝	情報・通信業（東証1）	NTTドコモ	ソフトバンク	KDDI	NTT	輸送用機器（東証1）	トヨタ自動車	日産自動車	本田技研工業
M_S	91.88%	—	—	—	—	—	77.86%	77.86%	—	—	—	90.27%	—	—	—
L_S	—	82.47%	80.82%	77.91%	78.43%	76.76%	—	76.95%	64.65%	70.04%	75.94%	—	95.60%	83.80%	90.88%
L_M	—	77.04%	74.53%	71.22%	71.75%	70.06%	—	56.49%	53.94%	49.72%	52.86%	—	85.46%	75.98%	79.95%

	TPNBNK Index	8411 JT	8316 JT	8306 JT	TPNCHM Index	4063 JT	4452 JT	TPMACH Index	6301 JT	6501 JT	TPWSAL Index	8031 JT	8058 JT	TPMACH Index	6301 JT	6501 JT
	銀行業（東証1）	みずほFG	三井住友FG	三菱UFJ FG	化学（東証1）	信越化学工業	花王	機械（東証1）	コマツ	日立製作所	卸売業（東証1）	三井物産	三菱商事	機械（東証1）	コマツ	日立製作所
M_S	89.56%	—	—	—	88.77%	—	—	88.57%	—	—	83.53%	—	—	70.88%	—	—
L_S	—	91.19%	91.26%	92.37%	—	81.81%	56.26%	—	86.88%	68.17%	—	91.48%	92.63%	—	81.25%	88.20%
L_M	—	79.41%	78.59%	81.58%	—	72.92%	46.81%	—	73.35%	69.50%	—	71.38%	74.93%	—	58.57%	62.83%

(上3段): 先行研究 (Brechmann and Czado (2011)) の分析対象データにおける，マーケットと個別銘柄リターン（[M_S] 行），セクターと個別銘柄リターン（[L_S] 行），マーケットと個別銘柄リターン（[L_M] 行）の単回帰分析結果をまとめたもの。マーケットはユーロストックス50株価指数，個別銘柄はユーロストックス50株価指数構成銘柄。セクターは各個別銘柄の属する各国株価指数である。Brechmann and Czado (2011) の期間に倣え，2006/6/4〜2007/12/20 とした。

(下2段): 本論文の分析対象データにおける，マーケットと個別銘柄リターン（[M_S] 行），セクターと個別銘柄リターン（[L_S] 行），マーケットと個別銘柄リターン（[L_M] 行）の単回帰分析結果をまとめたもの。マーケットは TOPIX コア30株価指数。個別銘柄は TOPIX コア30株価指数構成銘柄。セクターは各個別銘柄の属する東証業種別株価指数 (33種) である。データ期間は，2003/11/4〜2013/10/31。

ため，時系列モデルとCVMSモデルのパラメータ推定には基準日前の過去500営業日間のデータを用い，そのパラメータを利用して20営業日後の累積リターンをサンプリングしてポートフォリオの最適化をすることとした．リバランスは20日に1回の頻度で設定した．シナリオ数は5000とした．

またCVMSモデルの導入により，依存構造を考慮しない通常のモンテカルロ・シミュレーションによるポートフォリオの最適化のパフォーマンスが改善するかを比較するため，CVMSモデルを利用しない場合のシミュレーションも実施した．具体的には，4.2項で説明したローリング分析の手順のうち (iv) と，(v)-(a) のヴァイン構造のパラメータを用いたサンプリング部分を省略し，かわりに一様乱数を発生させて後続の手順を行った．

条件を揃えるため，4種類のストラテジーについてはいずれも非負制約を課し最適化を行った．ポートフォリオストラテジーごとの最適化方法は Amenc and Goltz (2013)，Rockafellar and Uryasev (2000) を参照のこと．なお，CVaR最小化ポートフォリオ構築には，野澤 (2010) を参考に，Grant and Boyd (2009) によるMatlabアプリケーションであるcvxを利用した．

4.5 シミュレーション②の結果と考察

表3-15の情報比の比較より，CVaR最小化ポートフォリオとリスクパリティポートフォリオについて，明らかにCVMSモデルを導入することにより，ポートフォリオシミュレーションのパフォーマンスが改善することがみて取れる．その一方で，パフォーマンスが悪化したのが最小分散ポートフォリオである．

その原因について考察するために，戦略ごとにリバランスで選定された銘柄とウェイトの傾向をみていくこととする．

まずCVaR最小化ポートフォリオについてであるが，CVMSモデルを導入した場合，各リバランスにおいて1銘柄もしくは2銘柄でポートフォリオのほぼ100％を占める．そのなかで花王，ドコモ，武田薬品，アステラスなど，TOPIX 30の銘柄群のなかで低ボラティリティ，低ベータ銘柄の選択回数が多

表3-15 CVMSモデルを用いたシミュレーション（左）と用いないシミュレーション（右）のストラテジー別インフォメーションレシオ比較

	CVaR	MinCov	EQW	RP		CVaR	MinCov	EQW	RP
mean(年次換算)	0.085	0.063	0.027	0.030	mean(年次換算)	0.009	0.024	0.027	0.010
標準偏差(年次換算)	0.2392	0.2391	0.0447	0.0589	標準偏差(年次換算)	0.0854	0.0690	0.0447	0.0721
情報比	0.3563	0.2622	0.6065	0.5093	情報比	0.1072	0.3486	0.6065	0.1437

い一方で，短期間ながら銀行，商社，総合電機が選択されている．そのリバランスにおける銘柄の選択時期を総合的に評価すると，相場下落時に多くの銘柄が同方向に動くため，ダウンサイドに備える場合，ポートフォリオのボラティリティを抑える銘柄のウェイトを増やすのは一般的な手法であるが，CVaRではそのような銘柄のウェイトを増やすのではなく，その銘柄のみを保有することで下方リスクを抑えたポートフォリオを構築すること多いようである．短期的に，よりダウンサイドリスクの少ない銘柄がある場合はそちらを選択しているがあくまで1期間のみに留まる．極端にいってしまえば，ボトムアップアプローチを得意とする絶対リターンを目指すヘッジファンドの手法に似た動きをしているようである．

　最小分散アプローチについて，CVMSモデルを導入した場合のポートフォリオシミュレーション結果をみると，当該戦略はCVMSモデルを導入することによりリターンは改善している一方で，情報比の値が悪化している．リバランス結果についてみると，CVMSモデル導入前は23銘柄をまんべんなく保有していたが，モデル導入後はCVaR最小化と同様に銘柄数を1～3銘柄に絞り込む結果となった．CVaR最小化戦略と比較すると，保有銘柄の範囲を限定しており，いわゆるディフェンシブ株といわれる通信株，薬品株，花王のみを対象としその中でのみウェイト変更を行っている結果となった．そのため，KDDIがiPhone導入を発表し株価が上昇した時期やCVaR最小化戦略が非ディフェンシブ銘柄を選択しパフォーマンスを上昇させた時期にパフォーマンスが劣後する傾向にあるも，中長期的にはリターンの改善につながったと推察される．

　一方で，CVMSモデル導入前と比較してポートフォリオの分散を抑えることに失敗している．これについては以下の理由が考えられる．CVMSモデルの導入により変数間の依存構造をヒストリカルデータより抽出してその線形相関をウェイトの算出に反映しているが，リバランス後の20営業日の間に異なる線形相関を示すと，ストラテジーの目的が達成されず，パフォーマンスに乖離が生じてしまう．ディフェンシブ銘柄群の中で，相関が異なる2～3銘柄に大きくベットする傾向があることも乖離に拍車をかけていると思われる．相関係数は日々変動するので，下手に過去データから抽出した銘柄間の線形相関を考慮しないシミュレーション方法の方が，パフォーマンスがよい結果につながったのだと思料する．

　表3-15のリスクパリティポートフォリオについてみると，CVMSモデルの

導入により，パフォーマンスが改善している．これは，銘柄間のボラティリティの傾向を，モデルの導入により最適投資比率に反映することができたためであると思料する．

以上より CVMS モデルを導入することによってポートフォリオシミュレーションによる運用パフォーマンスが改善するのは，テールリスクを回避するようなストラテジーを取る戦略，あるいは，十分に分散されるストラテジーであると思料する．その一方で，相関をもとに最適投資比率を決定する最小分散のような戦略の場合は，特にユニバースが小さい場合は，ヒストリカルデータから抽出した線形相関とのずれによりシミュレーション結果がミスリードされる可能性がある．

5　結　　　論

VaR のバックテストの結果，CVMS モデルよりも，RVMS モデルの方が優れたパフォーマンスを示すという先行研究と一致する結果とはならなかった．その原因としては，適用したデータの特性によるものと考えられる．RVMS モデルの CVMS モデルに対する優位性を示した Brechmann and Czado（2011）ではマーケットリターンとしてユーロストックス 50 株価指数，個別銘柄は指数の構成銘柄，そしてセクターリターンとして業種リターンではなく各国株価指数を採用し実証分析を行っている．単回帰分析の結果，先行研究においてセクターリターンとして選択されている各国指数と個別銘柄の間と，各国指数とマーケットリターンとの間両方において，0.85 を超える強い相関をもつデータの割合が，本論文の対象データの割合よりも小さいことがわかった．これによりRVMS モデル構築の過程で依存構造が独立コピュラに分類されることがないため依存構造を捕捉し損ねることがなく，RVMS モデルが有効に機能するのである．いかなる分析対象データについても，そのヴァイン構造の柔軟性により RVMS モデルが CVMS モデルに対してつねに優位性を示すわけではなく，適用する対象データがツリーを構築する過程で無相関になるペアが多く含まれるかどうかによって，そのモデルの優位性が変わることがわかった．これが本論文の貢献の 1 つである．また RVMS モデルにおいて，T_3 以上のツリーにおいて正規コピュラを利用するところを，便宜的に多変量正規分布を用いて代替したことも結果に少なからず影響を及ぼしていると思料する．これについては今

後の課題としたい．

　また，ポートフォリオのシミュレーションにおいては，3つの戦略についてCVMSモデルの導入により，最適投資比率決定のパフォーマンス向上につながる戦略と，そうでない戦略とを分けることができた．この点についても，本論文の貢献の1つである．

　今後の課題としては，他に3点ある．まず1つ目が，Pattonによる動的コピュラ Patton (2006) あるいは，Rodriguezによるレジームシフトコピュラ Rodriguez (2007) を導入することである．2点目が，マルチファクターモデルへの拡張である．3点目が，誤差項の分布へのSkewed t分布の導入である．

〔参考文献〕

沖本竜義 (2010)，「経済・ファイナンスデータの計量時系列分析」『朝倉書店』．

戸坂凡展・吉羽要直 (2005)，「コピュラの金融実務での具体的な活用方法の解説」『日本銀行金融研究所 IMES DISCUSSION PAPER SERIES』．

中村信弘・横内大介 (2010)，「多変量動的コピュラ関数を用いたアセットアロケーション」『JAFEE2010夏季大会』347-358．

野澤勇樹 (2010)，「金融市場混乱期における日本のクレジット・スプレッドの変動と依存構造─多変量コピュラによる推定とその応用─」一橋大学大学院国際企業戦略研究科修士論文．

服部　誠 (2011)，「多変量ダイナミックコピュラを用いた新興国株式市場の相互依存構造に関する分析」一橋大学大学院国際企業戦略研究科修士論文．

山井康浩・吉羽要直 (2001)，「バリュー・アット・リスクのリスク指標としての妥当性について─理論的サーベイによる期待ショートフォールとの比較分析─」『日本銀行金融研究所 IMES DISCUSSION PAPER SERIES』．

Aas, M., Czado, C., Frigessi, A. and Bakken, H. (2009), "Pair-copula Constructions of Multiple Dependence." *Insurance: Mathematics and Economics*, **44**, 182-198.

Amenc, N., Goltz, F. and Martellini, L. (2013), Smart Beta 2.0, EDHEC-RISK Institute.

Bedford, T. and Cooke, R. (2002), "Vines-A New Graphical Model for Dependent Random Variables." *Annals of Statistics*, **30**, 1031-1068.

Brechmann, E. C. and Czado, C. (2011), Extending the CAPM Using Pair Copulas: The Regular Vine Market Sector Model. 4th Workshop on Vine Copula Distributions and Applications, Munich, May 11-12.

Cristoffersen, P. and Pelletier, D. (2004), "Backtesting Value-at-Risk: A Duration-Based Approach." *Journal of Financial Econometrics*, 2, 84-108.

Genest, C. and Favre, A. (2007), "Everything You Always Wanted to Know about Copula Modeling but Were Afraid to Ask." *Journal of Hydrologic Engineering*, 12, 347-368.

Grant, M. and Boyd, S. (2009), cvx Users' Guide for cvx version 1.2 (build 711). http://www.stanford.edu/~boyd/.

Heinen, A. and Valdesogo, A. (2008), Asymmetric CAPM Dependence for Large Dimensions: The Canonical Vine Autoregressive Model. workshop on Computational and Financial Econometrics.

Kupiec, P. (1995), "Techniques for Verifying the Accuracy of Risk Measurement Models." *The Journal of Derivatives*, 2, 174-184.

Kurowicka, D. and Cooke, R. M. (2007), "Sampling Algorithms for Generation Joint Uniform Distributions using the Vine Copula Method." *Computational Statistics and Data Analysis*, 51, 2889-2906.

Longin, F. and Solnik, B. (2001), "Extreme Correlation of International Equity Markets," *Journal of Finance*, 56, 649-676.

Nelsen, R. B. (2006), An Introduction to Copulas, Second Edition. Springer.

Patton, A. J. (2006), "Modelling Asymmetric Exchange Rate Dependence." *International Economic Review*, 47, 527-556.

Rockafellar, R. T. and Uryasev, S. (2000), "Optimization of Conditional Value-at-Risk." *Journal of Risk*, 2, 21-41.

Rodriguez, J. C. (2007), "Measuring Financial Contagion: A Copula Approach." *Journal of Empirical Finance*, 14, 401-423.

Schmit, T. (2006), Coping with Copulas. Forthcoming in Risk Books "Copulas-From Theory to Application in Finance".

Vuong, Q. H. (1989), "Ratio Tests for Model Selection and Non-nested Hypothesis." *Econometrica* 57, 307-333.

（岩永育子：DIAM アセットマネジメント株式会社）

4 業種間の異質性を考慮した企業格付評価
—階層ベイズモデルによる分析—[*]

小池泰貴

概要 本稿の目的は，業種間の異質性を考慮した企業格付予測モデルをベイズ統計に基づく手法で推定し，その有効性を検証することにある．企業格付とは，発行体が負う，社債をはじめとした金融債務についての総合的な債務履行能力をランク付けしたもので，債務者，債権者双方に重要な指標である．しかし，格付機関が格付を行う際の決定メカニズムは非公開であるため，実務上の強い要請のもと，さまざまな研究報告がなされてきた．本稿では，業種間の違いにより格付の傾向に無視しがたい差が観察されるが，先行研究ではこのような特徴がモデルに反映されていないという点を鑑み，業種の異質性をより精緻に考慮すべく階層ベイズモデルを用いて分析を行った．階層ベイズモデルでは業種間の異質性を考慮しつつも，共通の要素があると仮定するので，業種の全体傾向を加味した上でその傾向から個別に乖離した部分を異質性として扱うことができる．そのため標本全体の傾向が個別の係数の推計にも反映され係数が安定し，標本数の低下問題にも対処が可能となる．具体的には，通常の順序プロビットモデルをベンチマークとし，2種類の階層ベイズモデル—定数項を階層化したモデル，すべての係数を階層化したモデル—を推計した．その結果，両階層モデルともデータへの当てはまりはベンチマークを上回ったものの，前者が後者の当てはまりを上回るという結果を得た．さらに標本外予測についても，予測精度はベンチマークより階層モデルの方が良好であることが確認された．この結果は，格付予測モデルの構築にあたり，業種間の異質性を組み込むことの重要性を示唆している．

---

[*] 本稿の作成の過程で，中妻照雄教授（慶應義塾大学経済学部）から有益なコメントを頂戴した．また，匿名の査読者からいただいたコメントは本稿の改定にあたり，非常に有益であった．この場を借りて，深く感謝の意を表明したい．また，本稿の内容と意見は，筆者個人に属するものであり，筆者の所属する日本銀行および企画局の見解を示すものではない．

1 序論

　本稿の目的は，業種間の異質性を考慮した企業格付予測モデルをベイズ統計に基づく手法で推定し，その有効性を検証することである．

　頻度主義に立脚した頻度主義統計学に対し，20世紀中葉以降ベイズ統計学の注目が高まりはじめた．しかし，その数学的な煩雑さに加え計算過程で多重積分を要求するという数値計算上の大きな障害も相まって，その普及が妨げられてきた．このような問題は，1990年代に入ってマルコフ連鎖モンテカルロ（MCMC）法がベイズ統計学に用いられるようになったことで事実上解消されたといえる．これによりベイズ統計学の利点を享受できるようになり，文理を問わずその普及，応用が進んでいる．特に，経済学においてよく用いられる実際に観測されない潜在変数を含むモデルの推定に際し威力を発揮し，応用研究の報告は後を絶たない．

　本稿では，このようなベイズ手法を発行体企業の格付問題に応用する．発行体格付とは，発行体が負う，社債をはじめとした金融債務についての総合的な債務履行能力をランク付けしたものである．格付機関は，格付のランクに加えて格付ごとのデフォルト率も発表しており，金融機関のリスク管理において重要な役割を果たしているものである．一方，被格付け企業にとっては自社の資金調達金利に影響を与えるので，財務管理面で欠かせない情報であるといえる．

　しかし，このように企業格付は債務者，債権者双方に重要な指標であるにもかかわらず，スタンダード・アンド・プアーズ，Moody'sといった海外の格付会社から格付投資情報センターやR&Iといった日本の格付会社まで，参考基準こそ公開されているものの，その決定メカニズムは非公開である．そのため強い要請のもと，さまざまな研究報告がなされてきた．格付の決定要因を分析する研究は，Horrigan (1966)などにみられるように古くは回帰モデルが利用されてきたが，格付の離散データという性質上単純な回帰モデルは適さない．そこで，Kaplanand and Urwitz (1979)が格付データに対して順序プロビットモデルの適用を行った．順序プロビットモデルとは順序付けされた複数のカテゴリのいずれかに分析対象が属するかを判定するモデルである．具体的には，データから計算される単一の潜在変数の値を判別の尺度とし，この値を推定された閾値と比較することで各カテゴリ間の分類が行われるものである．以降も，

Ederington (1985), Terza (1985), 中山・森平 (1998) といった, 順序モデルを使用した研究が報告されてきたが, 順序プロビットモデルの平行性の仮定—回帰パラメーターが順序性のあるカテゴリに依存せず, 常に一定であるような仮定—に対する批判から, 多項プロビットといった別種のモデルを使用する場合も多い. たとえば小林 (2001) では, 格付機関が上位格付と下位格付を下す際の判断基準が異なることを指摘し, 単一の潜在変数を使ってすべての格付を判断する順序プロビットモデルは適当でないとし, 各カテゴリーごとに異なる潜在変数を想定する多項プロビットモデルの方が妥当であることを示している. その後も, 安川 (2002) らが, 順序プロビットモデルの仮定が成立していないことを指摘している.

しかし, 草場 (2011) が指摘するように, 格付機関の実際の格付過程を想起すると, そもそもさまざまな属性を有する企業に対し, 画一的な財務指標を用いて格付が行われている可能性は低く, もしそうであれば画一的な財務指標を説明変数とするモデルを用いて平行性の仮定を議論するより, むしろさまざまな業種の異質性を考慮したモデルを構築する方が有益であろう. 以下の図は日本企業の格付データに関し電力・ガス業の格付の経験分布と業種全体の経験分布を示したものである. なお, 格付 AA-以上を「AAA/AA」として, BB+以下の格付を「BB」としてまとめている (データについての詳細は 3.1 参照).

全体をプールした分布に比べ, 電力・ガス業の分布は明らかに右寄りになっ

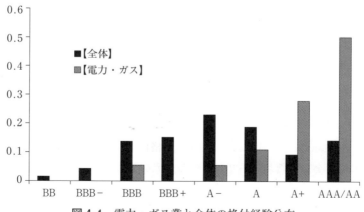

図 4-1 電力・ガス業と全体の格付経験分布
日本格付研究所 (JCR), 格付投資情報センター (R&I) HP より筆者作成

ており，格付の傾向に無視しがたい差があることが確認できる．このような問題意識の下，草場（2011）では自己資本の量で規模をセグメントして別々のモデルを推計している．しかし，サンプルサイズを一定水準に保つという制約から，「製造業」，「非製造業」という大まかな分類をするにとどまっており，業種間の異質性が十分に考慮されているとはいい難い．そこで本稿では同様の問題意識の上で，業種の異質性をより精緻に考慮するべく，階層ベイズモデルを用いて分析を行った．一般に，標本を分割すると，各分割において十分な標本の数が得られないという問題が生じる．その点，階層ベイズモデルでは業種間の異質性を考慮しつつも，共通の要素があると仮定するので，全業種の全体傾向を加味した上でその傾向から個別に乖離した部分を異質性として扱うことができる．そのため標本全体を個別の係数の推計にも反映され係数が安定し，標本数の低下問題にも対処が可能となる．

以上の議論を踏まえ以下の分析を行った．通常の順序プロビットモデルをベンチマークとし，2種類の階層ベイズモデル―定数項のみを階層化したモデルを「変量効果順序プロビットモデル」，すべての切片を階層化したモデルを「ランダム係数順序プロビットモデル」―としてそれぞれベイズ推計した．その結果，両モデルともデータへの当てはまりはベンチマークのそれを上回ったものの，前者の方が後者の当てはまりを上回るという結果になった．さらに標本外予測についても，その予測精度はベンチマークより階層モデルの方が良好であることが確認された．この結果は，格付予測モデルの構築にあたり業種間の異質性を組み込むことの重要性を示唆しているといえる．

2 モデルおよび推計方法について

Albert and Chib（1993）以来，本稿で用いるプロビットモデルに対するベイズ統計の適用が盛んに行われてきた．本節ではベイズ統計学およびMCMC法の一般論を概説した後，中妻（2003），Koop, Poirier and Tobias（2007），奥村・各務（2012）などに従い，本稿で使用する格付推定のモデルである順序プロビットモデル，およびそれを拡張した2種類の階層モデル：定数項のみを階層化したモデル，すべての切片を階層化したモデルを導出する．同モデルにおいてベイズ推定を行う場合，複雑な多重積分を計算する必要があるため，パラメーターの周辺事後分布を解析的に導出するのは困難である．このような困難

を解消するために使用されるのが，本節で説明する MCMC 法である．以後，本稿で分析に用いるモデルを導出する．また同時に，それらのモデルを MCMC 法を用いてベイズ推計するための具体的な手順についても確認していく．

2.1 ベイズ統計学における未知パラメーターの推計方法

モデルの導出の前に，ベイズ統計学におけるモデルの未知のパラメーター推定をする際の考え方，またその計算方法であるマルコフ連鎖モンテカルロ（MCMC）法について概説する．

ベイズ統計学とは，未知のパラメーターについて，不確実な現象の背後にある確率分布の関数形を想定した上で，観測されたデータを加味して推論を行う手法である．通常の頻度主義統計学におけるパラメーター推定では，未知のパラメーターはその真の値が非確率的な変数として与えられ，確率的と想定されるものは推定に用いられる統計量を構成するデータである．一方，ベイズ統計学においては未知のパラメーターを確率変数とみなし，観測されたデータが与えられた下でのパラメーターの条件付き確率分布を用いて，統計的な推論が行われることになる．以上の推論の手続きは，以下に示すベイズの定理にしたがって行われる．

$$\underbrace{p(\theta|Data)}_{\text{事後分布}} \propto \underbrace{p(Data|\theta)}_{\text{尤度}} \underbrace{p(\theta)}_{\text{事前分布}}$$

これはすなわち，分析者が事前に想定していた事前分布が，データによって更新され，事後分布が導かれることを示している．なお，事後分布を実際の推論に使用するためには，確率分布としての意味を成すための基準化定数

$$\int_{-\infty}^{\infty} p(Data|\theta)p(\theta)d\theta$$

を計算する必要があり，推論する対象の未知パラメーターがたとえば k 個であった場合，k 回の多重積分を評価する必要がある．しかし，限られた場合を除いてはこの値を解析的に求めることは困難である．また，数値計算上でもさまざまな問題があることが知られている．そこでこの問題を解消するために用いられるのがマルコフ連鎖モンテカルロ（MCMC）法である．MCMC 法とは，マルコフ連鎖の性質をうまく利用して任意の確率分布から乱数を生成する方法の総称であり，現在はベイズ統計において標準的な計算手法の地位を確立している．MCMC 法を使用すれば，分布系が不明な事後分布から乱数を発生させる

ことができるため,その乱数を用いてさまざまな分析を行うことが可能になる.
詳細は省くが,MCMC法ではある初期値から,一回前に発生させた乱数に依存
させる形で乱数を発生させるというプロセスをくり返すことで確率分布を更新
していく.特定の確率分布に到達すると,それが不変になる場合があり,これ
を不変分布という.MCMC法では,この不変分布が事後分布になるように,乱
数の発生方法を工夫する.これにより,一度不変分布に収束すると,その後に
発生した乱数を事後分布から得られた乱数列としてみなすことができ,これを
用いて各種の推論を行うことが可能になる.なお,MCMC法では,乱数発生後
の初期値の影響を大きく受けると想定される前半部分を捨て,残りの乱数列の
みを用いて推論を行うことが多い.このプロセスはバーンインとよばれる[1].

本稿では,このMCMC法の一種であるギブス・サンプラーとよばれる手法
を用いる.説明のために2変数のパラメーターにおけるギブス・サンプラーの
適用を考えてみよう.2変数の同時確率分布を$f(\theta_1, \theta_2)$とする.この分布から,
同時に2変数を生成することはできないが,条件付確率分布$f(\theta_1|\theta_2)$,$f(\theta_2|\theta_1)$
からはそれぞれθ_1とθ_2を生成できるとする.θの初期値を$\theta_1^{(0)}$,$\theta_2^{(0)}$とし,r番
目の乱数を$\theta_1^{(r)}$,$\theta_2^{(r)}$と定義すると,2変数の同時確率分布に対するギブス・サン
プラーは以下のように定義される.

2変数の同時確率分布のギブス・サンプラー
  Step 1. $\theta_1^{(r)} \leftarrow f(\theta_1|\theta_2^{(r-1)})$
  Step 2. $\theta_2^{(r)} \leftarrow f(\theta_2|\theta_1^{(r)})$

ギブス・サンプラーはすべての変数について条件付確率が求められる場合,n
変数についても拡張することが可能である.本稿で推定する順序プロビットモ
デルは,データ拡大法という方法を用いることで,全条件付事後分布を求める
ことができるので,ギブス・サンプラーを適用して事後分布から乱数を発生さ
せ,その推論を行うことができる.

2.2 階層ベイズモデルとは

本項では,照井(2010)に従い,階層ベイズモデルについて概説する.本稿

---

[1] マルコフ連鎖モンテカルロ法については中妻(2003),和合(2005)などに詳しいた
  め,参考にされたい.

で用いる階層ベイズ順序プロビットモデルは階層回帰モデルの一種と考えることができる．階層モデルでは K 個の異質性をもつ集団，または個体を想定する．集団 k に対するモデルのパラメーターを β_k，対応するデータを Y_k とすると，誤差項が無相関の場合尤度関数は

$$\prod_{k=1}^{K} p(Y_k|\beta_k)$$

となる．各集団ごとにパラメーターが異なるのは，個体間にパラメーターの異質性を想定しているからであり，階層モデルでは $\{\beta_k\}$ が共通の事前分布をもっていると仮定する．$\{\beta_k\}$ の分布のパラメーターを θ とすると

$$p(\beta_1, \beta_2, \cdots, \beta_K|\theta)$$

と表現される．このような事前分布を階層モデルとよび，これに尤度関数を合わせたものを階層ベイズモデルという．階層ベイズモデルでは集団ごとの異質性を考慮しつつも，共通の要素（この場合，θ）があると仮定するので，集団の全体傾向を θ で捉えつつ，その傾向から個別に乖離を許して各集団ごとの固有のパラメーター $\{\beta_k\}$ を推計することができる．単にデータをセグメントした場合と異なり，個別の係数を標本平均に縮減して推計することができるため係数が安定し，標本数の低下問題に対処が可能となる．なお，本稿では定数項のみを階層化したモデルを「変量効果順序プロビットモデル」，すべての切片を階層化したモデルを「ランダム係数順序プロビットモデル」として区別している．

2.3 順序プロビットモデル

本稿の分析に用いる順序プロビットモデル，およびそのベイズ推計の方法について説明していく．木島・小守林（1999）にあるように順序モデルとは，通常の二項モデルを拡張して個体を複数の状態に分類する方法であるが，その複数の状態に何らかの順序付けがなされている際に，対象がどの順序に分類するかという点を判別するために使用されるモデルである．企業の格付問題においては上から AAA，AA，といった具合に信用が上位の企業から順に格付がなされるであろう．このように順番の数そのものが本質的に重要な区分けを判別する際に順序モデルが用いられることになる．

ここで，n 個の企業サンプルにおいて，J 段階の社債の格付問題（本稿では $J=8$）を考える．格付は低い方から高いほうに順番に並んでいるとして，もっとも低い場合に $y_i=1$，もっとも高い場合に $y_i=J$ となるように y_i を定義しよう．

定数項を含めた企業の特性を表す定数項を含む変数のベクトルを x_i，その係数のベクトルを β（定数項を含んだ説明変数の数を p とする．）として，誤差込の潜在変数 z_i を以下のように定義する．

$$z_i = x_i'\beta + \varepsilon_i \quad \varepsilon_i \sim \mathcal{N}(0, 1) \tag{1}$$

また，格付を判定する閾値である γ を以下のように定める（ただし，識別のため $\gamma_1 = 0$ としている）．

$$-\infty = \gamma_0 < \gamma_1 = 0 < \gamma_2 < \cdots < \gamma_J = \infty \tag{2}$$

このとき，企業 i の格付される確率は

$$\begin{aligned}p(y_i = j) &= p(\gamma_{j-1} < z_i \leq \gamma_j) \\&= p(\gamma_{j-1} - x_i'\beta < \varepsilon_i \leq \gamma_j - x_i'\beta) \\&= \Phi(\gamma_{j-1} - x_i'\beta) - \Phi(\gamma_j - x_i'\beta)\end{aligned} \tag{3}$$

である（$\Phi(\cdot)$ は標準正規分布の累積密度関数）．上記の順序プロビットモデルでは，$\beta = (\beta_1, \beta_2, \cdots, \beta_p)'$ および閾値のベクトル $\gamma = (\gamma_2, \cdots, \gamma_{J-1})$ を推計することになる．なお，順序プロビットモデルにおいては通常の頻度主義的な手法（最尤法）での推定でも大きな問題はないが，本稿で推定する後のモデルと比較する関係上，順序プロビットモデルもベイズ的手法を用いて推定を行う．

以上の定式化の下で，順序プロビットモデルの尤度は

$$p(y|\beta) = \prod_{i=1}^{n} (\Phi(\gamma_{y_i} - x_i'\beta) - \Phi(\gamma_{y_i-1} - x_i'\beta)) \tag{4}$$

ここで，β の事前分布を $N(\beta_0, A^{-1})$ とする．さらに潜在変数 z_i を用いて完備化すると，事後分布は

$$\begin{aligned}p(y|\beta) \propto &\prod_{i=1}^{n} \exp\left[-\frac{(z_i - x_i'\beta)^2}{2}\right] \times \sum_{j=1}^{J} 1_j(y_i) 1_{(\gamma_{j-1}, \gamma_j)}(z_i) \\&\times \exp\left[-\frac{1}{2}(\beta - \beta_0)' A (\beta - \beta_0)\right]\end{aligned} \tag{5}$$

となる．順序プロビットモデルの事後分布からの乱数発生には，Albert and Chib（1993）により提案されたギブス・サンプラーを組み合わせたデータ拡大法を使用することができる．しかし，この方法では発生する乱数の間に強い自己相関が発生し，事後分布への収束が遅くなることが知られている．そこで，本稿では Liu and Sabatti（2000）における一般化ギブスサンプラー法を用いてこの問題に対処する．推計は以下の手順で行われる．

まず，β の全条件付き事後分布は以下のように導出される．式（5）は

$$p(\beta|z, y, X) \propto \exp\left[-\frac{1}{2}(z-X\beta)'(z-X\beta) - \frac{1}{2}(\beta-\beta_0)'A(\beta-\beta_0)\right]$$
$$\times \prod_{i=1}^{n}\left(\sum_{j=1}^{J} 1_j(y_i) 1_{(\gamma_{j-1}, \gamma_j)}(z_i)\right)$$
$$\Leftrightarrow \exp\left[-\frac{1}{2}(\beta-\tilde{\beta})'\tilde{\Sigma}^{-1}(\beta-\tilde{\beta}) - \frac{1}{2}(\beta_0-\hat{\beta})'\tilde{\Omega}^{-1}(\beta_0-\hat{\beta})\right]$$
$$\times \prod_{i=1}^{n}\left(\sum_{j=1}^{J} 1_j(y_i) 1_{(\gamma_{j-1}, \gamma_j)}(z_i)\right) \quad (6)$$

ただし，$z=[z_1, \cdots, z_n]'$，$X=[x_1, \cdots, x_n]'$，$\hat{\beta}=(X'X)^{-1}X'z$，$\tilde{\beta}=(X'X+A)^{-1}(X'z+A\beta_0)$，$\tilde{\Sigma}=(X'X+A)^{-1}$，$\Omega=(X'X)^{-1}+A^{-1}$ とまとめている．よって，β の条件付き事後分布は $N(\tilde{\beta}, \tilde{\Sigma})$ となる．

閾値 γ_j ($j=2, \cdots, J-1$) は他の閾値 $\gamma_{\backslash \gamma_j}$ を所与として以下のような全条件付き事後分布をもつ．

$$\gamma_j | \gamma_{\backslash \gamma_j}, \beta, z, y, X \sim \mathcal{U}(a_j, b_j) \quad (7)$$

この一様分布の下限と上限は

$$a_j = \max\left(\max_{y_i=j} z_i, \gamma_{j-1}\right), \quad b_j = \min\left(\min_{y_i=j+1} z_i, \gamma_{j+1}\right) \quad (8)$$

で与えられる．最後に，β と γ が与えられた下での $\{z_i\}_{i=1}^{n}$ の分布は，

$$p(z_i|\beta, \gamma, y, X) \propto \prod_{i=1}^{n} \exp\left[-\frac{(z_i - x_i'\beta)^2}{2}\right] \times \sum_{j=1}^{J} 1_j(y_i) 1_{(\gamma_{j-1}, \gamma_j)}(z_i) \quad (9)$$

であるから，$\{z_i\}_{i=1}^{n}$ の全条件付き事後分布は切断正規分布

$$z_i|\beta, \gamma, y, X \sim \mathcal{N}_{(\gamma_{y_i-1}, \gamma_{y_i})}(x_i'\beta, 1) \quad (10)$$

になる．その後，強い自己相関を軽減するために，Liu and Sabatti (2000) におけるアルゴリズムを使用する．具体的には，Γ を

$$\Gamma = \{g>0 : g(z, \beta, \gamma) = (gz, g\beta, g\gamma)\} \quad (11)$$

の操作をするオペレーターとして，サンプリングした β, γ, z を g でスケーリングすればよい．なお，係数 g は，$g=\sqrt{U}$ として

$$U|z, \beta, \gamma \sim \mathcal{G}a\left(\frac{n+p+J-2}{2}, \frac{\sum_{i=1}^{n}(z_i - x_i'\beta)^2}{2}\right) \quad (12)$$

としてサンプリングをする．このアルゴリズムにより，サンプリングの自己相関を大幅に減らすことができる．以上をまとめると，順序プロビットモデルの事後分布からのサンプリングは以下の手順で行われることになる．

順序プロビットモデルの一般化ギブス・サンプラー
    Step 1. $\beta^{(r)} \leftarrow \mathcal{N}(\tilde{\beta}^{(r-1)}, \tilde{\Sigma}^{(r-1)})$
    Step 2. $\gamma_j^{(r)} \leftarrow \mathcal{U}(a_j^{(r-1)}, b_j^{(r-1)}), (j = 2, \cdots, J)$
    Step 3. $z_i^{(r)} \leftarrow \mathcal{N}_{(y_{s_i}^{(r)}, y_{s_i}^{(r)})}(x_i'\beta^{(r)}, 1) \; (i = 1, \cdots, n)$
    Step 4. $U^{(r)} \leftarrow Ga\left(\dfrac{n+p+J-2}{2}, \dfrac{\sum_{i=1}^{n}(z_i^{(r)} - x_i'\beta^{(r)})^2}{2}\right) (g^{(r)} = \sqrt{U^{(r)}})$
    Step 5. $(z^{(r)}, \beta^{(r)}, \gamma^{(r)}) = \Gamma(z^{(r)}, \beta^{(r)}, \gamma^{(r)})$

2.4 変量効果順序プロビットモデル

前項で説明した順序プロビットモデルの定数項にのみ階層構造を加えたモデルを考える．なお，今後このモデルを「変量効果順序プロビットモデル」とよび区別していく．前項のモデルでは推計に使用した $K(=20)$ 種類の企業の業種区分において，どの企業においても α の値は同じであると仮定していた．しかし，業種が違えばその評価の基準が異なるのが自然であり，以上の仮定は強い仮定であるといえる．つまり，各 β に関しては前節のモデルと同様に，業種共通であるが，定数項に業種固有の要因が反映されるため，各業種 k（業種内の企業数を n_k とする）ごとに異なる切片の値をとると仮定する．これを明示的に表現するため，定数項を分けて表記する．またそれに合わせ，本項では説明変数である $p \times 1$ のベクトル x_{ik} を，$x_{ik} = (1, \tilde{x}_{ik}), \tilde{x}_{ik}$ を定数項を除いた $(p-1) \times 1$ のベクトルと定義し，これを用いる．このような仮定の下で，潜在変数は

$$z_{ik} = \alpha_k + \tilde{x}_{ik}'\beta^* + \varepsilon_{ik} \quad \varepsilon_{ik} \sim \mathcal{N}(0, 1) \tag{13}$$

と変更される．ここで，$\boldsymbol{z}_k, \tilde{\boldsymbol{x}}_k$ は業種ごとに n_k 個の企業のデータをまとめたベクトル（すなわち $\boldsymbol{z}_k = (z_{1k}, z_{2k}, \cdots, z_{n_k k})', \tilde{\boldsymbol{x}}_k = (\tilde{x}_{1k}, \tilde{x}_{2k}, \cdots, \tilde{x}_{n_k k})'$），$\beta^*$ は β から定数項を除いた $(p-1) \times 1$ のベクトル，ι は 1 からなる $n_k \times 1$ ベクトルとすると

$$\boldsymbol{z}_k = \alpha_k \iota + \tilde{\boldsymbol{x}}_k'\beta^* + \boldsymbol{\varepsilon}_k \tag{14}$$

と書き換えられる．ただし，$\boldsymbol{\varepsilon}_k = (\varepsilon_{1k}, \varepsilon_{2k}, \cdots, \varepsilon_{n_k k})$ である．格付を判定する閾値である γ は同様に以下のように定められる．

$$-\infty = \gamma_0 < \gamma_1 = 0 < \gamma_2 < \cdots < \gamma_J = \infty \tag{15}$$

このモデルに対し，定数項 α に対して階層的な構造を導入する．以下では $\alpha = [\alpha_1; \cdots; \alpha_k]$ とし，以下のような階層事前分布を考える．

$$p(\beta^*, \alpha, \alpha_0, \xi^2) = p(\beta^*) p(\alpha, \alpha_0, \xi) \tag{16}$$

$$p(\alpha, \alpha_0, \xi^2) = \left\{ \prod_{k=1}^{K} p(\alpha_i | \alpha_0, \xi^2) \right\} p(\alpha_0 | \xi^2) p(\xi^2) \tag{17}$$

ここで，$p(\beta^*)$ は正規分布 $\mathcal{N}_k(\beta_0^*, A^{*-1})$, $p(\xi^2)$ は逆ガンマ分布 $\mathcal{G}a^{-1}(\nu_\alpha/2, \lambda_\alpha/2)$, $p(\alpha_0 | \xi^2)$ は正規分布 $\mathcal{N}(\mu_\alpha, \xi^2/N_\alpha)$, $p(\alpha | \alpha_0, \xi^2)$ は正規分布 $\mathcal{N}(\alpha_0, \xi^2)$ である．

ここで，β^* の事前分布を $N(\beta_0^*, A^{*-1})$ としている．β_0^* は $(p-1) \times 1$, A^* は $(p-1) \times (p-1)$ の分散共分散行列である．さらに潜在変数 z_k を用いて完備化し，α の項を以下のようにまとめる．

$$\underbrace{z_k - \alpha_k \iota}_{z_k^*} = \tilde{x}_k' \beta^* + \varepsilon_k$$

すると，尤度は

$$\begin{aligned}
p(z^* | \beta^*, \alpha, \alpha_0, \xi^2) \propto \prod_{k=1}^{K} & \left\{ \exp\left[-\frac{(z_k^* - \tilde{x}_k' \beta^*)'(z_k^* - \tilde{x}_k' \beta^*)}{2} \right] \right. \\
& \left. \times \prod_{i=1}^{n_k} \left(\sum_{j=1}^{J} 1_j(y_{ik}) 1_{(\gamma_{j-1}, \gamma_j)}(z_{ik}) \right) \right\} \\
& \times \exp\left[-\frac{1}{2} (\beta^* - \beta_0^*)' A^* (\beta^* - \beta_0^*) \right]
\end{aligned} \tag{18}$$

となる．β^* の全条件付き事後分布は以下のように導出される．

$$\begin{aligned}
p(\beta^* | z^*, y, \tilde{X}) \propto & \exp\left[-\frac{1}{2} (z^* - \tilde{X}\beta^*)'(z^* - \tilde{X}\beta^*) - \frac{1}{2} (\beta^* - \beta_0^*)' A^* (\beta^* - \beta_0^*) \right] \\
& \times \prod_{k=}^{K} \prod_{i=1}^{n_k} \left(\sum_{j=1}^{J} 1_j(y_{ik}) 1_{(\gamma_{j-1}, \gamma_j)}(z_{ik}) \right) \\
\Leftrightarrow & \exp\left[-\frac{1}{2} (\beta^* - \tilde{\beta})' \Sigma^{-1} (\beta^* - \tilde{\beta}) - \frac{1}{2} (\beta_0^* - \hat{\beta})' \tilde{\Omega}^{-1} (\beta_0^* - \hat{\beta}) \right] \\
& \times \prod_{k=}^{K} \prod_{i=1}^{n_k} \left(\sum_{j=1}^{J} 1_j(y_{ik}) 1_{(\gamma_{j-1}, \gamma_j)}(z_{ik}) \right)
\end{aligned} \tag{19}$$

ただし，$z^* = [z_1^*; \cdots; z_K^*]$, $\tilde{X} = [\tilde{x}_1', \cdots, \tilde{x}_K']'$, $\hat{\beta} = (\tilde{X}'\tilde{X})^{-1} \tilde{X}' z^*$, $\tilde{\beta} = (\tilde{X}'\tilde{X} + A^*)^{-1} (\tilde{X}' z^* + A^* \beta_0^*)$, $\tilde{\Sigma} = (\tilde{X}'\tilde{X} + A^*)^{-1}$, $\Omega = (\tilde{X}'\tilde{X})^{-1} + A^{*-1}$ とまとめている．よって，β^* の条件付き事後分布は $\mathcal{N}(\tilde{\beta}, \tilde{\Sigma})$ となる．次に，α_k $(k=1, \cdots, K)$ の全条件付き事後分布を導出する．β^* が与えられた下で，各業種の各式に対して x_{ik} を左辺に移行すると

$$\underbrace{\frac{z_{ik}-\tilde{x}_{ik}\beta^*}{e_{ik}}}_{e_{ik}}=\alpha_k+\varepsilon_{ik}$$

であり，$\{e_{ik}\}_{i=1}^{n_k}$ は $(\beta^*, z_k, \tilde{x}_k)$ が与えられた下では固定された値になるから $\mathcal{N}(\alpha_k, 1)$ から生成されたデータとみなすことができる．よって，α_k ($k=1, \cdots, K$) の全条件付き事後分布は

$$\alpha_k | \beta^*, \sigma^2, \alpha_0, \xi^2, z_i, \tilde{x}_i \sim \mathcal{N}(\hat{\alpha}_k, \hat{\xi}_k^2) \quad (k=1, \cdots, K) \tag{20}$$

ただし，$\hat{\alpha}_k = (\xi^{-2}\alpha_0 + \sigma^{-2}n_k\bar{e}_k)/(\xi^{-2}+\sigma^{-2}n_k)$, $\hat{\xi}_k^2 = (\xi^{-2}+\sigma^{-2}n_k)^{-1}$, $\bar{e}_k = n_k^{-1}\sum_{i=1}^{n_k} e_{ik}$ とまとめることができ，(α_0, ξ^2) の全条件付き事後分布は $\{\alpha_k\}_{k=1}^{K}$ をデータとみなすことで，

$$\alpha_0 | \alpha, \xi^2 \sim \mathcal{N}\left(\tilde{\mu}_\alpha, \frac{\xi^2}{\hat{N}_{\alpha,k}}\right) \tag{21}$$

$$\xi^2 | \alpha \sim \mathcal{G}_a^{-1}\left(\frac{\hat{\nu}_\alpha}{2}, \frac{\hat{\lambda}_\alpha}{2}\right) \tag{22}$$

ただし，$\tilde{\mu}_\alpha = (N_{k,\alpha}\mu_\alpha + n_k\bar{\alpha})/(N_\alpha + n_k)$, $\hat{N}_{\alpha,k} = N_\alpha + n_k$, $\hat{\nu}_\alpha = N_\alpha + n_k$, $\hat{\lambda}_\alpha = \nu_\alpha s_\alpha^2 + N_\alpha n_k(\mu_\alpha - \bar{\alpha})^2/\hat{N}_{\alpha,k}$, $\nu_\alpha = n_k - 1$ $\bar{\alpha} = n_k^{-1}\sum_{i=1}^{n_k}\alpha_k$, $s_\alpha^2 = \nu_\alpha^{-1}\sum_{i=1}^{n_k}(\alpha_k-\bar{\alpha})^2$ である．

残りは閾値，潜在変数 z_{ik} を同様の手順で計算し，Liu and Sabatti (2000) の手法で，自己相関を減少させる．以上をまとめると，変量効果順序プロビットモデルの事後分布からのサンプリングは以下の手順で行われることになる．

変量効果順序プロビットモデルの一般化ギブス・サンプラー

Step 1.　$\beta^{*(r)} \leftarrow \mathcal{N}(\tilde{\beta}^{(r-1)}, \tilde{\Sigma}^{(r-1)})$

Step 2.　$\gamma_j^{(r)} \leftarrow \mathcal{U}(a_j^{(r-1)}, b_j^{(r-1)}) \quad (j=2, \cdots, J)$

Step 3.　$\alpha_k^{(r)} \leftarrow \mathcal{N}(\hat{\alpha}_k, \hat{\xi}_k^2) \quad (k=1, \cdots, K)$

Step 4.　$\alpha_0^{(r)} \leftarrow \mathcal{N}\left(\tilde{\mu}_\alpha^{(r-1)}, \dfrac{\xi^{2(r)}}{\hat{N}_{\alpha,k}}\right)$

　　　　$\xi^{2(r)} \leftarrow \mathcal{G}a^{-1}\left(\dfrac{\hat{\nu}_\alpha}{2}, \dfrac{\hat{\lambda}_\alpha^{(r)}}{2}\right)$

Step 5.　$z_{ik}^{(r)} \leftarrow \mathcal{N}_{(y_{y_{ik}^{(r)}}^{(r)}, y_{y_i}^{(r)})}(\alpha_k^{(r)}+x'_{ik}\beta^{*(r)}, 1) \quad (i=1, \cdots n_k, k=1, \cdots, K)$

Step 6.　$U^{(r)} \leftarrow \mathcal{G}a\left(\dfrac{\sum_{k=1}^{K}n_k+p+J-2}{2}, \dfrac{\sum_{k=1}^{K}\sum_{i=1}^{n_k}(z_{ik}-\alpha_k^{(r)}-x'_{ik}\beta^{*(r)})^2}{2}\right)$

$$(g^{(r)}=\sqrt{U^{(r)}})$$

Step 7.　$(z^{(r)}, \beta^{*(r)}, \{\alpha_k^{(r)}\}_{k=1}^{K}, \gamma^{(r)}) = \Gamma(z^{(r)}, \beta^{*(r)}, \{\alpha_k^{(r)}\}_{k=1}^{K}, \gamma^{(r)})$

2.5 ランダム係数順序プロビットモデル

本項では前節のモデルをさらに拡張した階層モデルを考える．すなわち，切片を含めたすべての係数パラメーター β_k が業種ごとに異なる場合を考える．本稿ではこのモデルを「ランダム係数順序プロビットモデル」として区別していく．この仮定の下で，潜在変数は以下のように変更される．

$$z_{ik} = x'_{ik}\beta_k + \varepsilon_{ik}, \ \varepsilon_{ik} \sim \mathcal{N}(0, 1) \tag{23}$$

潜在変数により完備化された尤度関数は

$$p(y, z | X, \{\beta_k\}_{k=1}^K) \propto \prod_{k=1}^K \prod_{i=1}^{n_k} \exp\left[-\frac{(z_{ik} - x'_{ik}\beta_k)^2}{2}\right] \times \sum_{j=1}^J 1_j(y_{ik})1_{(\gamma_{j-1}, \gamma_j)}(z_{ik}) \tag{24}$$

となる．ここで，$\beta_k \sim \mathcal{N}(\beta, \Sigma)$ という事前分布を設定することで階層モデルに拡張することができる．事前確率密度関数のハイパーパラメーターである β と Σ に対して，$\beta \sim \mathcal{N}(\beta_0, \Sigma_0)$ と $\Sigma \sim \mathcal{IW}(\nu_0, \Omega_0)$ という事前確率を設定する．ここで，β_0, Σ_0 は β のハイパー・パラメーターを，ν_0, Ω_0 は Σ のハイパー・パラメーターを表す．また，$\mathcal{IW}(\cdot)$ は逆ウィシャート分布[2]を意味している．つまり，事前分布として以下のような階層的事前確率を設定することになる．

$$p(\{\beta_k\}_{k=1}^K, \beta, \Sigma) = \left\{\prod_{k=1}^K p(\beta_k | \beta, \Sigma)\right\} p(\beta | \beta_0, \gamma_0) p(\Sigma | \nu_0, \Omega_0) \tag{25}$$

このように，業種による違いをパラメーターに反映する階層的事前確率を用いて事後分布を導出すると

$$p(\{\beta_k\}_{k=1}^K, \beta, \Sigma, z | y, X) \propto$$
$$\exp\left\{\frac{(\beta - \beta_0)'\Sigma^{-1}(\beta - \beta_0)}{2}\right\} |\Sigma|^{-(\nu_0 - (k+1)/2)} \exp\left\{-\frac{1}{2}tr(\Omega_0\Sigma_0)\right\}$$

---

[2] d 変量多変量正規分布に従う n 個の独立な標本 $y_i, \cdots, y_n \sim \mathcal{N}_d(0, \Sigma)$ からなる $S = \sum_{i=1}^n y_i y_i'$ に対する同時確率密度関数は

$$p(S|\Sigma) = c^{-1}|S|^{(n-d-1)/2}|\Sigma|^{-n/2}\exp\left\{-\frac{1}{2}tr(\Sigma^{-1}S)\right\}$$

で与えられ，これをウィシャート分布という．ただし，c は規格化定数である．逆に，S を固定して Σ を変量とした場合，その密度関数は

$$p(\Sigma|S) \propto |\Sigma|^{-(n+d+1)/2}\exp\left\{-\frac{1}{2}tr(\Sigma^{-1}S)\right\}$$

となる．これは逆ウィシャート分布とよばれ $\Sigma \sim \mathcal{IW}_d(n, S)$ と表記する．

$$\times \prod_{k=1}^{K}\left[|\Sigma^{-1}|^{\frac{1}{2}}\exp\left\{-\frac{(\beta_k-\beta)'\Sigma^{-1}(\beta_k-\beta)}{2}\right\}\exp\left\{-\frac{(\boldsymbol{z}_k-\boldsymbol{x}_k\beta_k)'(\boldsymbol{z}_k-\boldsymbol{x}_k\beta_k)}{2}\right\}\right]$$

$$\times \prod_{i=1}^{n_k}\left(\sum_{j=1}^{J}1_j(y_{ik})1_{(\gamma_{j-1},\gamma_j)}(z_{ik})\right) \tag{26}$$

ただし,$\boldsymbol{z}_k=[z_{1k},z_{2k},\cdots,z_{n_kk}]'$,$\boldsymbol{x}_k=[x_{1k},x_{2k},\cdots,x_{n_kk}]'$,$\hat{\Sigma}_k=\{(\boldsymbol{x}_k'\boldsymbol{x}_k)+\Sigma^{-1}\}^{-1}$,$\hat{\beta}_k=\hat{\Sigma}_k\{\boldsymbol{x}_k'\boldsymbol{z}_k+\Sigma^{-1}\beta\}$ である.したがって,$\boldsymbol{z}_k$ が与えられた下での β_k の全条件付き事後分布は

$$\beta_k|\boldsymbol{z}_k,\beta,\Sigma,\boldsymbol{z}_k\sim\mathcal{N}(\hat{\beta}_k,\hat{\Sigma}_k) \quad (k=1,\cdots,K) \tag{27}$$

閾値,潜在変数 z_{ik} は前節と同様の手順で計算する.次に,階層パラメーターの事後分布を導出する.$\{\beta_k\}_{k=1}^K$ と Σ が与えられた下での β の全条件付き事後分布は

$$\beta|\{\beta_k\}_{k=1}^K,\Sigma\sim\mathcal{N}(\hat{\beta},\hat{\Sigma}) \tag{28}$$

ただし,$\hat{\Sigma}=(K\Sigma^{-1}+\Sigma_0^{-1})^{-1}$,$\hat{\beta}=\hat{\Sigma}(\Sigma^{-1}\sum_{k=1}^K\beta_k+\Sigma_0^{-1}\beta_0)$ である.

$\{\beta_k\}_{k=1}^K$ と β が与えられた下での Σ の全条件付き事後分布は

$$\Sigma|\{\beta_k\}_{k=1}^K,\beta\sim\mathcal{IW}(\hat{\nu},\hat{\Omega}) \tag{29}$$

ただし,$\hat{\nu}=K+\nu_0$,$\hat{\Omega}=((\sum_{k=1}^K(\beta_k-\beta)(\beta_k-\beta)')+\Omega_0^{-1})$ である.最後に,Liu and Sabatti (2000) の手法で,自己相関を減少させる.以上をまとめると,ランダム係数順序プロビットモデルのサンプリングは以下の手順で行われることになる.

ランダム係数順序プロビットモデルの一般化ギブス・サンプラー

Step 1. $\beta_k^{(r)}\leftarrow\mathcal{N}(\hat{\beta}_k^{(r-1)},\hat{\Sigma}_k^{(r-1)})$ $(k=1,\cdots,K)$

Step 2. $\gamma_j^{(r)}\leftarrow\mathcal{U}(a_j^{(r-1)},b_j^{(r-1)})$, $(j=2,\cdots,J)$

Step 3. $z_{ik}^{(r)}\leftarrow\mathcal{N}_{(\gamma_{y_i-1}^{(r)},\gamma_{y_i}^{(r)})}(x_{ik}'\beta_k^{(r)},1)$ $(i=1,\cdots n_k,k=1,\cdots,K)$

Step 4. $\beta^{(r)}\leftarrow\mathcal{N}(\hat{\beta}^{(r-1)},\hat{\Sigma}^{(r-1)})$
$\Sigma^{(r)}\leftarrow\mathcal{IW}(\hat{\nu},\hat{\Omega}^{(r)})$

Step 5. $U^{(r)}\leftarrow\mathcal{G}a\left(\dfrac{(\sum_{k=1}^K n_k)+p+J-2}{2},\dfrac{\sum_{k=1}^K\sum_{i=1}^{n_k}(z_{ik}^{(r)}-x_{ik}'\beta_k^{(r)})^2}{2}\right)$
$(g^{(r)}=\sqrt{U^{(r)}})$

Step 6. $(z^{(r)},\{\beta_k^{(r)}\}_{k=1}^K,\gamma^{(r)})=\Gamma(z^{(r)},\{\beta_k^{(r)}\}_{k=1}^K,\gamma^{(r)})$

3 実 証 分 析

本節では，前節までに論じた推定手法を用いて，3つのモデル：順序プロビットモデル，変量効果順序プロビットモデル，ランダム係数順序プロビットモデルに関する実証分析を行う．

3.1 デ ー タ

本稿では，企業格付のデータとして日本格付研究所（JCR），格付投資情報センター（R＆I）より入手できる非金融業種の 2013 時点の企業格付情報を用いた．重複している会社の格付に関しては，両社とも一致，もしくは1ノッチ以内の差であることがほとんどであった．そこで，標本数の増加のため，本稿では両社の格付情報を統合して用いた．なお，重複した上で両社の格付が異なっていた場合，R＆I の格付を優先した．以上の基準で集計後，欠損値のあるものを取り除いた結果，合計 517 社となった．格付の区分けに関しては，「AAA，AA＋，AA，AA−」の格付を「AAA/AA」としてランク8にまとめ，「BB＋，BB，BB−，B＋，B，B−，CCC＋」を「BB」としてランク1にまとめた．その間は1ノッチごとに下から順に2から7のランクを割り振った．また，業種区分に関しては，金融業を除いた業種のうち，標本が少なかった業種を【金属製品，鉄鋼，非鉄金属】，【精密機器，電気危機】，【ゴム，石油，鉱業，繊維】，【海運，陸運，空運】とし，合計 20 業種に統合した．説明変数の候補としては，日経 NEEDS よりいくつかの財務変数を選択した後，通常の順序プロビットモデルにおいて有意となった【自己資本の対数値】，【自己資本比率】，【ROE の三年平均値】，【固定比率】，【有利子負債 CF 比率】，【有利子負債比率】を選定した．これは，先行研究において説明変数の候補とされていた，また有意な結果が報告されている変数である．

なお，これらの変数における財務指標として特徴と，期待される符号は以下のようになる．

・【自己資本の対数値】：企業規模を示す財務指標である．期待される符号は正．
・【自己資本比率】：企業の自己資本（株主資本と評価・換算差額等の和）を総資産で除すことで得られる指標で，健全性を表す．この値が大きいほど借入金利の負担が少ないため，一般的にこの値が大きいほうが健全性が高いとさ

れる．期待される符号は正．
- 【ROE】：株主資本に対する当期純利益の比率であり，株主の投資額に比してどれだけ効率的に利益を獲得したか，を判断する効率性指標である．期待される符号は正．
- 【固定比率】：固定資産を自己資本で除すことで得られる指標で，安全性を示す．この指標が100%を超えた場合，固定資産の調達に他人資本に依存していることになるため，安全性が低いとされる．期待される符号は負であるが，一概には判断できない．
- 【有利子負債CF比率】：有利子負債をキャッシュフローで除した指標で，有利子負債の返済能力を測る指標の一つである．一般に期待される符号は負．
- 【有利子負債比率】：自己資本に占める，利払いや返済が必要な有利子負債の比率で，この指標が高いほど借入金等の負債に依存していることを意味する．期待される符号は負である．

3.2 モデルの評価基準

モデルの評価に関しては，DIC（ベイズ偏差情報基準）を用いる．DICとは，Spiegelhalter et al.（2002）により提案された，AIC（赤池情報量基準）をベイズモデルに拡張したものであり，パラメーター θ_l を持つモデル l に対し，DICは偏差尺度

$$D(\theta_l) = -2 \log p(y|\theta_l)$$

の事後分布に基づいて，以下で定義される．

$$\begin{aligned} DIC(l) &= 2\bar{D}(\theta_l) - D(\bar{\theta}_l) \\ &= \bar{D}(\theta_l) + (\bar{D}(\theta_l) - D(\bar{\theta}_l)) \\ &= \bar{D}(\theta_l) + p_l \end{aligned}$$

ただし，$\bar{D}(\theta_l)$ は偏差尺度の事後分布に関する期待値 $E_{\theta|Y}[D(\theta_l)]$ の推定値

$$\bar{D}(\theta_l) = \frac{1}{M}\sum_{m=1}^{M}(-2\log p(Y|\theta_l^{(m)}))$$

で評価する．ただし，M はMCMCで発生させた乱数の総数である．また，モデルの複雑さを有効パラメーター数として，

$$p_l = \bar{D}(\theta_l) - D(\bar{\theta}_l)$$

で評価する．ただし，$D(\bar{\theta}_l)$ は偏差尺度をパラメーターの事後分布に関する期待値 $\bar{\theta}_l = \frac{1}{M}\sum_{m=1}^{M}\theta_l^{(m)}$ で置き換えた

$$D(\bar{\theta}_l) = -2 \log p(Y|\bar{\theta}_l)$$

で定義される．DIC は MCMC により発生した事後分布からの乱数より容易に計算することができ，また階層モデル等の階層パラメーターを含むモデルにも適用できることから，幅広く使用されている．DIC の値が低いモデルほど，データへの当てはまりがよいと結論づけることができる．

また，モデルの予測能力を測る指標として，RMSE (Root of Mean Squared Error) も用いる．RMSE とはモデルが示唆する予測値と，実際の値の乖離値の二乗和を平均したものであり，モデルの予測の的中度合いを測る指標になる．この指標に関しても，値が小さいほど予測能力が高いことを意味している．

モデルの収束判定に関しては Geweke (1992) による CD (Convergence diagnostic) 統計量を用いる．これは，バーンイン後の不変分布からのサンプリング系列を前半と後半に分け，平均値の差の検定を行うというものである．すなわち，CD の絶対値が 1.96 以内であれば，そのパラメーターは不変分布に収束したものとしてみなすことができる．

また，用いた MCMC 法のサンプリング方がランダム・サンプリングと比べてどの程度非効率かを示す指標として，非効率性因子を計算している．本稿では一般化ギブスサンプラーの適用により，順序プロビットモデルの閾値のサンプリングの非効率性が問題のない程度まで低減していることを示すのに使用する．MCMC でサンプリングされたパラメーターの標本平均の分散を σ^2, s 次の自己相関を ρ_s とすると，M 個の標本平均の分散は $\sigma^2(1+2\sum_{s=1}^{\infty}\rho_s)/M$ となる．それに対し，ランダムサンプリングの場合の分散は σ^2/M となるので，その比をとった $1+2\sum_{s=1}^{\infty}\rho_s$ が MCMC のランダムサンプリングに対する非効率性を表すことになる．この値の推定値である

$$IF = 1 + 2\sum_{s=1}^{S} \hat{\rho}_s$$

を非効率性因子とよぶ．無限次元の自己相関は計算することができないので，自己相関が有意で無くなる S 次以降は切断して用いる．たとえば，非効率性因子が 100 の場合は，MCMC でランダムサンプリングと同じだけの標準誤差の推定値を得るためにはランダムサンプリングの 10 倍（100 の平方根）のサンプリングを行う必要があることを意味する．

一方，推計に使用しなかったデータの標本外予測についてもモデルが有効に機能していることを測るために，業種ごとの格付の経験分布とモデルから示唆

される確率の対数オッズ比を用いる．本稿では，20業種からランダムに一社づつ標本外予測用の企業をランダムに1000回抽出し，その場合の対数オッズ比の分布をモデル間で比較する．

3.3 順序プロビットモデルの推定

前項で説明したマルコフ連鎖モンテカルロ法を用いることにより，被説明変数を企業格付とする順序プロビットモデルを推定した．また，変数選択の方法としてはSDDR（Savage-Dickey Density Ratio）の常用対数値を用いた．頻度主義，ベイズにかかわらず有意性検定は回帰係数に関する重要な仮説検定であるが，ベイズ統計における仮説検定は頻度主義的な方法とは異なり，ベイズファクターとよばれる統計量を用いて行われる．SDDRとはこのような有意性検定を行う場合において，ベイズファクターと同値関係にある統計量であり，計算が容易であることから検定の際用いられることが多い．

ベイズファクターとSDDR
$H_0: \theta = 0$ vs $H_1 \theta \neq 0$ に対し

$$B_{01}(D) = \frac{\int_{\theta=0} p(\theta|D)\,d\theta}{\int_{\theta \neq 0} p(\theta|D)\,d\theta} = \frac{f(\theta=0|D)}{f(\theta=0)} = SDDR$$

と定義される．

このSDDRの値が0を下回る場合，回帰係数の値は0であるという帰無仮説を棄却し，有意と判断することができる．以上のSDDRを用いたところ，【自己資本の対数値】，【自己資本比率】，【ROEの三年平均値】，【固定比率】，【有利子負債CF比率】，【有利子負債比率】の6つの変数が採択された．表4-1は各説明変数および，閾値のパラメーターについての事後平均，事後標準偏差，95％信用区間，SDDR，非効率性因子，CDについて集計したものである．なお，MCMC法による20万回のサンプリングを行い，そのうち前半の10万回をバーンインとして処理している．

まず，どの変数についてもCDの値の絶対値が1.96を下回っているため，不変分布に収束していると判断することができる．また，SDDRの値もすべて0を下回っており，有意と判定される．実際，95％信用区間を見ても0を含んでいるものがなく，直観的にも有意であると考えることができる．一般化ギブス

表 4-1 順序プロビットモデルの事後分布（DIC = 146.71, RMSE = 1.39）

パラメーター	説明	事後平均	事後分散	95%信用区間	SDDR	非効率性因子	CD
α	切片	−10.658	0.669	[−11.974 −9.365]	−81.959	2.382	−0.115
β_1	自己資本の対数値	1.042	0.054	[0.935 1.146]	−141.769	1.228	0.690
β_2	自己資本比率	3.432	0.366	[2.681 4.122]	−0.891	1.010	−0.062
β_3	ROE 三年平均	0.019	0.006	[0.007 0.031]	−2.999	1.037	1.156
β_4	固定比率	0.391	0.081	[0.227 0.543]	−0.384	0.940	0.654
β_5	有利子負債 CF 倍率	0.001	0.000	[0.001 0.002]	−0.965	1.029	−1.906
β_6	有利子負債比率	−0.401	0.109	[−0.617 −0.191]	−18.364	1.092	−1.670
γ_1	閾値 [2-3]	0.822	0.144	[0.531 1.095]	—	8.100	0.386
γ_2	閾値 [3-4]	1.979	0.163	[1.663 2.294]	—	10.553	0.471
γ_3	閾値 [4-5]	2.794	0.174	[2.445 3.124]	—	9.394	0.204
γ_4	閾値 [5-6]	3.859	0.190	[3.487 4.231]	—	6.286	−0.068
γ_5	閾値 [6-7]	4.804	0.207	[4.406 5.218]	—	3.988	−0.182
γ_6	閾値 [7-8]	5.481	0.222	[5.057 5.925]	—	3.326	0.374

サンプラーを使用したことで，閾値の非効率性因子も，係数に比べるとやや高いものの，低い水準に収まっていることがわかる（一般に，この値が3桁を超えるとサンプリング方法の改良が必要であると判断される）．なお，補論にて一般化ギブスサンプラーを使用しなかった場合と非効率性因子を比較しているので参照されたい．符号に関しては，【自己資本の対数値】，【自己資本比率】，【ROE 三年平均】，【有利子負債比率】に関しては期待される符号を得たが，【固定比率】，【有利子負債 CF 倍率】に関しては，期待される符号と異なる推計結果を得た．

3.4 変量効果順序プロビットモデルの推定

本項では，変量効果順序プロビットモデルの推定を行い，通常の順序プロビットモデルと比較する．変量効果順序プロビットモデルでは，基本的な格付決定メカニズムは業種ごとに共通であるものの，業種による個別要因で定数項のみが異なると仮定している．なお，説明変数に関しては，モデルの差異による当てはまりに注目している関係上，前項のモデルで採択された6つの変数をそのまま用いる．なお，MCMC 法による20万回のサンプリングを行い，そのうち前半の10万回をバーンインとして処理している．その結果を表4-2にまとめた．

まず，どの変数についても CD の値の絶対値が1.96を下回っているため，前節同様に不変分布に収束していると判断することができる．また SDDR の値により，順序プロビットモデルで有意であった説明変数は，同様に有意であるこ

表 4-2 変量効果順序プロビットモデルの事後分布（DIC＝138.51, RMSE＝1.25）

パラメーター	説明	事後平均	事後標準偏差	95%信用区間	SDDR	非効率性因子	CD
β_1	自己資本の対数値	1.160	0.059	[1.039 1.270]	−132.027	1.497	−1.120
β_2	自己資本比率	4.192	0.399	[3.402 4.974]	−23.179	1.173	−1.837
β_3	ROE 三年平均	0.025	0.006	[0.013 0.038]	−1.289	1.164	−0.804
β_4	固定比率	0.384	0.086	[0.208 0.543]	−3.198	1.153	0.798
β_5	有利子負債 CF 倍率	0.002	0.000	[0.001 0.002]	−1.630	1.135	−1.217
β_6	有利子負債比率	−0.459	0.114	[−0.681 −0.240]	−2.531	1.204	−0.685
γ_1	閾値 [2-3]	1.105	0.198	[0.747 1.523]	—	8.438	1.495
γ_2	閾値 [3-4]	2.420	0.209	[2.022 2.850]	—	9.449	1.729
γ_3	閾値 [4-5]	3.325	0.219	[2.880 3.735]	—	8.405	1.490
γ_4	閾値 [5-6]	4.495	0.236	[4.043 4.957]	—	6.311	1.933
γ_5	閾値 [6-7]	5.569	0.254	[5.111 6.099]	—	4.122	1.716
γ_6	閾値 [7-8]	6.357	0.275	[5.886 6.950]	—	3.340	1.943

とが確認できる．さらに，モデルの当てはまりを測る指標である DIC, RMSE に目を向けると，通常の順序モデルに比して大きく改善されていることがわかる（通常の順序モデルの DIC＝146.71, RMSE＝1.39 に対し，DIC＝138.51, RMSE＝1.25）．このように，企業格付を順序モデルで予測する場合は，その企業が含まれる業種を考慮した方がその予測が向上するということを支持する結果を得た．また図 4-2 は，異質性を考慮した場合の切片の事後分布を業種ごとに箱ひげ図を用いてまとめたものである．なお，箱の中央の線が中央値，箱の上下がそれぞれ第一，第三四分位点，上下の黒点線が 95%信用区間を意味している．

この図より，業種ごとに格付の傾向に差があるという特徴を，切片の分布がうまく捉えていることが確認できる．特に，グループ内の格付の平均がもっと

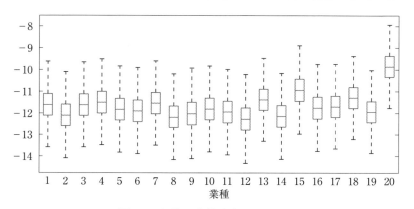

図 4-2 切片の事後分布の boxplot

も高かった【電力・ガス業】(番号20)の切片の値は,他の業種に比べかなり大きい.これは,同じ財務状況であっても,【電力・ガス業】に分類されるという情報だけで格付を通常より高く見積もることができるということを意味しており,われわれの直観にも整合している.実際,電力業における格付の経験分布と,全業種をプールした経験分布を比較したものが以下の図4-3である.

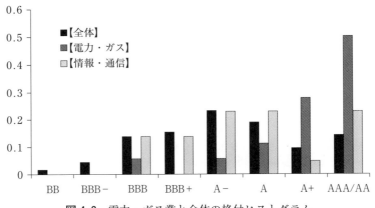

図 4-3 電力・ガス業と全体の格付ヒストグラム
日本格付研究所(JCR),格付投資情報センター(R & I) HPより筆者作成

このように【電力・ガス業】と全体の格付の経験相対度数分布には明確な差があり,この差から得られる情報を格付の判定に利用することで,当てはまりが向上したものと考えられる.しかし,切片のみで業種の異質性を捉えることには限界もある.たとえば,もっとも切片の値が小さい【情報・通信業】に関しての経験分布を全業種の経験分布と比較してみると平均の相対経験度数分布とほぼ同じ,むしろ平均に比して高格付が出やすい傾向があることが確認できる.このように直観的に解釈が難しい場合もある.これは,業種間の異質性を切片のみに導入したから生じる問題であろう.なぜなら,業種が違うと説明変数として使用した財務指標が高く出やすい業種,低く出やすい業種があるにもかかわらず,その差を無視しているからである.次項では切片も含めた説明変数の係数すべてに業種間の異質性を考慮した階層モデル:「ランダム係数順序プロビットモデル」について考察する.

3.5 ランダム係数順序プロビットモデルの推定

本項では，前節の変量効果順序プロビットモデルを拡張した，全係数が業種ごとに階層化されたランダム係数プロビットモデルの推計を行う．以下，推定されたパラメーターの数が多いため事後平均値，また有意性検定のためのSDDRを掲載している．なお，CDはすべてのパラメーターについて1.96以下であることから，分布が収束していることが確認できた．また，非効率性因子に関しても，他のモデルと同様，問題のない範囲に収まっていることを確認した．

なお，ここでもMCMC法による20万回のサンプリングを行い，そのうち前半の10万回をバーンインとして処理している．切片，自己資本対数値はすべての変数について有意となった．自己資本比率については，業種8：【製紙パルプ】，業種9：【医薬品】を除くすべての変数において有意になった．またこれらの変数に関しては，各業種ごとの平均値にも差がみられることから，モデルが業種間の異質性をうまく捉えていることが確認できる．しかし，【ROE三年平均】は有意でない係数が目立つ．ただし，有意な業種2【電気・精密機器】，4【ゴム・石油・工業・繊維】，16【海陸空運】，19【小売】，20【電力・ガス】に関しては全体をプールして推計した場合と同様に，いずれも期待される符号である正の値が推定されており，さらにその値は業種によってばらつきがみられる．このように，全体をプールした場合においては有意になった係数が階層モデルでは有意ではないケースが現れたことは注目に値する．【ROE三年平均】が格付の際に重視される業種とされない企業の差をモデルが区別することに成功しているといえるからである．

残りの3つに関してはほぼ有意ではないという結果が確認された．DICの値は139.31となり，通常の順序モデル（DIC = 146.71）よりも高い当てはまりであるが，変量効果順序プロビットモデル（DIC = 138.51）と比較してモデルの当てはまりは低下してしまった．これは，パラメーター数が増えたことによるモデルへの当てはまりの向上に対してパラメーター数が増えたことのペナルティが上回ってしまったことを意味している．一般に，パラメーター数を増加させれば必ずモデルへの当てはまりは増加する．しかし，オーバーフィッティングが生じた結果その増加分を上回るペナルティが発生したと解釈できる．その結果，前に確認したようにいくつかの変数は有意ではなくなってしまった．すなわち，すべての係数を階層化するのはむしろ過剰であり，定数項のみを階層化

表4-3 ランダム係数順序プロビットモデルの【切片】【自己資本対数値】【自己資本比率】【ROE三年平均】に関する事後分布
(DIC=139.31, RMSE=1.27)

説明	切片		自己資本対数値		自己資本比率		ROE三年平均	
	事後平均	SDDR	事後平均	SDDR	事後平均	SDDR	事後平均	SDDR
1：金属・鉄鋼・非鉄金属	-12.814	-4.738	1.433	-4.738	1.933	-0.107	-0.018	2.002
2：電気・精密機器	-12.697	-6.460	1.238	-6.460	3.305	-2.522	0.084	-1.430
3：食品	-12.935	-5.070	1.376	-5.070	1.795	-0.066	0.074	1.463
4：ゴム・石油・工業・繊維	-12.570	-4.051	1.321	-4.051	2.722	-0.551	0.217	-0.363
5：化学	-12.411	-5.058	1.251	-5.058	2.605	-0.635	0.038	1.728
6：機械	-12.835	-5.027	1.361	-5.027	2.263	-0.441	0.022	1.911
7：建設	-13.362	-4.497	1.364	-4.497	1.936	-0.072	0.056	1.511
8：製紙パルプ	-13.169	-4.171	1.268	-4.171	1.756	0.013	0.172	0.917
9：医薬品	-13.301	-4.314	1.325	-4.314	1.306	0.171	0.110	1.251
10：ガラス	-13.189	-4.232	1.344	-4.232	2.253	-0.228	0.052	1.613
11：その他製造	-13.126	-4.266	1.342	-4.266	2.140	-0.182	0.057	1.496
12：情報・通信	-12.729	-4.428	1.302	-4.428	2.424	-0.386	-0.007	2.419
13：倉庫・運輸	-13.167	-4.117	1.333	-4.117	1.934	-0.068	0.290	0.851
14：輸送用機器	-12.375	-4.868	1.277	-4.868	2.805	-0.779	0.007	2.004
15：不動産	-12.932	-4.157	1.211	-4.157	3.316	-1.071	-0.012	1.828
16：海陸空運	-12.718	-4.441	1.243	-4.441	2.379	-0.431	0.206	-0.579
17：サービス	-13.151	-4.229	1.467	-4.229	1.769	-0.010	0.080	1.394
18：卸売	-12.137	-5.057	1.293	-5.057	1.891	-0.192	-0.015	1.930
19：小売	-13.158	-5.298	1.235	-5.298	2.529	-0.584	0.157	-2.031
20：電力・ガス	-12.367	-3.986	1.348	-3.986	2.550	-0.372	0.290	-2.201

4 業種間の異質性を考慮した企業格付評価   137

表 4-4 ランダム係数順序プロビットモデルの [固定比率] [有利子負債CF比率] [有利子負債比率] に関する事後分布

説明	固定比率		有利子負債CF比率		有利子負債比率	
	事後平均	SDDR	事後平均	SDDR	事後平均	SDDR
1：金属・鉄鋼・非鉄金属	-0.821	0.253	0.0003	3.016	-0.154	0.784
2：電気・精密機器	-0.308	0.835	0.0178	1.701	-0.095	1.141
3：食品	-0.233	0.829	0.1039	1.2186	-0.831	0.409
4：ゴム・石油・工業・繊維	-0.534	0.568	0.0308	1.185	-1.122	0.120
5：化学	0.160	0.815	0.0034	1.652	-0.566	0.576
6：機械	-0.28	0.801	0.0065	2.124	-0.858	0.260
7：建設	0.401	0.723	0.0014	3.080	-1.055	-0.086
8：製紙パルプ	0.151	0.678	-0.021	1.967	-0.419	0.594
9：医薬品	0.245	0.631	0.031	1.126	-0.542	0.495
10：ガラス	0.230	0.695	0.1223	-0.272	-1.235	0.099
11：その他製造	0.191	0.652	0.013	1.417	-1.145	0.201
12：情報・通信	0.347	0.801	-0.0268	1.367	-1.331	0.061
13：倉庫・運輸	0.122	0.680	-0.0173	1.373	-0.132	0.648
14：輸送用機器	-0.02	0.922	0.0067	2.497	-0.996	0.072
15：不動産	0.689	-0.028	0.1373	1.092	-1.109	-0.518
16：海陸空運	0.284	0.823	-0.0015	2.876	-0.721	0.397
17：サービス	-0.646	0.463	0.1043	1.301	-0.571	0.511
18：卸売	0.248	0.915	-0.0097	2.318	-0.416	0.584
19：小売	0.265	0.877	-0.0128	2.203	-0.667	0.413
20：電力・ガス	0.172	0.705	-0.0006	3.490	-0.032	0.668

することで十分であることが確認できた.

3.6 標本外予測に関しての当てはまりの比較

本項では，標本外予測に関しての当てはまりの比較を行う．前項の分析により，通常の順序プロビットモデルを使用するより業種の異質性を考慮した階層モデルを使用した方が当てはまりが向上することがわかった．また，階層モデルを使用する場合は，全係数を階層化するよりも，切片のみを階層化した方がモデルの当てはまりが向上することが明らかになった．しかし，前項での分析はインサンプル，すなわち推定に使用したデータに関しての当てはまりを論じたものであり，推定に使用しなかったデータ（標本外予測）に対しても同様に当てはまりがよいとは限らない．そこで，本節では20種類の業種からランダムに1つずつサンプルを抜き出し，これを評価用のデータとして使用する．なお，恣意性をなくすため，1000回の企業のランダム抽出を行った．具体的には，標本内の経験分布から抜き出された企業の格付が得られる確率をベンチマークとして，モデルによって真の格付の確率がどの程度向上したかをそれらの確率のオッズ比を取ることで比較し，これを標本外予測の当てはまりのよさの基準として使用した．たとえば，ある業種kからある企業が抜き出されて，その真の格付がランクj $(j=1, \cdots, J)$ であったとする．業種kの経験分布のみからその企業の正しい格付jが出る確率を判定する場合，その確率はその業種に含まれる格付jの割合になり，その確率をp_0^kとしよう．一方，モデルが真の格付を示唆する確率をp_1^kとする．するとそのオッズ比はp_1^k/p_0^kと計算される．モデルは財務情報を用いてその確率を判定しているので，経験分布のそれより正しい格付を判定する確率は高くなっていることが期待されるだろう．これを20業種に関してくり返しまとめ，対数をとったものが標本外予測の当てはまりのよさを示す指標になる．すなわちモデルmに関する対数オッズ比は

$$odds^m = \sum_{k=1}^{20} (\log p_1^k - \log p_0^k)$$

である．この基準により，通常の順序プロビットモデルと切片のみを階層化したモデルを比較していく．図4-4は，通常のモデルと階層モデル（切片のみ）についての1000回のランダム抽出ごとに，経験分布とモデルが示唆する確率の対数オッズ比の分布である．

この図より，階層モデルの方が正に寄った分布であることが確認できる．実

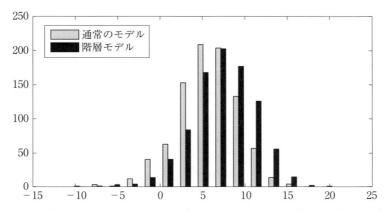

図 4-4 通常のモデルと階層モデルの当てはまりの比較—対数オッズ比の分布—

際,対数オッズ比の平均は通常のモデルと階層モデルでそれぞれ (5.6009, 7.4196) であるため,インサンプルのみならず,階層化をしたモデルの方が,標本外予測に対する予測力も高いことが確認できる.

4 結論

本稿では,格付予測モデルとして使用されることの多い順序プロビットモデルを拡張し,ベイズ流の手法を用いて業種ごとの階層構造を導入した.通常の順序プロビットモデルをベンチマークとし,階層モデルとして,切片を階層化した「変量効果順序プロビットモデル」,すべての係数を階層化した「ランダム係数順序プロビットモデル」の計3つのモデルを用いて格付予測の比較を行った.その結果,どちらの階層モデルもベンチマークの DIC の数値をを下回り,データへの当てはまりがよいという結果を得た.また,階層モデル間の比較では,ランダム係数順序プロビットモデルより,変量効果順序プロビットモデルの方が当てはまりがよいとの結果になった.これは,自由度が減少したことのペナルティが,パラメーターを増やしたことへのデータへの当てはまりの向上分を上回ったと解釈することができる.すなわち今回の格付データに関しては,全係数を階層化する事は過剰であり,業種間の異質性を考慮するのには切片のみを階層化することで十分であると考えることができる.また,階層モデルは標本外予測に対しても,通常のモデルを上回る予測力を有していることも確認

できた.

　以上の結果は，格付予測モデルを組むに際し，業種間の異質性を考慮することの重要性を示しているといえる．なお，階層モデル間の比較に際し，すべての係数を階層化したモデルの当てはまりが係数のみを階層化したモデルに劣っているという結果は本稿で使用した格付の標本数に依存している可能性がある．サンプルサイズを大きくすることで結果が逆転することも考えられるので，この点に関しては慎重に議論を重ねる必要があるだろう．

　最後に，今後の展望を述べる．本稿の冒頭で述べたように格付モデルに順序プロビットを使用することは，平行性の仮定の観点から必ずしも望ましくない．そこで，逐次プロビットモデルや多項プロビットモデル等の平行性の仮定が満たされていなくても使用できる，より柔軟なモデルを使用した上で業種間の階層構造をモデルに導入した場合にどのような結果になるかは興味深い．

補論　一般化ギブス・サンプラーの有効性の検証

　補論として，本稿で MCMC によるサンプリングの効率性を向上させる目的で用いた Liu and Sabatti（2000）の一般化ギブスサンプラー法の有効性を検証する．本稿の 3.3 では通常のベイズ順序プロビットモデルを一般化ギブスサンプラーで推定し，非効率性因子を計算した．補論では，通常の方法で改めて推計，非効率性因子を計算し 3.3 のものと比較することにする．なお，スケーリ

表 4-5　非効率性因子の比較

パラメーター	一般化ギブスサンプラー	通常
α	2.382	11.065
β_1	1.228	12.865
β_2	1.010	3.986
β_3	1.037	1.335
β_4	0.940	2.009
β_5	1.029	1.836
β_6	1.092	1.695
γ_1	8.100	20.111
γ_2	10.553	21.665
γ_3	9.394	21.793
γ_4	6.286	21.839
γ_5	3.988	21.765
γ_6	3.326	21.641

ングのためのパラメーターである g を発生させないという点以外は 3.3 と共通の手順である．

　一般化ギブスサンプラーが有効に機能し，確かにすべてのパラメーターについて非効率性因子が減少していることがわかる．特に，自己相関が生じやすい閾値のサンプリングではそれが顕著であるといえる．

〔参考文献〕

奥村拓史・各務和彦（2012），「階層ベイズ・モデルによるクレジットスコアリング・モデル：住宅ローンコンソーシアム・データへの応用」『日本統計学会誌』25-53．

木島正明・小守林克哉（1999），『信用リスク評価の数理モデル』朝倉書店．

草場洋方（2011），「データ・セグメント法を用いた順序ロジットモデルによる企業信用格付の推定」みずほコーポレート銀行産業調査部．

小林正人（2001），「順序プロビット・モデルのテストと社債格付データへの応用」日本銀行金融研究所『金融研究』．

照井伸彦（2010），「R によるベイズ統計分析」朝倉書店．

中妻照雄（2003），『ファイナンスのための MCMC 法によるベイズ分析』三菱経済研究所．

中山めぐみ，森平爽一郎（1998），「格付け選択確率の推定と信用リスク量」，『JAFEE』1998 夏季大会予稿集，210-225．

安川武彦（2002），「平行性の仮定と格付けデータ：順序ロジットモデルと逐次ロジットモデルによる分析」『統計数理』50 201-216．

和合肇 編著（2005），『ベイズ計量経済分析―マルコフ連鎖モンテカルロ法とその応用』東洋経済新報社．

Albert, J. and Chib, S. (1993), "Bayesian analysis of binary and polychotomous response data", *Journal of the American Statistical Association*, **88**, 669-679.

Ederington, L. H. (1985), "Classification models and bond ratings", *Financial Review*, **20**, 237-262.

Geweke, J. (1992), "Evaluating the accuracy of sampling-based approaches to the calculation of posterior moments," Bayesian Statistics, ed. by Bernardo, J. M., Berger, J. O., Dawid, A. P. and Smith, A. F. M., 169-193.

Horrigan, J. (1966), "The determination of long-term credit standing with financial ratio", *Journal of Accounting Research*, **4**, 44-62.

Kaplan, R. S. and Urwitz, G. (1979), "Statistical model of bond rating: A methodological inquiry," *The Journal of Business*, **52**, 231-261.

Gary, K., Poirier, D. J. and Tobias, J. L. (2007), "Bayesian Econometric Methods," Cambridge university Press.

Liu, J. S. and Sabatti, C. (2000), "Generalised Gibbs sampler and multigrid Monte Carlo for Bayesian computation" *Biometrika*, **87** (2), 353-369.

Spiegelhalter, D. J., Best, N. G., Carlin, B. P. and van der Linde (2002), "Bayesian measures of model complexity and fit" *Journal of the Royal Statistical Society B*, **64**, 583-639.

Terza, J. V. (1985), "Ordinal Probit: A generalization", *Comm. Statist. Theory Methods*, **14**, 1-11.

（小池泰貴：日本銀行企画局）

5 大規模決算書データに対する k-NN 法による欠損値補完

髙橋淳一・山下智志

概要 本研究では，中小企業の経営データを大量に集積したデータベース（CRD）の決算書データを用い，決算書データの特性である分布の偏りや，時系列方向の自己相関性の強さを考慮した，欠損値補完方法を提案する．具体的には，欠損項目を含む決算書に対して，欠損していない項目に関して類似した決算書の値を補完する，k-NN (K-Nearest Neighbor) 法という方法である．本研究では，CRD データから欠損値の存在しない完全データを抽出した上で欠損値を一定の法則にしたがって発生させ，今回提案する k-NN 法により欠損値を補完し，その補完値と真値との誤差を計測して，他の欠損値補完方法より誤差が小さくなることを示す．この際，大規模決算書データに対する効率的な計算方法として，売上高によるセグメント分割による効率的な距離計算を導入することで，計算効率を大幅に向上させた k-NN 法による欠損値補完が実現したことを示す．

1 はじめに

1.1 研究目的

CRD (Credit Risk Database)[1] には，過去 15 年以上の中小企業の決算書データが 1500 万件以上蓄積しているが，中小企業決算書データに関しては，外れ値や異常値，欠損値などが存在するため，分析を行う前の初期データ整備の負担が大きい．そこで，本研究では CRD の決算書データベースを利用し，決算書データ一般に関する標準的な欠損値補完の方法を確立し，扱いやすい標準的なデータベースの構築を行う．これにより，初期データ整備が主眼ではない中

---

1) CRD (Credit Risk Database) は，データから中小企業の経営状況を判断することを通じて，中小企業金融に係る信用リスクの測定を行うことにより，中小企業金融の円滑化や業務の効率化を実現することを目指し，中小企業の経営データ（財務・非財務データおよびデフォルト情報）を集積する機関として，全国の信用保証協会を中心に任意団体 CRD 運営協議会として 2001 年 3 月にスタートした．現在の運営組織の名称は，一般社団法人 CRD 協会となっている (http://www.crd-office.net/CRD/index2.htm)．

小企業研究等が，これまで以上に幅広く行われることが期待される．さらに，欠損値の多い中小企業決算書データに対して，欠損値を適切に補完することで，企業の財務状況のより正確な把握や，企業のより正確な信用リスク評価を行えるようになる．

1.2 欠損値補完に関する既存研究

標本に基づいて母集団を推測する統計的推測の際，実データの標本には欠損値や外れ値が存在するケースは少なくない．このうち外れ値については，外れ値が存在したデータに対してもロバスト性を確保できる統計的推測について，M推定などの手法が知られている（藤澤（2006），Maronna et al.（2006））．

欠損値処理についても，これまでにさまざまな処理方法が提案されている．欠損値処理については，特に遺伝子データなどの大量データを扱う分野における既存研究が多く，Aittokallio（2010），Liew et al.（2011），Moorthy et al.（2014）では，さまざまな欠損値補完方法に関する既存研究についてサーベイしている．

Moorthy et al.（2014）の分類にしたがえば，欠損値補完に用いる情報によって，グローバル・アプローチ（Global Approach），ローカル・アプローチ（Local Approach），ハイブリッド・アプローチ（Hybrid Approach），ノレッジ・アプローチ（Knowledge Approach）に分けられる．グローバル・アプローチは，全データセットの相関情報を用いて補完値を推計するものと定義されているが Troyanskaya et al.（2001）の SVDimpute（Singular Value Decomposition）や Oba et al.（2003）の BPCA（Bayesian Principal Component Analysis）が該当する．Liew et al.（2011）によれば，これらの方法は，全データのグローバルな共分散構造が存在した場合や，データに局所的な類似構造が存在した場合，あまり正確な補完にはならないとされている．ローカル・アプローチは，データセットの一部分の類似性を利用した補完方法と定義されるが，後述する Troyanskaya et al.（2001）の k-NN 法は，これに分類される．他にも，Ouyang et al.（2004）の GMCimpute（Gaussian Mixture Clustering），Sehgal et al.（2005）の CMVE（Collateral Missing Value），Kim et al.（2005）の LLSimpute（Local Least Squares formulation），Zhang et al.（2008）の SLLSimpute（Sequential Local Least Squares formulation），Sehgal et al.（2008）の AMVI（Ameliorative Missing Value Imputation），

Burgette and Reiter (2010) の MICE-CART (Multiple Imputations by Chained Equations and Classifications by Regression Trees) などがローカル・アプローチに分類されている．ハイブリッド・アプローチは，グローバル・アプローチとローカル・アプローチの両方の特徴を有しているもので，Jörnsten et al. (2005) の LinCmb 法が該当する．ノレッジ・アプローチは，データに基づいて補完値を推定するプロセスに，その分野の専門知識や外部情報を活用するアプローチと定義される．Gan et al. (2006) の POCSimpute (Projection Onto Convex Set)，Tuikkala et al. (2006) の GOimpute (Gene Ontology)，Xiang et al. (2008) の HAIimpute (Histone Acetylation Information Aided) などが該当する．

欠損値補完の方法論は，どのような情報を用いて補完するかという視点に立った上記の分類の他に，Rubin (1987) にしたがえば，単一値代入法 (single imputation) と多重代入法 (multiple imputation：MI) に大別される．Rubin (1987) では，それぞれの特徴を次のように説明している．単一値代入法は各欠損セルに対して，それぞれ1つの値を補完するものであり，この方法には2つの特長が存在する．1つは，補完後のデータセットに対して，標準的な完全データで利用可能な分析手法をそのまま適用できる点にある．2つ目は，データ収集者の知識に合致させた補完が可能である，という点である．一般に，データ収集者はデータ分析者よりも，欠損値が発生するメカニズムについての情報量が多い．データ収集者が欠損値補完を行うことで，データ分析者はより信頼感のあるデータを用いてよりよい統計処理が可能となる．これに対して多重代入法 (MI) は，各欠損セルに対して，複数の値を補完するものであるが，3つの特長を有する．1つ目はデータの分布に関する性質を保持できるという点である．2つ目は，多重代入法 (MI) はくり返しランダムに値を引き出しているため，頑健な推測値が得られるという点が挙げられる．3つ目は，完全データの手法を単純にくり返し使うだけで，欠損に対するさまざまなモデル推定の感応度分析が容易になることである．本研究は，CRD という実用的なデータベースに対し，データ収集者が欠損値補完を行い，データ分析の前の初期データ整備を容易にする方法論を研究することを目的としているため，単一値代入法に焦点を当てている．

単一値代入法としてもっとも基本的な方法は，欠損値セルに対して，その欠損値セルを含むフィールドの平均値や中央値を補完する方法である[2]．既存研

究の多くで，この方法は比較対象の1つとして採り上げられている．ただし，この方法論では，状態の大きく異なる複数のレコード（観測値）における欠損値セルに対して同じ値が補完されるため，適切ではない．そこで，レコードの状態に応じた欠損値補完方法を考える必要がある．一般的なレコードの状態に応じた欠損値補完方法は，回帰分析である．しかし，回帰分析は，欠損フィールドが1つのみであればよいが，多数のフィールドで欠損がある場合は，説明変数に欠損が含まれることとなる．そのような場合，欠損値に対してくり返し回帰分析を行うことで順次補完を進めていく，ICE（Imputation by Chained Equations）という方法がある（Royston (2005)）．本稿でも，ICE を比較対象の1つとしている．

この他にも，単一値代入法の一種として，金子（2005）では，ランダム補完法という欠損値補完方法を提示している．この論文では，欠損値補完法の優劣の決め方も特徴的である．すなわち，補完値と真値との誤差ではなく，補完後のデータに基づいて推計されたロジットモデルの，推計に用いられていない外部データに対する予測精度で決めている．比較対象として，削除法，平均値補完法，メジアン補完法，k-NN 法の4手法があげられている．この論文では，ロバスト性という点でランダム補完法がもっとも優れているという結論であった．一方，k-NN 法について，論文中では Acuna（2004）を引用して，"いくつかの利点があるものの，距離のとり方にさまざまなバリエーションがあること，さらに，「k」の設定により，この方法の特性が変わることから，取り扱いが非常に難しい"と紹介している．なお，データは実際の医療データを用いているが，この論文で提示された方法論は，決算書データに適用することが想定されている点で，問題意識について本稿と比較的近い．

1.3 決算書データに対する欠損値補完に関する既存研究

決算書データを扱う論文のうち，多くのケースで上記のような欠損値と外れ値処理に関する問題が発生しているはずである．しかし，その処理方法を主眼とした論文は少ない．

そのなかでも，今井（2013）は，決算書データの共同データベースにおいて

---

2) レコードの平均値を補完する方法も考えられるが，決算書データの場合，フィールドごとの平均的な値が一般的に大きく異なるため，レコード平均値を補完することは行わない．

ロジットモデルによる推計を行う場合に，多重代入法（MI）による欠損値補完方法が，欠損値が多くなるほど有効であることを示している．

宮本ら（2012）では，欠損値を含むレコードを削除（deletion）したケース，時系列的な相関関係を考慮した前後期平均値を補完したケース，多重代入法（MI）により補完したケースの3種類の方法で決算書データに対し欠損値処理を施した上で，決算書データからデフォルト確率をロジットモデルにより推計している．そのなかでは，前後期平均値補完のケースでもっともロジットモデルのデフォルト予測精度が高いという結果となっている．本稿でも，前後期平均値補完による欠損値補完方法を，k-NN法との有力な比較対象としている．

決算書データを扱うこの他の論文のなかにおいて，外れ値処理や欠損値処理に言及していることはまれである（高橋・山下（2002），山下・川口（2003））．多くの論文では，今井（2013）や宮本（2012）でも欠損値処理の方法の1つとして言及されているように，欠損値セルを含むレコードもしくはフィールド（決算書項目）を削除（deletion）した上で分析を行っていると推測される．削除は欠損値処理の1つの方法ではあるが，削除によって分析用データにバイアスが生じる可能性がある（Rubin（1976），Little（1988），Allison（2001），岩崎（2010））．このようなバイアスの生じたデータによって信用リスク評価を行うためのモデリングを行うと，完全に誤った結果を導出することも考えうる．そこで，本研究では，欠損値を削除することを考えるのではなく，合理的に補完する方法について考察する．

1.4 k-NN法に関する既存研究

1.2項におけるほとんどの既存研究では，k-NN法を何らかの形でデータの特性に合わせて発展させた計算方法を提示するか，もしくは，k-NN法を新しい欠損値補完方法のもっとも有効な比較対象として参照している．そこで，本研究でも，決算書データ以外の研究分野でベースの欠損値補完方法として利用されているk-NN法を決算書データに適用し，他の欠損値補完方法と比較して決算書データベースに対して有効な欠損値補完方法であることを示す．

k-NN法に関する既存研究として，上記の金子（2005）の他には，Acuna（2004）があげられる．Acuna（2004）では，植物学，医学，経済学など12分野の実験用データベースを用いて，削除法（Case Deletion），平均値補完法（Mean Imputation），中央値補完法（Median Imputation），k-NN補完法（k-

NN Imputation）の4手法で判別分析を行い，その判別誤差を比較している．その中で，k-NN法は，欠損率が上昇した時にももっともロバストな欠損値補完方法であり，全体として他の手法よりよいという結論となっている．

Troyanskaya et al.（2001）は，遺伝子マイクロアレイの時系列データを用いた単一値代入法に関する代表的な論文である．この論文は，当該分野における初期の研究であり，3つの欠損値補完方法（k-NN補完法，SVD（Singular Value Decomposition）補完法，平均値補完法）を提案し，k-NN補完法が平均値補完法やSVD補完法と比較して，精度のよい欠測値補完方法であることが示されている．また，欠損値補完の精度を確認する方法として，完全データから欠損値を発生させ，真値と補完値を比較する，という方法を採用している．

Troyanskaya et al.（2001）で採用されたk-NN法及び精度確認手法をもとに，遺伝子データの分野では，いくつかの派生的な補完方法及び精度確認手法が提案されている．たとえば，Kim et al.（2004）では，k-NN法を応用して，欠損値の少ないレコードの値から順に補完値として用いるSKNN（Sequential K-Nearest Neighbor）法を提案している．また，前述したKim et al.（2005）のLLS-impute（Local Least Squares formulation）やHsu et al.（2011）のKNN-DTW（dynamic time warping）など，k-NN法と組み合わせて欠損値を補完する方法も提案されている．

遺伝子データ以外の分野では，田村ら（2009）で，ソフトウェア開発の工程数予測に関するクロスセクションデータを用い，k-NN法を応用したCF応用法を，他の補完方法と比較して精度のよい方法として提案している．CF応用法は，距離計算の際，ユークリッド距離ではなく，フィールド中央値からの乖離度を用い，補完値については，規模と類似度で重み付けがされている．Jönsson and Wohlin（2004）では，順位データにk-NN法を適用している．ここでは，距離計算はユークリッド距離を利用しているが，補完値の計算方法を複数用意し，欠損率やKを変化させた時のシミュレーションを行っている．

なお，上述のk-NN法を応用した手法については，外れ値の影響を受ける可能性が大きいこと，時系列データのみ，もしくはクロスセクションデータのみに適用可能な考え方であることなどの制約が存在する．外れ値が存在し，クロスセクションと時系列データの特徴を併せ持つ決算書データに対しては，上記諸論文の方法論をそのまま適用することは難しいことから，本研究では，もっともロバストな方法論である，Troyanskaya et al.（2001）の方法論をベース

に，決算書データに適合した欠損値補完方法を提案している．

本稿の構成は次のようになっている．2節では利用データの内容を説明し，そのデータに対して適用したk-NN法について説明する．3節では，k-NN法による欠損値の補完精度が，平均値補完など，その他の補完方法と比較して，どの程度の誤差となるのかについて検証する．4節はまとめである．

2 利用データとk-NN法の適用

2.1 評価プロセス

決算書データに対する欠損値補完方法としてk-NN法を評価するプロセスについて説明する．本稿では，Troyanskaya et al. (2001) やそれに続く既存論文で採用されている評価プロセスと同様とした．以下に，そのプロセスを説明する．

Step 1. 完全データから欠損値を発生させる．
Step 2. k-NN法により，欠損値を補完する．また，比較対象となる他の手法を用いた欠損値補完も行う．
Step 3. Step 2.において，k-NN法や他の手法で補完された値と，Step 1.で欠損値を発生させる前に実測された値を比較し，各手法間で欠損値と実測値の誤差の大きさを比較し，各手法の補完精度を評価する．

上記プロセスについて，以下に詳細を説明する．

2.2 利用データと欠損値の発生

本研究では，まずCRDデータから完全データを抽出した．この際，6年連続 $(t=1, 2, 3, 4, 5, 6)$ でレコード（決算書）が存在する債務者 h $(h=1, 2, \cdots, H)$ のデータで，主要38フィールド（決算書項目等）j $(j=1, 2, \cdots, 38)$ が欠損でない完全データを抽出した．主要38フィールドは，表5-1のように，BS項目25フィールド，PL項目9フィールド，その他（脚注項目および期末従業員数）4フィールドである．これにより，時系列方向 t とフィールド方向 j の二次元で完全データとしている．したがって，完全データのあるセル $z(h, j, t)$ は，図5-1のように h, j, t で定義される．

上記のように抽出された分析用完全データサンプルから，債務者数で2万件 $(H=20000)$ を抽出した．同一債務者で6年連続でレコード（決算書）$i(h \times$

表 5-1　決算書主要 38 項目一覧

BS 項目			PL 項目	その他項目
流動資産合計	資産合計	負債合計	売上高・営業収益	受取手形割引高
現金・預金	流動負債合計	資本合計	売上原価・営業原価	受取手形裏書譲渡高
受取手形	支払手形	資本金	売上総利益	減価償却実施額
売掛金	買掛金	その他の資本	販売費および一般管理費	期末従業員数人
棚卸資産合計	短期借入金	負債・資本合計	営業利益	
その他流動資産合計	その他流動負債合計		受取利息・割引料・配当金	
固定資産合計	固定負債合計		支払利息・利子割引料	
有形固定資産合計	社債・長期借入金		経常利益	
土地	その他固定負債		当期利益	
繰延資産	長短借入金合計			

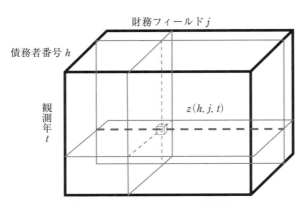

図 5-1　セル $z(h, j, t)$ の概念図

$t \to i : i = 1, 2, \cdots, N$) が存在するので, レコード数では 12 万件 ($N = 120000$) となる. この時, デフォルト[3] 債務者の決算書と非デフォルト債務者の決算書を, それぞれ同数の 6 万レコードずつランダム抽出している. このデフォルト債務者のレコード数は, 主要 38 項目が完全データとなっている利用可能なデフ

ォルト債務者の決算書データとしては，ほぼ全数に近い数字である．なお，完全データの非デフォルト債務者については，デフォルト債務者の約10倍の件数を利用可能であるが，非デフォルト債務者の計算結果とデフォルト債務者の計算結果を比較する際の利便性を考慮して，デフォルト債務者と非デフォルト債務者のレコード数を同数としている．3.1項では，上記のようなランダム抽出を20回くり返して作成した，20個のデータセットを使った結果を示している．

次に，この完全データから欠損値を発生させる必要がある．この際，今回利用したCRDデータではデフォルト債務者ほど欠損セルが含まれる割合（欠損率）が高い，という特徴があったため，その特徴を取り入れて欠損値を発生させた[4]．すなわち，非デフォルト債務者のフィールドごとの欠損率は約3％，デフォルト債務者のフィールド毎の欠損率は約10％となるよう，乱数を用いて欠損値をランダムに発生させた．ここで，実際の決算書項目（フィールド）のうち，売上高は欠損値にならないことから，売上高については欠損値を発生させない．これにより，後に説明する，売上高を用いた効率的な計算方法を実現した[5]．本稿では，以上のような大規模な抽出データを用いて，さまざまな欠損値補完方法による補完精度がどのように異なるのかを観察する．

2.3 k-NN法を用いた決算書補完方法

本項では，欠損値補完の分野で過去に多くの研究が存在し，本研究のベースであるk-NN法による欠損値補完方法について説明する．

k-NN法では，まず，各レコード間の距離を，何らかの距離定義を用いて計算する必要がある．本研究では，k-NN法に関する既存研究の多くで利用されており，距離の定義として一般的なユークリッド距離を用いる．ただし，距離計算を行う前に，フィールドの値を標準化している．これは，決算書については，フィールドごとの値が大きく異なる[6]という特徴があるためで，これらの

---

3) なお，ここでのデフォルトは，CRDの決算書データベースの定義にしたがい，各レコードの決算年月から1年以内に3ヵ月以上延滞，実質破綻，破綻，代位弁済に該当した先としている．また，デフォルト債務者とは，6年連続の決算書を有する債務者のうち，いずれかの年にデフォルトに該当した債務者としている．

4) 欠損率はフィールドごとに異なるが，本稿で利用した決算年が2001年から2006年のデータでは，デフォルト債務者の平均欠損フィールド率が非デフォルト債務者の平均欠損フィールド率を約5％上回った．なお，この数字は，完全データ抽出前のデータベースにおける値である．

5) 売上高のCRDデータにおける項目名は売上高・営業収益である．

数値をそのまま距離計算に用いると,値の大きなフィールドほど距離に与える影響が大きくなる,という問題が発生するためである.また,k-NN法の計算では,債務者単位の距離計算ではなく,決算書(レコード)単位で計算を行う.

これらを定式化すると,次のようになる.まず,レコード(決算書)i ($i \in I$),フィールド(決算書項目)jのセルの数値をz_{ij} ($i=1, 2, \cdots, N, j=1, 2, \cdots, 38$)とした時,標準化されたセル値を$x_{ij}=f(z_{ij})$で表す.ここで,$N$は分析で用いたレコード数,$f$は標準化の関数であり,式(1)に示す.

$$x_{ij} = f(z_{ij}) = \frac{z_{ij} - \bar{z}_j}{\sigma_j} \quad (i=1, 2, \cdots, N, j=1, 2, \cdots, 38) \tag{1}$$

ただし,$\bar{z}_j$,σ_jは,それぞれセルz_{ij}の各レコードi ($i=1, 2, \cdots, N$)に関するフィールドjの平均値および標準偏差である.

次に,集合Iのなかから任意の2つのレコードpとq ($p \neq q, p, q=1, 2, \cdots, N \in I$)の間の距離として,標準化された値を用いて,ユークリッド距離L_{pq}を計算する.通常は全38フィールドを用いて距離を計算するが,pもしくはqのレコードのどちらかの38フィールドのうちに欠損値が存在する場合には,両方のレコードで充足しているフィールドのみを用いて距離を計算している.この時,利用するフィールド数が多くなれば距離も大きくなる状況を避けるため,通常のユークリッド距離を,両方のレコードで欠損とならずに距離計算に利用したフィールド数Jによって修正される平均距離を用いる.

$$L_{pq} \left\{ \frac{\sum_{j'=1}^{J_{pq}} (x_{pj'} - x_{qj'})^2}{L_{pq}} \right\}^{1/2} \quad (p \neq q, p, q=1, 2, \cdots, N \in I, j'=1, 2, \cdots, J_{pq}) \tag{2}$$

k-NN法では次に,選ばれた距離の近いK個のレコードを用いて欠損値を補完する.補完方法にはさまざまな方法があるが,ここでは,相対ユークリッド距離の逆数で加重平均した値を用いる.この方法は,金子(2005)やCrookston and Finley(2008)で利用されている.式(3)で定義されるレコードiのフィールドjの補完値$\hat{x}_{ij}$には,iとの距離が近いレコードK個の標準値の加重平均値を用いる.この加重値は,相対ユークリッド距離の逆数である.Kの値は,理論的な根拠は存在しないので,分析者で与えることが一般的であるが,本研究では1~8を試行している.なお,K個に含まれるレコードのフィールドjが欠損である場合には,計算には用いていない[7].

---

6) たとえば,完全サンプルデータの売掛金の中央値は61,537千円であるが,資産合計は約7倍の432,565千円となっている.

$$\hat{x}_{ij} = \sum_{k=1}^{K} x_{kj} \left(\frac{1/L_{ik}}{\sum_{k=1}^{K} (1/L_{ik})} \right), \quad (k \neq i, i = 1, 2, \cdots, N) \tag{3}$$

この後，標準化されていた値 $\hat{x}_{ij}$ を，式（4）のように原フィールドの分布に引き戻し，原フィールドの欠損値 $\hat{z}_{ij}$ を補完する．

$$\hat{z}_{ij} = f^{-1}(\hat{x}_{ij}) = \hat{x}_{ij} \cdot \sigma_j + \bar{z}_j \quad (i=1, 2, \cdots, N, j=1, 2, \cdots, 38) \tag{4}$$

最後に，試行した補完方法の評価指標として，補完値と削除された真値の誤差を計算する．この際に用いる指標は，Troyanskaya et al.（2001）をはじめ，完全データから欠損値を発生させる方法での実験を行ったほとんどの論文で採用されていた，真値と補完値との標準平均平方誤差（normalised root mean squared error : NRMSE）を採用する．これを定式化すると，次のようになる．まず，欠損セルの集合を M とすると，欠損セル (i, j) は，$(i, j) \in M$ で表される．また，完全データにおける欠損セルに対応する真の値を z_{ij}^* とすると，補完値 $\hat{z}_{ij}$，フィールド z_{ij} の標準偏差 σ_j，欠損セル数 n を用いて，NRMSE は式（5）のように計算される．

$$\mathrm{NRMSE} = \sqrt{\frac{\sum_{(i,j) \in M} \left(\frac{\hat{z}_{ij} - z_{ij}^*}{\sigma_j} \right)^2}{n}} \tag{5}$$

2.4 完全フィールドを用いた効率的計算方法

k-NN 法では，あるレコードに対して，他のすべてのレコードとの距離を計算して，そのうち距離の近い K 個のレコードを，欠損値補完に利用するレコードとして選ぶことになる．しかし，レコード数が多くなると，総当たりで距離を計算することは，計算コストの面から現実的ではない．式（2）の距離計算を行う際の組み合わせ計算量 X は，レコード数を x とした時，$X = (x/2) \times (x-1)$ で表される．したがって，12万レコード全件の組み合わせを計算する場合には，7.2×10^9 回の距離計算が必要とされる．

そこで，今回の分析では，売上高を基準にして，売上高が類似しているレコ

---

7) ここで，$K=1$ の時，式（2）で定義されるレコード間のユークリッド距離が 0 となる場合，補完に利用するレコードの加重値は 1 とする．また，$K=2$ 以上でユークリッド距離が 0 となるレコードが 1 つ存在した場合，0 のレコードに対して加重値は 1 として，その値のみ利用する．さらに，$K=2$ 以上でユークリッド距離が 0 となるレコードが複数存在した場合，距離 0 以外のレコードは利用せず，距離 0 のレコードの加重値を 1 として，それらを単純平均する．

ードのみを距離計算対象とすることで，計算効率を大幅に向上させた．CRDデータにおいて，売上高が欠損値となることはない．現実的にも，売上高は決算書の基礎になる数字であることから融資を受ける際に必ず必要となる情報であり，欠損となることは考えにくく，売上高という完全フィールドを基準にしてランク分けすることが必ず可能となる．また，一般的に，企業規模によって決算書の内容は類似しており，規模の1つの指標が売上高である．

売上高を基準にした計算方法は，次のようなものである．まず，売上高順にR個のランクを設ける．次に，あるランクr（$r=1, 2, \cdots, R$）に属するレコードに対しては，同じランク内およびその隣接する上下のランク（$r-1$および$r+1$）のレコードのみを計算対象とする．ただし，$r=1$に属するレコードの場合は，$r=1$および$r=2$が計算対象となり，$r=R$に属するレコードは，$r=R$および$r=R-1$を計算対象とする．ここで，1ランクに含まれるレコード数は，300レコードとした．これは，サンプル数3000レコードおよび6000レコードで実験をしたケースにおいて，1ランクに300レコード以上のレコード数が確保されている場合，全件を対象に距離計算を行ったケースとほぼ同じ真値と補完値の誤差精度（NRMSE）であり，それよりも1ランク内のレコードが減少すると，誤差が大きくなることが確認されたからである．この計算方法であれば，総当たりで距離計算を行うケースのような組み合わせ数が比例級数的に増加するという問題は解消される．本稿の12万件のケースでは400ランク（$r=400$）に分けられるが，この売上ランクによる効率的な計算方法を用いれば，5.4×10^7回の計算量で済む．総当たりの計算量である7.2×10^9回と比較すると，実に約99.3%の計算量を削減することができた．この計算ロジックは，レコード数が大きくなればなるほど計算量の削減効果が大きい方法論であり，他の分野においても，大規模データに対してk-NN法を適用する際には，参考となる方法論ではないかと考えられる．

実際に売上ランクによる効率的な計算方法（ランク分け法）の計算時間を，総当たりでの距離計算方法（総当たり法）の計算時間と比較したものが，図5-2である[8]．図5-2では，レコード数300から6000までのデータセットに対して，各方法の計算時間を計測した結果をプロットしている．図5-2からは，レコード数の比例的な増加に伴って，総当たり法の計算時間がほぼその二乗に比

---

8) 計算には，Intel®Core™ i7 CPU 2.80GHz, RAM24.0GBのスペックのPCを用いている．

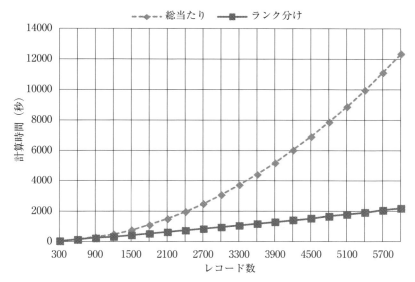

図 5-2 総当たり法とランク分け法の計算時間比較

例して増加する一方,ランク分け法の計算時間は比例的にしか増加していないことが確認された.この計算時間の増加傾向を 120000 レコードに適用すると,総当たり法の計算時間は 4.8×10^6 秒となるが,ランク分け法の計算時間は 4.3×10^4 秒となり,計算時間を大幅に短縮できることが確認された.

2.5 比較対象となる欠損値補完方法

k-NN 法による CRD データに対する欠損値補完方法が,他の欠損値補完方法と比較して,相対的にどの程度誤差が小さくなるかを確認するため,フィールド平均値の補完法,ICE(Imputation by Chained Equations)を用いた回帰分析による補完法,時系列補完法(同一債務者の異なる決算期レコードによる補完法)の,3 通りの補完方法と比較した.

フィールド平均値の補完法としては,原数字の算術平均値 $\hat{z}_{ij}^{avg}$ と原数字の neglog 変換後の算術平均値 $\hat{y}_{ij}^{ngavg}$ を用いている[9].各フィールドにおいて欠損していないセルの平均値を,当該フィールドにおいて欠損しているすべてのセ

---

9) neglog 変換については,森平(2009)参照.

ルに補完する．すなわち，フィールド j における欠損セルの数を m_j $(m_j \leq N)$ とすると，$\hat{z}_{ij}^{avg}$ は式（6）のように表わされる．

$$\hat{z}_{ij}^{avg} = \frac{\sum_{i=1}^{N-m_i} z_{ij}}{N - m_j}, \quad (m_j \leq N) \tag{6}$$

また，neglog 変換後のセル値 y_{ij} は式（7）のように表されることから，neglog 変換後の算術平均値 $\hat{y}_{ij}^{ngavg}$ は式（8）のように表される．NRMSE を計算する際の補完値 $\hat{z}_{ij}^{ngavg}$ には，式（8）の neglog 逆変換した式（9）の値を使う．

$$y_{ij} \equiv \mathrm{neg} \log(z_{ij}) = \begin{cases} \log_{10}(1 + z_{ij}) & \text{if } z_{ij} \geq 0 \\ -\log_{10}(1 - z_{ij}) & \text{otherwise} \end{cases} \tag{7}$$

$$\hat{y}_{ij}^{ngavg} = \frac{\sum_{i=1}^{N-m_i} y_{ij}}{N - m_j}, \quad (m_j \leq N) \tag{8}$$

$$\hat{z}_{ij}^{ngavg} = \mathrm{neg} \log^{-1}(\hat{y}_{ij}^{ngavg}) \tag{9}$$

ICE による補完法では，欠損セルを含む複数のフィールドが存在する場合に，各フィールドに関する回帰方程式を連鎖的に生成し，欠損セルをその回帰式に基づいて補完する[10]．ICE による補完値を $\hat{z}_{ij}^{ice}$，レコード i の j 以外のフィールド値ベクトルを y_i，連鎖回帰式による係数ベクトルを $\hat{\beta}$ とすると，式（10）のような推計式を連鎖的に計算して，補完値が作成される．

$$\hat{z}_{ij}^{ice} = y_i \cdot \hat{\beta}, \quad (i = 1, 2, \cdots, N, j = 1, 2, \cdots, 38) \tag{10}$$

時系列補完法は，同一債務者であれば，決算書データは時系列で大きな変動をすることが少ない，という点に着目した補完方法である．たとえば，資産合計が1億円から10億円に急増するケースはまれであり，前後期の情報を用いることで，ある程度合理的な補完値を推定することが可能となる．この場合，同一債務者で観測年月が近接しているレコードは，決算項目の数値が類似しているということを根拠にしている．今回は，当該レコードから過去に1決算年分遡る前期値補完と，当該レコードの前後の決算年レコードを単純平均した値を利用する前後期平均値補完の2パターンで計算を行っている[11],[12]．なお，決算書データには，同一債務者であれば，時系列でみた時に，同じフィールドが欠

---

10) MICE については，Van Buuren. et al.（1999）参照．
11) 1決算年遡ったセル値も欠損である場合，さらに過去に遡った直近のセル値を用いる．過去に非欠損セルがない場合は，当該決算年後の直近セル値を用いる．

損となる傾向があるため，現実的にはこの方法を採用することは難しい．すなわち，前期値補完や前後期平均値補完は，本研究で用いる人工欠損データのように，あるフィールドでランダムに欠損を発生させた場合にのみ，利用可能な方法といえる．

3 実データを用いた補完精度の検証結果

3.1 k-NN法と他の方法の精度比較

計算は，完全データから抽出した120000レコードを含む20個のデータセットに対して，2.2項で説明した方法で欠損セルをランダムに発生させて行った．各データセットに対して，2.2項および2.3項で説明したk-NN法について，$K=1$から$K=8$まで変えた時に，NRMSEがどのように変化するかを確認したものが図5-3である．比較対象として，算術平均値補完，neglog化平均値補完，ICE，前期値補完，前後期平均値補完も示している．計算結果は，20個のデー

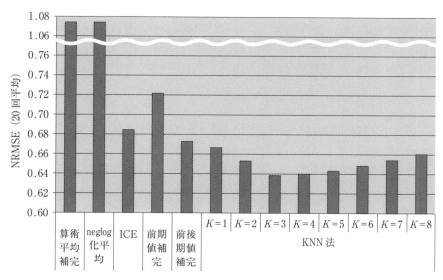

図5-3 補完方法別NRMSE（12万レコード20データセット平均）

---

12) 前期セルもしくは後期セルが欠損セルであった場合，ないしはその両方が欠損セルであった場合，それぞれ直近の欠損でない2期分のセル値の平均値を補完値とする．1債務者の中で2期分の非欠損セル値が揃わなかった場合は，前期値補完と同様の補完方法を採用する．

タセットの平均値で示している.

図5-3の結果をみると，k-NN法の$K=3$の時のNRMSEの水準が0.638となっており，他の欠損値補完方法と比較してもっとも低くなっていることがわかる．次にNRMSEが小さいケースは，$K=4, K=5$と続き，比較対象となる補完方法のなかでは，前後期平均値補完がk-NN法の次にNRMSEの小さい方法となっている．時系列補完は，k-NN法と比較して相対的にNRMSEが大きい欠損値補完方法という結果となった．このことは，前後期平均値補完のように，同一債務者の時系列情報を利用するだけでなく，他の類似した決算書情報を持つレコードを参照することで，時系列方向に変動が大きい場合でも，相対的に誤差の小さい欠損値補完が可能となることを示している.

なお，表5-2では，20個のデータセットの平均NRMSEがもっとも小さい$K=3$の時のk-NN法と，k-NN法以外の補完方法のなかでもっとも平均NRMSEが小さい前後期値補完とを比較して，両者のNRMSEの差が有意な差であることを，t検定で示している．各データセットdに対して，k-NN法$K=3$のNRMSEをNRMSE(k-NN$_{K=3}$)$_d$，前後期値補完のNRMSEをNRMSE(前後期値補完)$_d$とした時，その差分を$\mathrm{diff}_d = \mathrm{NRMSE}(前後期値補完)_d - \mathrm{NRMSE}(k\text{-}NN_{K=3})_d$で表す．帰無仮説は$\mathrm{diff}_d > 0$であり，$t$値は式（11）のように計算され，95%の信頼区間で帰無仮説は棄却された.

$$t = \frac{E(\mathrm{diff}_d)}{\mathrm{SD}/\sqrt{20}} = \frac{(\sum_{d=1}^{20} \mathrm{diff}_d / 20)}{\mathrm{SD}/\sqrt{20}} \tag{11}$$

ここで，SDは20個のデータセットに関するNRMSEの差分の標準偏差を表す．

その他の結果を確認すると，前期値補完よりも前後期平均値補完のNRMSEが小さくなっている．これは，同一債務者の情報だけを使う場合，1期分よりも2期分の情報を使った方が，相対的に正確な値を補完できることを示している．ICEは前期値補完よりもNRMSEは小さいが，前後期値補完には及ばない.

表5-2 k-NN法$K=3$と前後期値補完のNRMSEの有意差確認

	20データセット		t値
	平均E(diff_d)	標準偏差SD	
NRMSE差分 （前後期値補完 − k-NN$_{K=3}$）	0.034	0.073	2.1157

算術平均補完やneglog化平均値補完のNRMSEは,その他の補完方法と比較して,明らかに大きな誤差(NRMSE)となっていることがわかる.これは,算術平均補完およびneglog化平均値補完は,各レコードに含まれる情報をまったく用いずに,単一の値を入れていることが原因と思われる.

3.2 業種情報を利用した補完精度向上の試み
3.2.1 業種をセグメント化した補完精度向上の試み

一般的に,製造業やサービス業などの業種により,決算書項目の数値的構造は異なる.たとえば,製造業では棚卸資産が多く,サービス業では小さい.この点を考慮すると,k-NN法において,同一業種の決算書を重視して補完する方が,単純にすべての業種を均等に距離計算して補完するよりも,適切であると推測される.そこで,本項では,業種分類を用いてセグメント化を行い,同一セグメントからの情報のみを用いてk-NN法による補完を行い,補完精度が改善するかどうかを確認した[13].

業種分類については,CRD業種コードをベースとして,各セグメントにある程度のレコード数が存在するよう,表5-3のような9区分のセグメントS($S=1, 2, \cdots, 8, 9$)を新たに作成し,各レコードiを9区分のいずれかに分類し

表5-3 業種分類とレコード数

No.	業種分類	レコード数	構成比(%)
1	建設業	30,337	25.28
2	製造業	26,655	22.21
3	小売業	15,982	13.32
4	卸売業	15,764	13.14
5	サービス業	11,988	9.99
6	運輸業	5,512	4.59
7	飲食店,宿泊業	5,476	4.56
8	不動産業	5,025	4.19
9	その他	3,261	2.72
	計	120,000	100

---

13) 山下・川口(2003)では,CRDデータを用いて業種分類でセグメント化した場合,信用リスク計測モデルのAR(Accuracy Ratio)で計測した精度が向上することを示している.

表 5-4 業種セグメント導入前後の k-NN 法の NRMSE

		オリジナル	業種セグメント
NRMSE	$K=1$	0.588	0.739
	$K=2$	0.573	1.036
	$K=3$	0.569	0.868
	$K=4$	0.580	0.796
	$K=5$	0.585	0.766
	$K=6$	0.592	0.771
	$K=7$	0.600	0.805
	$K=8$	0.609	0.803

た．この業種分類は，3.3項においても同様の区分を用いている．

　業種をセグメント化し，セグメント内でのみ距離計算を行ったことにより，式（3）で表される補完値は，式（3'）のように，同一セグメント内のレコードから作成されることになる．

$$\hat{x}_{ij} = \sum_{k=1}^{K} x_{kj} \left(\frac{1/L_{ik}}{\sum_{k=1}^{K}(1/L_{ik})} \right), \quad (k \neq i, i=1, 2, \cdots, N \in S, S=1, 2, \cdots, 8, 9) \quad (3')$$

　表5-4では，業種セグメントを用いた k-NN 法による補完値と真値との NRMSE を，業種セグメントを用いずに計算した3.1項の結果と比較している．この結果をみると，業種セグメントを用いた k-NN 法の方が，NRMSE でみた誤差が明らかに大きくなっている．これは，同一債務者であっても，決算年によって業種が転換するケースがあり，そのようなケースでは，業種セグメントにより完全に同一債務者の異なる決算年のデータを排除してしまうことから発生しているものと考えられる．

3.2.2　同一業種の距離を短縮する方法による補完精度向上の試み

　3.2.1では，業種情報をセグメント化することで k-NN 法の計算に利用したが，同一債務者で年度が変わった時に業種も変化した場合に，同一債務者の決算書情報を完全に排除した結果，NRMSE は大きくなった．そこで，異なる年度で業種が変化する債務者の，異時点間の情報を完全に排除せず，一方で同一業種であるという情報を有効に利用することを試みた．すなわち，ある欠損セルを補完する値として，そのレコードが属する業種と同じ業種のレコードとの

表5-5 同一業種内の距離を短縮させた場合のNRMSE

	業種間距離短縮率					
	100%	96%	92%	88%	84%	80%
NRMSE（$K=3$の時）	0.569	0.569	0.569	0.568	0.574	0.574

距離を計算する際，その距離を G%短縮する処理を施した．したがって，同一業種の距離計算に限って，式(2)を式(12)のように変更することとなる．

$$L_{pq} = \left\{ \frac{\sum_{j=1}^{J_{pq}} (x_{pj} - x_{qj})^2}{J_{pq}} \right\}^{1/2} \times G \tag{12}$$

式(12)を用いて計算した結果が表5-5である．表5-5では，レコード数120000のケースについて，すべての距離を式(2)で計算した通常のケースと，同一業種内レコードの距離のみ G%にさせた場合のNRMSE平均値を示している．

この結果を見ると，$K=3$において，同一業種内レコードの距離を88%に短縮した時のNRMSEが最小となっている．このように，k-NN法において，同一業種の決算書を重視して補完することで，単純にすべての業種を均等に距離計算して補完するよりも，適切に補完できることが確認できたが，そのNRMSEの減少幅は微少である．また，同一業種内レコードの距離を84%以下に短縮した場合，NRMSEは大きくなっている．これは，欠損値補完の際に，業種という1つの情報に対するウェイトを大きくし過ぎたことによるものと考えられる．以上の結果を勘案すると，全業種で均等に距離を計算する式(2)に基づく計算方法は，類似したレコードを補完値として採用する，比較的頑健な手法であると考えられる．

4 まとめと今後の展望

本研究の結果から，遺伝子データや工程数予測などの欠損値補完に用いられてきたk-NN法は，大規模な決算書データについても，十分な有効性が確認された．欠損値を含む決算書データにk-NN法を適用することにより，欠損値補完の一般的な方法である平均値補完や，連鎖的な回帰方程式による欠損値補完方法であるICE，同一債務者の時系列データによる補完よりも，真値と補完値の誤差を小さくすることが確認された．欠損値を含む現実のデータに対して補

完する際も，同一債務者の情報は使えないケースが多いと考えられることから，k-NN 法や ICE に次ぐ安定的な欠損値補完方法である時系列補完は現実のデータに対する活用可能性は低く，本研究で提示した k-NN 法による補完方法の有効性は高いものと考えられる．

また，決算書の項目の数値については，業種による差異が大きく，信用リスク計測の際には業種セグメントを設けてモデリングを行うケースも多いが，k-NN 法については，業種情報を使ったとしても，ほとんど精度が改善しないことが示された．これは，k-NN 法で計算される距離のなかに，業種による決算書情報の差異も含まれた形で計算されていることを示しており，距離情報に加えて，改めて業種情報を利用する必要性はないことを意味する．

さらに，本稿では，特に大規模なデータの k-NN 法を計算する時に有効となる，売上高ランクを導入した効率的な計算方法について提示した．この方法は，売上高のように完全フィールドを想定できるフィールドが存在する場合には，決算書以外の他のデータでも応用可能であると考えられる．

本研究に関する次の展望として，欠損値が存在する決算書情報を用いた信用リスクに対して，この欠損値補完方法がどのように影響を及ぼすかを確認する点があげられる．その際，k-NN 法により欠損値を補完した場合とその他の欠損値処理方法を比較し，二項ロジットモデルの AUC などの予測精度がどの程度異なるのかを確認する．欠損値を含む決算書のリスク評価をどのように行うかは，非常に重要な問題である．仮に，本研究で提示した k-NN 法により欠損データを補完したことにより，信用リスクモデルの予測精度が上昇すれば，リスク計量化が，大きな前進となる．

この他に，CRD データ以外の外部データに対する有効性についても確認する必要がある．また，遺伝子研究の分野では，k-NN 法を異常値修正に応用しているケースがある．この点についても，決算書データでの有効性を確認する必要がある．

〔参考文献〕

今井健太郎（2013），「共同 DB における欠損値解析法の利用」SAS ユーザー総会 2013．(http://www.riskdatabank.co.jp/rdb/library/files/20130718MissingDataAnalysis2.pdf)

岩崎学（2010），『不完全データの統計解析』エコノミスト社．

金子拓也 (2005),「データマイニングにおける新しい欠損値補完方法の提案」『電子情報通信学会論文誌』, J88-D-Ⅱ, No.4, 675-686.

高橋久尚・山下智志 (2002),「大規模データによるデフォルト確率の推定―中小企業信用リスクデータベースを用いて―」『統計数理』, 50 (2), 241-258.

田村晃一・柿元健・戸田航史・角田雅照・門田暁人・松本健一・大杉直樹 (2009),「工数予測における類似性に基づく欠損値補完法の実験的評価」『コンピュータソフトウェア』, 26 (3), 44-55.

藤澤洋徳 (2006)『確率と統計』朝倉書店.

宮本道子・山下智志・安藤雅和・逸見昌之・髙橋淳一 (2012),「中小企業大規模財務データベースの欠測処理に対する問題点と対策について」『2012年度統計関連学会連合大会報告集』.

森平爽一郎 (2009),『信用リスクモデリング―測定と管理』朝倉書店.

山下智志・川口昇 (2003),「大規模データベースを用いた信用リスク計測の問題点と対策 (変数選択とデータ量の関係)」『金融研究センターディスカッションペーパー (2003年2月18日)』.

Acuna, E. and Rodriguez, C. (2004), "The treatment of missing values and its effect in the classifier accuracy". (http://academic.uprm.edu/~eacuna/IFCS04r.pdf)

Aittokallio, T. (2010), "Dealing with missing values in large-scale studies: microarray data imputation and beyond," *Briefings in Bioinformatics*, 11 (2), 253-264.

Allison, P. D. (2001), *Missing Data.*, Sage University Papers Series on Quantitative Applications in the Social Sciences., Thousand Oaks, CA: Sage.

Burgette L. F. and Reiter, J. P. (2010), "Multiple imputation for missing data via sequential regression trees," *American Journal of Epidemiology*, 172, 1070-1076.

Crookston, N. L. and Finley, A.O. (2008), "yaImpute: An R package for kNN imputation," *Journal of Statistical Software*, 23 (10), 1-16.

Gan, X., Liew, A. W. and Yan, H. (2006), "Microarray missing data imputation based on a set theoretic framework and biological knowledge," *Nucleic Acids Research*, 34, 1608-1619.

Hsu, Yang and Lu (2011), "KNN-DTW Based Missing Value Imputation for Microarray Time Series Data," *Journal of Computers*, 6 (3), 418-425.

Jönsson, P. and Wohlin, C. (2004), "An evaluation of k-nearest neighbour imputation using Likert data", *Software Metrics, Proceedings. 10th Internation-*

al Symposium on, 108–118.

Jörnsten R, Wang, H. Y. Welsh, W. J. and Ouyang M. (2005), "DNA microarray data imputation and significance analysis of differential expression," Bioinformatics. **21**, 4155–4161.

Kim, H., Golub, G. H. and Park, H. (2004), "Imputation of missing values in DNA microarray gene expression data," in: Proc. of the IEEE Computational Syst. Bioinformatics. Conf., 572–573.

Kim, H., Golub, G.H. and Park, H. (2005), "Missing value estimation for DNA microarray gene expression data: local least squares imputation," Bioinformatics, **21** (2), 187–198.

Little, R. (1988), "A Test of Missing Completely at Random for Multivariate Data With Missing Values," Journal of the American Statistical Association, **83**, No.404, 1198–1202.

Liew, A. W., Law, N. F. and Yan, H. (2011), "Missing value imputation for gene expression data: computational techniques to recover missing data from available information," Brief Bioinform, **12**, 498–513.

Maronna, R., Martin, R. and Yohai, V. (2006), Robust Statistics-Theory and Methods., John Wiley & Sons, Inc.

Moorthy, K., Mohamad, M. S. and Deris, S. (2014), "A Review on Missing Value Imputation Algorithms for Microarray Gene Expression Data," Current Bioinformatics, **9**, 18–22.

Oba S, Sato, M. A., Takemasa, I., Monden, M., Matsubara, K. and Ishii, S. (2003), "A Bayesian missing value estimation method for gene expression profile data," Bioinformatics, **19**, 2088–2096.

Ouyang M, Welsh, W. J. and Georgopoulos, P. (2004), "Gaussian mixture clustering and imputation of microarray data," Bioinformatics, **20**, 917–923.

Royston, P. (2005), "Multiple imputation of missing values: update," Stata Journal, **5** (2), 1–14.

Rubin, D. B. (1976), "Inference and missing data," Biometrika, **63**, 581–592.

Rubin, D. B. (1987), Multiple Imputation for Nonresponse in Surveys, John Wiley & Sons, Inc.

Sehgal, M. S. B., Gondal, I. and Dooley, L. S. (2005), "Collateral missing value imputation: a new robust missing value estimation algorithm for microarray data," Bioinformatics. **21**, 2417–2423.

Sehgal, M. S. B., Gondal, I., Dooley, L. S. and Coppel, R. (2008), "Ameliorative missing value imputation for robust biological knowledge inference," *Journal of Biomedical Informatics.* **41**, 499-514.

Troyanskaya, O., Cantor, M., Sherlock, G., Brown, P., Hastie, T., Tibshirani, R., Botstein, D. and Altman, R. B. (2001), "Missing value estimation methods for DNA microarrays," *Bioinformatics* **17** (6), 520-525.

Tuikkala, J., Elo, L., Nevalainen, O. S. and Aittokallio, T. (2006), "Improving missing value estimation in microarray data with gene ontology," *Bioinformatics.* **22**, 566-572.

van Buuren, S., Boshuizen, H. C. and Knook, D. L. (1999), "Multiple imputation of missing blood pressure covariates in survival analysis," *Statistics in Medicine* **18**: 681-694.

Xiang, Q., Dai, X., Deng, Y., He, C., Wang, J., Feng, J. and Dai, Z. (2008), "Missing value imputation for microarray gene expression data using histone acetylation information," *BMC Bioinformatics.* **9**, 252-269.

Zhang, X., Song, X., Wang, H. and Zhang, H. (2008), "Sequential local least squares imputation estimating missing value of microarray data," *Computers in Biology and Medicine.* **38**, 1112-1120.

(髙橋淳一：一般社団法人 CRD 協会)
(山下智志：統計数理研究所)

一 般 論 文

6 小企業向け保全別回収率モデルの構築と実証分析*

尾木研三・戸城正浩・枇々木規雄

概要 小企業の信用リスク評価において,デフォルト後の回収率を推定するモデルはほとんど普及していない.わが国の小企業向け融資の大半が担保や保証の範囲内で行われているので,回収率の推定値として保全カバー率(融資残高金額に対する担保評価額や保証金額の割合)や過去の実績値を用いれば実務的には問題が少ないからである.

一方,担保や保証のない無担保無保証債権の回収率は,企業の財務内容や融資条件などに左右されるため,モデルを使って推定することが望ましいものの,ポートフォリオ全体に占める割合が小さいことから必要性が低かった.ところが,近年,担保や保証のない融資が増加傾向にあり,回収率モデルの必要性が高まっている.しかし,無担保無保証債権の回収率モデルに関する研究をはじめ,担保や保証の有無で分けて回収率を分析した先行研究は見当たらない.

そこで,本研究では㈱日本政策金融公庫国民生活事業本部が保有する約6.5万件のデフォルト債権データを用いて,回収率の特徴を担保付,一部担保付,無担保無保証といった保全のタイプに分けて分析する.さらに,個別債権の詳細な情報が電子化されている約2万件のデータを使って保全別に回収率モデルを構築し,必要性が高まっている無担保無保証債権の回収率モデルを中心にパフォーマンスを検証する.分析の結果,回収率の分布は保全別に明確な特徴がみられた.モデルの説明変数も保全別に異なり,回収率に影響を与える要因に違いがあった.無担保無保証債権の回収率は,資産の蓄積状況と融資条件が重要な要素であることがわかり,モデルの序列性を示すAR値は33.4%と,実務での利用可能性を与える結果となった.

1 はじめに

金融機関の自己資本比率を規制するバーゼルⅡにも示されているとおり,貸

---

* 本稿で示されている内容は,筆者たちに属し,日本政策金融公庫としての見解をいかなる意味でも表さない.

出債権の予想損失額（EL: Expected Loss）は，デフォルト時の予想債権残高（EAD: Exposure at Default）に，デフォルト確率（PD: Probability of Default）とデフォルト時の予想損失率（LGD: Loss Given Default）を乗じて算出する．LGD は EAD のうち回収できないと予想される金額の割合で，1 − 回収率（RR: Recovery Rate）で計算される．したがって，回収率が 100％であれば，PD が100％であっても EL は 0 になる．そうした意味で LGD の推定，すなわち回収率の推定は PD の推定とともに信用リスク評価の重要な要素といえる．

　ところが，回収率モデル[1]は，PD モデルに比べて普及が進んでいない．理由は主に 2 つある．1 つはモデル化が難しいという点である．まず，モデル化に必要なデータ数の確保が難しいという問題がある．デフォルト率の分母は融資先数であるが，回収率の分母はデフォルト先の EAD なので，中小の金融機関ではデフォルト先のデータが足りない．さらに，回収はデフォルトしてから数年かけて行うため，最終的な累積回収率が確定するまでには時間がかかる．データ不足を補うために複数の金融機関でデータを共有する方法もあるが，山下（2012）が指摘するように，データの秘匿性から容易なことではない．仮にデータ数が確保できても，追加融資や上方遷移企業の扱いをはじめ，モデル化にあたって克服すべき複数の課題があることも障壁となっている．

　もう 1 つの理由は，モデルを開発する必要性が低いという点である．わが国の小企業向け融資の多くは担保や保証の範囲内で行われているため，回収率の推定値として保全カバー率（残高金額に対する担保評価額や保証金額の割合）や過去の実績値を用いれば，実務的には十分である．実際，三浦・山下・江口（2010）や川田・山下（2012）の分析をみると，国内銀行の実績回収率は 100％に集中している．つまり，推定値として用いる保全カバー率や過去の実績値も100％に近いことから，推定値と実績値の誤差が小さいことが推察できる．一方，無担保無保証債権の回収率は，財務内容や融資条件などによって 0〜100％の値をとるため，モデルを用いて推定する必要性はあるものの，全体に占める割合が小さいことから，保守的に 0％と置くか簡便的に実績値を用いても実務的な影響は少ない．

　ただ，近年，担保や保証によらない融資が増加してきており，無担保無保証債権の回収率の推定が課題になっている．保守的に 0％と置く方法では信用リ

---

[1] 回収率モデルのタイプと PD モデルとの関係については伊藤・山下（2008）が詳しい．

スクを過大に評価することになるため,金利を実態より高く設定することになる.一方,過去の実績値を使用する方法は,無担保無保証債権の回収率がデフォルト先の財務内容や融資条件などによって大きく変わるため,誤差が大きくなる可能性がある.以上のように,無担保無保証債権の増加を背景に,回収率を推定するモデルの開発が急務になっている.しかし,無担保無保証債権の回収率モデルに関する研究をはじめ,担保付債権や無担保無保証債権といった保全のタイプ別に分けて回収率を分析し,モデル化した研究は筆者たちの知る限り存在しない.

先行研究をみると,Asarnow and Edwards (1995) はシティバンクが融資した企業の回収率を 1970〜93 年の 24 年間にわたって分析し,分布が 0% と 100% の端点で高くなる双峰型であることを示した.回収率の分布が双峰型であることは,Hurt and Felsovalyi (1998) がシティバンクの中南米での融資先の回収率について 1970〜96 年の 27 年間にわたって行った分析,Schuermann (2004) がムーディーズのデータベースを用いて行った 1970〜2003 年の 34 年間の分析,Dermine and Cavalho (2006) らが行ったポルトガル商業銀行 (BCP) の 1995〜2000 年のデータを用いた累積 48 ヵ月の回収率の分析などでも示されている.国内でも,伊藤・山下 (2008) が 3 つの信用保証協会の代位弁済企業の代位弁済時点から 24 ヵ月経過後の債権の累積回収率が双峰型であることを示した.三浦・山下・江口 (2010) は銀行のデータを用いて累積 2 年の回収率が双峰型で 100% の端点が非常に高いことを示した.以上のように回収率分布を示した研究はあるが,保全別の分布を示したものはない.

回収率モデルの研究は,ロジットモデルを中心に進められている[2].森平 (2009) は,回収率を 0%,0% 超 100% 未満,100% の 3 つにカテゴリー化してモデルを構築し,各カテゴリーの回収率の推定値に生起確率を乗じた値を合計して推定回収率を算出する方法を提案している.実データを用いた研究では,伊藤・山下 (2008) が保証協会のデータを用いて,回収率を 0% かそれ以外でカテゴリー化した 2 項ロジットモデルを構築し,回収率に影響を与える要因として,デフォルト以前の財務指標や業種などが有効であることを明らかにした.

---

2) ロジットモデル以外では,Moody's の LossCalc (Gupton and Stein (2005)),Bruche and Gonzalez-Aguado (2010),Bellotti and Crook (2008) が,回収率の分布が左右対称ではない点を考慮してリンク関数にベータ分布の分布関数を用いるベータ回帰モデルを提案している.

さらに，順序ロジットモデルを使って回収率の大きさを決定する要因を分析し，担保の有無や負債に関する財務指標が有意であることを示した．三浦・山下・江口（2010）は銀行のデータを用いて，比率に対するロジスティック回帰を最小二乗法により推定するモデルを構築し，経過時間，担保カバー率，保証カバー率が有意であることを述べている．川田・山下（2012）は，LGDの推定には担保，保証，貸出規模が重要であり，PDモデルと多段階モデルによるLGDモデルを組み合わせたEL推計モデルを提案し，推定精度の向上が期待できることを述べている．以上のように，さまざまなモデルが提案されているが，保全別モデルの可能性について言及したものはない．

保全別に回収率を推定することの有効性を示唆するものとして，尾藤（2011）は担保や保証など貸出先の信用評価とは無関係に回収できる保全要因と，無担保無保証のように貸出先の信用評価に依存する非保全要因とでモデルを分ける方法が，実務との相性や推定精度の面から望ましいことを述べている．ただ，具体的なモデルの提案までは行っていない．

そこで，本研究では，㈱日本政策金融公庫国民生活事業本部（以下，公庫という）が保有するデータを用いて保全別に回収率の実証分析を行う．まず，約6.5万件の小企業のデフォルト債権データを用いて回収率の分布を担保付，一部担保付，無担保無保証に分けて分析する．ここで担保付とは，融資時点において，不動産や有価証券などの担保評価額が融資残高金額を上回っている債権である．担保評価額は，担保となっている不動産や有価証券などの時価変動を考慮して，時価評価額に一定の掛け目を乗じて算出している．一部担保付は，融資時点で担保評価額が融資残高金額を下回っている債権，無担保無保証は，融資時点で担保や保証などの保全がない債権のことである．

次に，詳細な情報が電子化されている約2万件のデータを使い，融資時点の情報からデフォルト後3年間の回収率を推定するモデルを保全別に構築し，無担保無保証債権向けモデルを中心に序列性や一致精度などのパフォーマンスを検証する．本研究の貢献を含めて，分析結果を先取りすると主に以下の5点となる．

(1) 累積回収率の分布は双峰型であったが，担保付債権や一部担保付債権は100%の端点が高い一方で，無担保無保証債権は0%の端点が高く，保全別に明確な特徴がみられた．

(2) 回収率モデルの説明変数は保全別に異なることが明らかになった．担保

付はほとんどの変数が有意にならなかった．一部担保付は保全カバー率の標準化回帰係数が高く，無担保無保証は資産の蓄積状況や融資条件に関する変数が有意になった．
(3) 保全別モデルを用いると，保全別に分けないで構築したモデル（以下，共通モデルという）を用いるよりも，ポートフォリオの序列性が高くなることがわかった．
(4) モデルの序列性を示す AR 値[3]（一部担保付は Somer's D（SD 値）[4]）は担保付が -2.6%，一部担保付が 18.4% となった一方で，無担保無保証は 33.4% と，実務での利用可能性を示す結果となった．
(5) 無担保無保証モデルの予測精度は，ポートフォリオの回収率については一定の精度が得られたが，個別債権の回収率については課題を残した．

本論文の構成は次のとおりである．2 節で回収率の実証分析を行う．3 節では実証分析の結果をもとにモデリングを行い，4 節でモデルの精度を検証し，評価する．5 節ではまとめと今後の課題について述べる．

2 回収率の実証分析

本節では公庫融資の概要と回収の特徴について説明するとともに，累積回収率の分布の特徴を経過年数や保全別などの切り口で分析する．

2.1 公庫融資の概要と回収の特徴

公庫は主に従業者数が 9 人以下の小企業に小口の融資を行っている．約 4 割が個人企業で，2011 年度末現在の 1 企業当たりの平均融資残高は 651 万円である．融資先は国内に約 100 万企業あり，地域や業種の偏りが小さいという特徴がある[5]．融資はすべて証書貸付で，担保や保証は基本的に債権ごとに契約されている．担保は不動産が大半で，保証協会の保証による融資は行っていない．2011 年度の事業資金融資のうち，担保付融資は 6.6%，一部担保付融資は 16.2%，無担保融資は 77.2% となっている．

---

3) AR 値については，山下・三浦 (2011) が詳しい．
4) Somer's D（SD 値）の算出方法については補論を参照されたい．
5) 地域は沖縄県を除く．分析対象開始年度の 2004 年度初めの融資先企業数は 145 万社であった．融資先の特徴については，枇々木・尾木・戸城 (2010) および公庫のホームページも参照されたい．

表6-1 債権管理の実務において想定される回収率,要因,回収期間

	担保付債権	一部担保付債権	無担保無保証債権
想定される回収率	100%	保全カバー率+α	0%+α
回収率に影響を与えると想定される主な要因	・地価の変動	・地価の変動 ・残余財産 ・EAD	・残余財産 ・EAD
回収期間	デフォルト後の債権交渉によって決まるため,短期から長期までさまざまである.	保全カバー率が高い場合は担保付債権,低い場合は無担保無保証債権に類似し,短期から長期までさまざまである.	デフォルト企業の資産は時間の経過とともに減少していくため,短期間で収束することが多い.

回収行動は基本的に民間金融機関と同じであるが,政府系という特殊性から,①返済条件の変更には積極的に応じている,②回収期間が長い,③サービサー(債権回収会社)は利用していないので,回収はすべてワークアウト回収である,といった特徴がある.

債権管理の実務における現場感覚をまとめたものを表6-1に示す.想定される回収率は担保付債権が100%,一部担保付債権が"保全カバー率+α",無担保無保証債権が"0%+α"である."+α"はデフォルト後の債権管理状況によって左右され,0%から100%までさまざまな値をとる.

回収率に影響を与える主な要因は,第2列の担保付債権が地価下落に伴う担保価値の低下に集約される一方で,第4列の無担保無保証債権は,回収率の分子である回収額に影響を与える残余財産の多寡を示す財務指標,分母のEADに影響を与える融資金額や返済期間といった融資条件など複数の要因が考えられる.また,回収期間は,担保付債権は回収がほぼ確実なので,企業再生支援等の観点から長くなる傾向にある一方で,無担保無保証債権は,デフォルト企業の残余財産が短期間で減少することから,比較的短期間で回収の目処がつくケースが多い.

第3列の一部担保付債権は,保全でカバーされている部分は担保付債権,カバーされていない部分は無担保無保証債権の特徴を有しており,この2つを組み合わせた特徴を有している.

2.2 累積回収率の定義

回収率を定義するには,まず,デフォルトを定義しなければならない.バーゼルⅡの規制に対応するには,要管理先以下とする必要がある[6].ただ,山下(2012)が指摘しているように,正常先に復帰する企業が多く,銀行も要管理先に対しては積極的な回収行動をとらないばかりか,追加融資を行うこともある.実務的にはデフォルト債権として扱われていないのが現状である.実際,債権管理や会計との整合性といった観点から,財務シミュレーションや金利設定などの際は破綻懸念先以下をデフォルトと定義している金融機関も少なくない.そこで,本研究では破綻懸念先以下への遷移をデフォルトと定義する.

回収期間を T 期間とすると,企業 i の累積回収率 $RR_i(T)$ は式(1)のとおり,デフォルト時($t=0$)の企業 i の債権残高(EAD_i)に対するそれ以降の T 期間の回収金額(CF_i)の割合で定義する.債権残高(EAD_i)はデフォルト時点の元本とする.分子のキャッシュフローについては,時間価値や回収コストなどを考慮すべきであるが,適切な割引率の決定や回収コストの算出については課題も多く,会計との親和性を考えて元本回収額とする.また,ランクアップした債権は除外する[7].

$$RR_i(T) = \frac{CF_i(T)}{EAD_i} \qquad (1)$$

2.3 回収率と経過年数の分析

式(1)のとおり,累積回収率を算出するには最終的な回収期間 T が必要になる.ただ,T は個別債権ごとに異なり,デフォルトしてから完済もしくは償却するまで十数年を要する債権もある.また,金融機関の多くは,回収コストなどの観点からデフォルト後2~3年が経過した債権は債権管理の重点先から除外したり,バランスシートからオフバランスしたりすることが多い.このように,最終的な回収率を知ることの難しさに加え,実務的にはデフォルト後数年程度の回収率を知ることが重要であることから,分析やモデル化にあたっては,最終的な回収期間 T ではなく,デフォルトしてから数年程度経過した時点での

---

6) 三浦・山下・江口(2010)はバーゼルⅡの規制対応を踏まえて,デフォルトを要管理先以下への遷移と定義した回収率モデルを提案している.
7) ランクアップの取り扱いについてはさまざまな議論がある.本研究ではランクアップ債権の回収率は100%とし,回収率推定の外枠でランクアップ率を別途算出する.

回収期間 t を用いることが現実的である．そこで，本節では具体的な回収期間 t を決めるために，回収率と経過年数との関係を分析する．使用するデータは 2004 年度から 2008 年度までにデフォルトした債権のうち 2006 年度を除いた 65,511 件である[8]．

2.3.1 経過年数別累積回収率

経過年数別の累積回収率を図 6-1 に示す．8 年経過でも上昇を続けており，最終的な回収期間 T を知ることが難しいことがわかる．水準をみると，伊藤・山下 (2008) が 2 つの保証協会の 2 年間の回収率が 25% 前後であることを示しているが，公庫もほぼ同じ水準となった．民間金融機関に比べて無担保無保証債権が多いという特徴を反映して，8 年経過でも 40% 程度であることがわかる．8 年の回収率を保全別にみると，担保付が約 80%，一部担保付が約 60%，無担保無保証は約 20% となっている．無担保無保証債権の回収率は 0% よりも十分に大きく，この点からも保守的に 0% と置く方法は好ましくない．

2.3.2 経過年数別ハザード回収率

回収コストの観点から回収期間 t を考える場合，毎年どの程度の割合で回収できるのかが重要になる．そこで，経過年数別のハザード回収率を図 6-2 に示す．ハザード回収率とは，前年度末の債権残高に対する当年度の回収金額の割合である．担保付は 5 年で 10% 前後まで低下したあと，6 年と 7 年は 10% で推移し，8 年で 5% 以下に低下する．一部担保付は 5 年で 7% 前後まで下がり，7 年以降は 5% 程度で推移する．担保付，一部担保付は 5 年以降は多くの回収が望

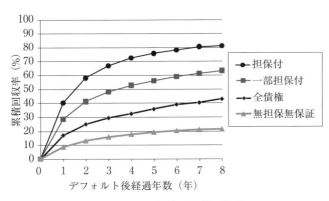

図 6-1 経過年数別累積回収率

---
8) 2006 年度はデータの修正が行われたため除外した．

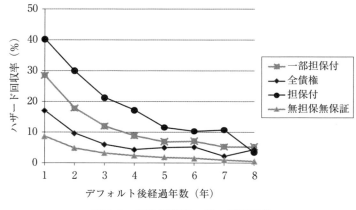

図6-2 経過年数別ハザード回収率

めないことがわかる．一方，無担保無保証債権は，1年で8.7%，2年で4.8%，3年で3.2%となり，4年以降は1〜2%程度とほとんど回収できていない．回収コストの観点から無担保無保証債権の回収努力は3年で十分であることがわかる．

2.3.3 デフォルト年度別の経過年数別累積回収率

経過年数別の回収率はマクロ経済変動の影響を受けてデフォルト年度ごとに異なる可能性がある．そこで，年度別の経過年数別累積回収率を図6-3に示す．2004年度から2008年度にデフォルトした債権の累積回収率のグラフはほぼ重なっており，2011年度までは影響を受けた形跡は確認できない．

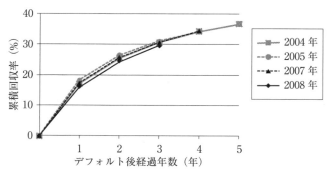

図6-3 デフォルト年度別の経過年数別累積回収率

2.4 回収率の分布

2.3項の分析から,少なくとも,担保付,一部担保付の回収期間は5年,無担保無保証は3年に設定することが望ましいと思われる.ただ,実務的には,デフォルト後2～3年経過した債権は債権管理の重点先から除外されたり,バランスシートからオフバランスされることが多い.モデル化の必要性が高まっている無担保無保証債権の4年以降のハザード回収率は1～2％でほとんど回収できないという分析結果を踏まえて,本研究では3年に設定する.もっとも,経過年数によって,モデルの変数や有意性が変わる可能性がある.そこで,4年経過および5年経過モデルを構築し,3年経過モデルの変数の頑健性について検証を行う.検証結果は4.4項で示す.回収率分布の算出に使用するデータは,2004年度から08年度にデフォルトした債権のうちデフォルト年度から3年後の年度末時点の回収率が取得できる債権の65,511件である.データセットの概要を表6-2に示す.データは債権単位であり,1企業に対して複数の債権を保有しているケースもあるが,複数債権をもつ小企業はそれほど多くはなく,全体の2割程度である.

表6-2 データセットの概要

(件)

	担保付	一部担保付	無担保無保証	合計
法人企業	3,820	10,351	21,393	35,564
個人企業	3,427	5,504	21,016	29,947

2.4.1 累積回収率の分布

デフォルト後3年経過の累積回収率の分布を図6-4に示す.国内外の先行研究と同様に0％と100％の端点が高い双峰型であることがわかる.三浦・山下・江口(2010)や川田・山下(2012)の分析をみると,銀行の回収率分布は100％付近が非常に高くなっているが,公庫の分布をみると,0％付近の割合が高くなっている.担保に依存しない融資を推進しており,無担保無保証債権が多いという特徴が反映された形になっている.次に,デフォルト年度別の回収率を図6-5に示す.法人企業をみると,2004年度,2005年度に比べて,2007年度,2008年度の回収率がやや低くなっており,リーマンショックの影響を受けている可能性がある.個人企業については,年度別の分布に大きな違いがみられず,マクロ経済変動の影響をグラフから確認することは難しい.

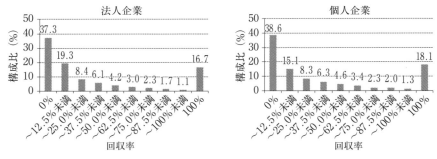

図 6-4 累積回収率の分布

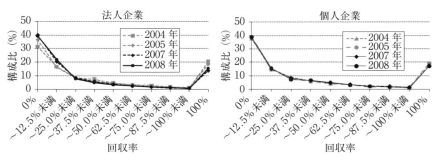

図 6-5 デフォルト年度別累積回収率の分布

2.4.2 保全別累積回収率の分布

図 6-4 の累積回収率を保全別に分けて求めた累積回収率を図 6-6 に示す．法人企業，個人企業とも，保全別に特徴が異なっていることがわかる．担保付と一部担保付は，どちらも 100% の端点が高く，12.5% あたりをピークに右側のすそ野が広い分布をしている．ただ，一部担保付は保全カバー率が 100% 未満なので，担保付に比べて 100% の水準が低く，100% 未満の水準が高くなっている．

無担保無保証は 0% の端点が最も高く，回収率が高くなるに従って構成比が指数的に小さくなり，100% の端点でやや高くなっている．担保や保証がないため，図 6-2 で示したようにデフォルト後 3 年を経過すると残余財産が少なくなり，それ以降の回収はほとんど見込めない．したがって，累積 3 年の回収率分布は，最終的な回収率分布に近くなっている可能性がある．ここで，100% の端点がやや高くなっているのは，無担保無保証は EAD が 100 万円以下の小口債権も比較的多く，少額返済で回収率が 100% となる債権も少なくないからである．

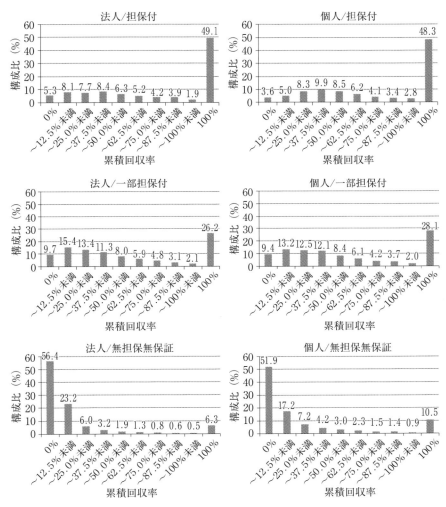

図 6-6　保全別累積回収率の分布

3　回収率モデルの構築

デフォルト後 3 年経過の回収率を知ることが実務的に重要であることは前述したとおりである．さらに，2.3.1 のとおり，回収率モデルの必要性が高まっている無担保無保証債権は，デフォルト後 3 年程度で回収率がある程度収束す

る．そこで，本節では，融資時点の情報からデフォルト後3年経過の累積回収率を推定する回収率モデルを構築する．具体的には，融資時点の情報から「もし，この企業がデフォルトしたら，3年間で債権の何割が回収できるのか」を推定するモデルを構築する．まず，保全のタイプ別に分けないモデル（以下，共通モデルという）を構築した後，保全別のモデルを構築し，実務での必要性が高まっている無担保無保証向けモデルを中心に分析を進める．

3.1 モデルの概要

推定回収率は2つのステップで算出する．第1ステップでは，実績回収率を2～3のカテゴリーに分けたあと，ロジットモデルを使って，各カテゴリーの生起確率を算出する．第2ステップでは，算出した生起確率と各カテゴリーの推定回収率を乗じて，それを合計することによって最終的な推定回収率を算出する．

3.1.1 第1ステップ

第1ステップでは次のようなロジットモデルを使用する．ここでは順序ロジットモデルの概要を示す．まず，式(2)のように回収率を3つのカテゴリーに分ける．y_i は実績回収率 RR_i のカテゴリーであり，回収率の分布が0%と100%の端点が高い双峰型であるという特徴を捉えて，カテゴリー0は回収率0%，1は0%超100%未満，2は100%の3区分とする．つまり，まったく回収できない債権，一部分だけ回収できる債権，全額回収できる債権であるかどうかの確率を推定する．

$$y_i = \begin{cases} 0 & (RR_i = 0) \\ 1 & (0 < RR_i < 1) \\ 2 & (RR_i = 1) \end{cases} \tag{2}$$

この場合の各カテゴリーの選択確率は式(3)のようになる．ここで，X_i は回収率に影響を与えるファクター，F はリンク関数でロジスティック分布である．

$$\begin{aligned} P(y_i = 0) &= F(\alpha_1 + \beta X_i) \\ P(y_i = 1) &= F(\alpha_2 + \beta X_i) - F(\alpha_1 + \beta X_i) \\ P(y_i = 2) &= 1 - F(\alpha_2 + \beta X_i) \\ F(x) &= \frac{e^x}{1 + e^x} \end{aligned} \tag{3}$$

そして，式 (4) によって記述される尤度関数を最大化する最尤推定量を求める．

$$L(\alpha_1, \alpha_2, \beta) = \prod_{i \in B_0} F(\alpha_1 + \beta X_i) \prod_{i \in B_1} (F(\alpha_2 + \beta X_i) - F(\alpha_1 + \beta X_i))$$

$$\prod_{i \in B_2} (1 - F(\alpha_2 + \beta X_i)) \quad (4)$$

ここで，$B_k = \{i | y_i = k\}$ である．

3.1.2 第2ステップ

第2ステップでは，第1ステップで算出した生起確率に各カテゴリーの推定回収率を乗じることによって推定回収率を算出する．3区分の順序ロジットモデルを例にとると，式 (5) のように求められる．

$$\widehat{RR}_i(X_i) = 0\% \times Pr(RR_i = 0\% | X_i) + \widehat{RR}_{i|0\% < RR_i < 100\%, X_i}$$
$$\times Pr(0 < RR_i < 100\% | X_i) + 100\% \times Pr(RR_i = 100\% | X_i) \quad (5)$$

ここで，カテゴリー0の推定回収率は0％，カテゴリー2の推定回収率は100％を当てはめればよいが，右辺第2項に含まれるカテゴリー1の推定回収率 $\widehat{RR}_{i|0\% < RR_i < 100\%, X_i}$ をどのようにして求めるのかが課題になる．そこで，本研究では，0％超100％未満の回収率について，過去の実績値を用いる方法に加えて，回収率を変数変換（ロジット変換）した値を被説明変数，回収率を決定するさまざまなファクターを説明変数とする線形回帰モデルで推定する方法を検討する．検討結果は3.4項で後述する．

モデルの構築に使用するインサンプルデータは，2004年度から2007年度（個人企業は2007年度と2008年度）にデフォルトした債権のうち，融資時点の財務指標や属性情報などのデータが電子化されている約2万件の債権である．2008年度（個人企業は2009年度）データはアウトオブサンプルテストに用いる．

法人企業モデルに使用する変数の候補は，財務指標36変数，定性指標5変数，融資条件17変数，マクロ経済指標30変数の計88変数とする．個人企業は財務指標がないケースが大半であるため，財務指標の代わりに資産負債状況を表す24変数を用いて計76変数としている．また，共通モデルでは，担保の有無などを示す保全タイプダミーも使用する．各カテゴリーの代表的な変数を表6-3に示す．なお，本研究の分析では変数の安定性を確認するために，変数選択にあたってはすべてクロスバリデーション法（インサンプルは全データの70％，試行回数10回）による検証を行い，選択率の高い指標を選んでいる．推定

表 6-3 モデル構築時に使用した主な変数

カテゴリー		主な変数	カテゴリー		主な変数
財務指標 (36)	成長性指標	売上高増加率、自己資本増加率、総資本増加率	資産負債状況 (24)	流動性項目	現金・預金額、現預金売上高比率、受取手形、受取手形売上高比率、売掛金額、売掛金売上高比率
	資本効率性指標	総資本売上高率、総資本回転期間、買入債務回転期間、売上高減価償却率、有利子負債利子率		安全性項目	不動産評価額、不動産評価額売上高比率、短期借入金額(売上高比、融資額比等)、長期借入金額(売上高比、融資額比等)
	資産効率指標	流動資産回転率、棚卸資産回転期間、売上債権回転期間、支払手形回転期間		収益性項目	所得金額
	流動性指標	流動比率、当座比率、現預金比率、その他流動資産合計総資産比率、現預金総資産比率、売上債権対買入債務比率、当期流動資産額、当期現預金額、当期その他流動資産額		その他資産負債項目	売上高
	安全性指標	自己資本比率、負債比率、デットキャパシティレシオ、固定負債回転期間、売上総利益対支払利息割引料比率、有利子負債対自己資本比率、当期資産合計、当期固定資産額	定性指標 (5)	業歴、業種、所在地、その他	
			融資条件 (17)	返済期間、返済方法、融資金額、保全カバー率、その他	直近融資返済期間、平均返済期間など、元金均等、元利均等等、融資額、売上対比、負債額対比など
	CF 指標	営業キャッシュフロー比率、固定負債キャッシュフロー倍率	マクロ経済指標 (30)	GDP、失業率、金利、不動産価格、物価	
			保全タイプダミー		保全のタイプ別のダミー変数

には，SAS/STAT® の LOGISTIC プロシジャを使用する．

3.2 共通モデルの構築

第1ステップで用いるロジットモデルについて共通モデルの結果を表6-4に示す．法人企業では流動性指標，業歴，保全カバー率，融資金額や返済期間に関する変数，不動産価格と保全タイプダミーの Wald χ 二乗値が5%水準で有意になった．個人企業は流動性項目，安全性項目，業歴，その他定性項目，融資金額や返済期間に関する変数，保全タイプダミーが5%水準で有意になっている．

標準化回帰係数をみると，法人個人とも担保の有無などを示す保全タイプダミーが高くなっており，多くの部分を説明していることがわかる．また，McFadden の自由度修正済み疑似決定係数（以下，疑似決定係数）は0.1程度となり，伊藤・山下（2008）の分析とほぼ同じ水準となった．

疑似決定係数の評価は難しい．PDモデルを例にとり，序列性を評価するAR値との関係を示すと，森平・岡崎（2009）が行った上場企業を対象にしたロジットモデルの分析では，疑似決定係数が0.21でAR値が79.3%，0.17で72.0%，枇々木・尾木・戸城（2011）が実務で利用している教育ローンモデルの分

表 6-4 共通モデルの結果（法人企業・個人企業）

法人企業（修正疑似 $R^2=0.112$）　　個人企業（修正疑似 $R^2=0.098$）

変数名	標準化回帰係数	有意水準	変数名	標準化回帰係数	有意水準
定数項 α_1		<0.0001	定数項 α_1		<0.0001
定数項 α_2		<0.0001	定数項 α_2		<0.0001
流動性指標1	0.040	<0.0001	流動性項目1	▲0.059	0.010
業歴	▲0.095	<0.0001	安全性項目1	▲0.095	0.000
保全カバー率	▲0.105	<0.0001	安全性項目2	▲0.095	<0.0001
融資金額1	0.050	0.001	業歴	▲0.084	0.001
融資金額2	▲0.130	<0.0001	その他定性項目	0.078	0.001
返済期間1	0.054	<0.0001	融資金額1	0.108	0.002
不動産価格	▲0.072	<0.0001	融資金額2	0.072	0.026
保全タイプダミー1	▲0.055	<0.0001	返済期間1	0.099	<0.0001
保全タイプダミー2	0.041	0.000	保全タイプダミー3	▲0.351	<0.0001
保全タイプダミー3	▲0.610	<0.0001	保全タイプダミー4	▲0.193	<0.0001
保全タイプダミー4	▲0.465	<0.0001	保全タイプダミー5	▲0.159	<0.0001
保全タイプダミー5	▲0.456	<0.0001	保全タイプダミー6	0.154	<0.0001

析では，疑似決定係数が0.076で47.3%，0.1で50.6%となっている．小企業を対象にしたモデルのAR値は，枇々木・尾木・戸城（2010）によれば，35〜50%程度なので，AR値との関係でいえば，疑似決定係数の0.1という値は必ずしも実務で使えないほど低いというわけではない．もっとも，決して十分な水準とはいえない．0.1にとどまった理由は以下の3点が考えられる．

(1) 本分析の主な対象である従業者数が9人以下の小企業は，経営者個人の資産が回収に与える影響が大きいが，経営者個人の資産を正確に把握するには時間やコストがかかるため，そうした情報がモデルに十分に反映されていない．

(2) 本モデルは融資時点の情報からデフォルト後の回収率を推定するものであるが，デフォルト企業は融資時点からデフォルト時点までの間に経営状況が大きく変化するケースが多いため，変数の情報価値が低下している可能性がある．さらに，PDモデルは，融資時点から1年以内のデフォルト確率を推定するが，回収率モデルは，融資時点から1〜2年程度でデフォルトし，さらにデフォルトしてから3年経過の回収率を推定しているので，融資時点の情報価値は一層低下する．

(3) 3年経過の回収率はデフォルト後の返済パターンによって異なってくるが，返済パターンは融資時点ではわからないので変数として利用できない．

3つ目の点を詳しく説明するために個別債権の累積回収率のパターンの模式図を図6-7に示す．①と②は担保付債権，③と④は無担保無保証債権のパターンを表している．①は7年間分割の返済パターン，②はデフォルト後2年〜3年の間に担保処分などにより全額を一括返済するパターン，③はデフォルト後1年間で5%回収できたが，その後回収できない返済パターン，④はデフォルト後1年から2年の間に15%回収できたが，その後回収できない返済パターンを示す．

たとえば，①と②の担保付債権の3年経過の回収率の平均値は③と④の無担保無保証債権の平均値に比べて高いことはみた目にも明らかであり，保全状況ダミーが有意になることが想像できる．ただ，①と②のケースでみると，3年経過の回収率は①が43%，②が100%と異なる一方で，最終的な回収率はどちらも100%である．つまり，2年以内の比較的短期に回収が完了する③と④の無担保無保証債権に比べて，担保付は返済パターンによって3年経過の回収率が大きく異なる可能性がある．このようにデフォルトしてから特定時点の回収率

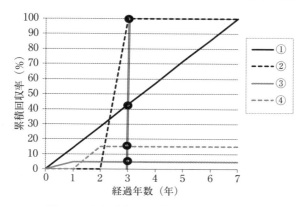

図6-7 個別債権の累積回収率のパターン

を推定する場合は，デフォルト後の返済パターンが重要なファクターになると考えられる．

伊藤・山下（2008）はこの点について「個々の債権の支払いパターン」をモデルの説明変数に加えることの必要性を述べているが，個々の債権の支払いパターンは，デフォルト後の債務者との交渉結果や金融機関の債権回収方針で決定される．本モデルは融資時点の情報を利用しているので，デフォルト後の情報をモデルに考慮することはできない．

3.3 保全別モデルの構築

回収率の分布形状が保全別に異なること，保全タイプダミーの説明力が高いことを踏まえて保全別にモデル化する．第1ステップのロジットモデルは，担保付債権は100％の端点が，無担保無保証債権は0％の端点が高いという分布の特徴を捉えて，0％もしくは100％の端点とそれ以外の2項ロジットモデルとする．すなわち，担保付は，全額回収できる債権とそうでない債権の判別，無担保無保証は，回収できない債権と少しでも回収できる債権の判別を行うモデルを構築する．一部担保付債権は100％の構成比があまり高くないという特徴を捉えて0％，0％超100％未満，100％の3区分の順序モデルを構築する．インサンプルデータの概要を表6-5に示す．個人企業はデータ数が少ない点に注意してほしい．

表6-5 インサンプルデータの概要
(件)

	担保付	一部担保付	無担保無保証	合計
法人企業	1,098	3,696	5,321	10,115
個人企業	67	178	1,329	1,574

3.3.1 法人企業向けロジットモデルの構築

第1ステップで使用する法人企業向けのロジットモデルを保全別に構築する．結果を表6-6に示す．無担保無保証モデルの疑似決定係数は0.064と最も高くなった．まず，流動性指標が2つ，安全性指標が2つ有意になっている．融資時点の流動資産や固定資産が大きいほどデフォルト後の残余財産が大きくなることを表していると思われる．また，業歴も有意になっており，業歴の長い企業ほど資産の蓄積が大きいことを示している可能性がある．さらに，融資金額に関する変数が有意になった．融資金額が小さいほどデフォルト時のEADは小さくなり，EADが小さいほど回収率は高くなる傾向にある．表6-1で示したように，無担保無保証債権の回収率は，分子となる回収財源の多寡と分母となるEADの大きさに左右されるという現場感覚と整合的な結果となった．マクロ変数は物価が有意になった．在庫や設備といった動産の処分性を示している可能性がある．

表6-6 法人企業向け保全別モデルの結果

担保付（修正疑似 $R^2=0.003$）($n=1,098$)			一部担保付（修正疑似 $R^2=0.013$）($n=3,696$)			無担保無保証（修正疑似 $R^2=0.064$）($n=5,321$)		
変数	標準化回帰係数	有意水準	変数	標準化回帰係数	有意水準	変数	標準化回帰係数	有意水準
定数項		0.026	定数項 α_1		<0.0001	定数項		0.005
流動性指標2	▲0.083	0.013	定数項 α_2		<0.0001	流動性指標1	0.040	0.012
			流動性指標1	0.056	0.004	流動性指標3	▲0.072	0.003
			安全性指標1	▲0.058	0.002	安全性指標2	▲0.051	0.003
			保全カバー率	▲0.160	<0.0001	安全性指標3	▲0.117	<0.0001
						業歴	▲0.128	<0.0001
						融資金額3	▲0.075	0.000
						その他融資条件1	▲0.218	<0.0001
						物価	▲0.040	0.013

一部担保付モデルの疑似決定係数は 0.013 であった．説明変数は流動性指標と安全性指標のほか，保全カバー率が有意になった．保全カバー率の標準化回帰係数が最も高くなっており，一部担保付債権の回収率は保全カバー率がベースになっていることがわかる．さらに，表 6-1 で示したように，保全カバー率に"$+\alpha$"される部分を説明する変数として，デフォルト後の残余財産の大きさを表す流動性指標と安全性指標が選択されたと考えられる．

担保付モデルの疑似決定係数は 0.003 とほとんど説明力がない．債権の返済パターンに依存している可能性が高く，財務指標や融資条件などとの相関は低いという表 6-1 での想定や貸付先の信用評価とは無関係に決まるという尾藤 (2011) の指摘を裏付ける結果となった．地価などのマクロ経済指標も試したが有意にならなかった．地価の下落に備えて評価を保守的に行っていることやここ数年は不動産価格の変動が小さいことなどが要因と思われる．

3.3.2 個人企業向けロジットモデルの構築

次に個人企業を対象にしたモデルを構築する．結果を表 6-7 に示す．無担保無保証モデルの疑似決定係数は 0.040 となった．説明変数は，流動性項目と安全性項目，その他定性指標，その他融資条件が有意だった．安全性項目の標準化回帰係数が比較的高いことから，法人企業と同様に回収財源となる資産をどれだけ保有しているかが回収率を決定する要因になっていると考えられる．その他のモデルは，データ数が少ないため，評価には注意を要するが，担保付の疑似決定係数が 0.191 と最も高くなった．個人企業の場合は，融資金額が少額であるうえ，個人資産が説明変数に入っていることから，担保不動産以外の資

表 6-7 個人企業向け保全別モデルの結果

担保付（修正疑似 R^2=0.191）(n=67)			一部担保付（修正疑似 R^2=0.010）(n=178)			無担保無保証（修正疑似 R^2=0.040）(n=1,329)		
変数	標準化回帰係数	有意水準	変数	標準化回帰係数	有意水準	変数	標準化回帰係数	有意水準
定数項		0.112	定数項 α_1		<0.0001	定数項		0.924
収益性項目1	▲0.446	0.009	定数項 α_2		0.562	流動性項目1	▲0.068	0.031
安全性項目1	▲0.793	0.016	融資金額4	0.174	0.052	安全性項目2	▲0.127	<0.0001
融資条件1	0.571	0.009	保全カバー率	▲0.182	0.041	安全性項目3	▲0.085	0.007
						その他定性指標1	0.085	0.008
						その他融資条件1	0.189	<0.0001

産の多寡が短期間の回収率に影響を与えている可能性がある．この点については，データの蓄積を待って追加分析を行いたい．

3.4 カテゴリー1の推定回収率の算出方法

第2ステップでは，第1ステップで算出した生起確率と各カテゴリーの推定回収率を3.1.2で示した式(5)に代入して最終的な推定回収率を算出する．ここで右辺第2項の0%超100%未満のカテゴリー1の推定回収率 $\widehat{RR}_{i|0\%<RR_i<100\%, X_i}$（無担保無保証は0%超のカテゴリーの推定回収率 $\widehat{RR}_{i|0\%<RR_i, X_i}$，担保付は100%未満のカテゴリーの推定回収率 $\widehat{RR}_{i|RR_i<100\%, X_i}$）をどのようにして求めるのかが問題になる．

本項では，法人企業の無担保無保証モデルについて検討する．方法は主に2つ考えられる．1つは過去の実績値を使う方法である．具体的には，無担保無保証債権のうち，デフォルト後3年間の回収率が0%超であった債権の過去の実績値を用いる．もう1つはモデルで推定する方法である．ここでは，式(6)のような，i番目の債権の回収率 RR_i を変数変換（ロジット変換）した値を K 個のリスクファクター $X_{i,k}$, $k=1, 2, \cdots, K$ によって線形回帰するモデルを考える．b_0 と b_k, $k=1, 2, \cdots, K$ は推定パラメータであり，ε_i は誤差項である．

$$\ln\left(\frac{RR_i}{1-RR_i}\right) = b_0 + \sum_{k=1}^{K} b_k X_{i,k} + \varepsilon_i \tag{6}$$

具体的には，デフォルト後3年間の回収率が0%超であった債権の回収率をロジット変換した値を被説明変数として線形回帰し，回収率0%超の債権がどれくらいの回収率であるのかを推定する．有意な変数はカテゴリーの生起確率を求めるモデルと回収率0%超カテゴリーの回収率を推定するモデルとでは異なると考えられる．したがって，説明変数候補は，表6-6の無担保無保証モデルの説明変数をそのまま用いるのではなく，表6-3にある法人企業を対象とした88個の変数候補から選択する．データは回収率が0%超の債権のみを使用している．

推定結果を表6-8に示す．表6-3の88個の説明変数候補をステップワイズした結果，流動性指標や安全性指標，キャッシュフロー，業歴，返済期間に関する変数，不動産価格が選択された．選ばれた財務指標と業歴は，デフォルト後の残余財産の大きさを表していると思われる．返済期間に関する変数は返済期間が短いほどEADが小さくなっている可能性が高いことから，EADの大きさ

6 小企業向け保全別回収率モデルの構築と実証分析   189

表6-8 回収率0%超カテゴリーの回収率推定モデルの結果

(修正 $R^2=0.1$, DW=1.86) ($n=2,866$)

変数	回帰係数	t 値	p 値	変数	回帰係数	t 値	p 値
定数項	2.484	2.733	0.006	安全性指標9	-0.702	-11.549	0.000
業歴	0.020	6.212	0.000	キャッシュフロー1	-0.059	-3.086	0.002
流動性指標5	0.256	5.293	0.000	返済期間	-0.011	-3.132	0.002
流動性指標6	0.224	1.938	0.053	不動産価格	0.043	5.963	0.000
安全性指標8	-2.470	-6.393	0.000				

を示している.不動産価格は資産の処分性を示していると考えられる.以上のように,選ばれた変数は実務的な違和感の少ないものとなっている.

ただ,修正 R^2 は0.1と線形回帰モデルとしては水準が低く,重要な変数が考慮されていないことを示唆している.不足している情報は,前述のとおりデフォルト後の返済パターンであると考えられる.くり返しになるが,この情報は融資時点では入手できない.表6-3で示した融資時点に入手できる情報だけでは,回収率0%超の債権が,具体的にどれくらいの回収率であるのかまで推定するのは難しいと考えられる.したがって,本研究ではモデルで推定する方法ではなく,実績値を用いる方法を採用する.

4 モデルの検証と評価

本節では実務での利用可能性を探るためにアウトオブサンプルテストで検証し,無担保無保証モデルを中心に保全別回収率モデルの評価を行う.回収率モデルを実務で使用する主な目的は,無担保無保証融資の増加やマクロ経済の変動などによってポートフォリオの質が変化したときのELの変化を捉えることにある.したがって,検証と評価は,個別債権の回収率の予測精度だけではなく,ポートフォリオの回収率の予測精度にも注目する.

検証は次の手順で行う.4.1項で個別債権の回収しやすさの序列性を検証する.4.2項では,ポートフォリオの回収率の予測精度について,ポートフォリオのサイズを小さくしながら検証することにより,推定値と実績値の誤差が実務で利用可能なレベルにあるかどうかを探る.4.3項では,個別債権の回収率の予測精度を検証し,4.4項では,メインモデルとなる無担保無保証モデルの頑健性を確認するため,ポートフォリオの構成が変化したときの予測精度と回

表 6-9 アウトオブサンプルデータの概要
(件)

	担保付	一部担保付	無担保無保証	合計
法人企業	650	2,252	5,710	8,612
個人企業	131	202	2,342	2,675

収期間を累積 4 年と 5 年にしたときの変数とパラメータの変化を検証する.使用データを表 6-9 に示す.サンプルは 2008 年度(個人企業は 2009 年度)のデフォルト債権である.

4.1 序列性の検証

個別債権の回収しやすさの序列性をアウトオブサンプルテストする.評価指標として担保付モデルと無担保無保証モデルの 2 項ロジットモデルは AR 値,一部担保付モデルと共通モデルの順序ロジットモデルは Somer's D (SD 値) を用いる.結果を表 6-10 に示す.共通モデルと比較すると,法人企業の担保付モデルを除いて保全別モデルの序列性が共通モデルよりも高くなった.次に,保全別にみると,疑似決定係数が高い無担保無保証モデルは法人で約 34%,個人でも約 27% と一定の序列性が認められた.

小企業は情報の非対称性が大きいため,実務で使用している PD モデルの AR 値は 30〜40% 程度である.PD モデルは,融資時点から 1〜2 年後のデフォルト確率を推定するのに対し,回収率モデルは融資時点から 1〜2 年後にデフォルトした債権に対するその後 3 年間の回収率を推定する.単純比較はできないが,PD モデルに比べて情報の劣化が大きな状況のなかで,30% 以上の AR 値を確保できたことは評価に値する.一方で,一部担保付は 18.4% と低く,担保付に至っては -2.6% と序列性はほとんど確認できなかった.なお,個人企業の担保

表 6-10 AR 値と Somer's D によるアウトオブサンプルテスト

		法人企業			個人企業		
		担保付	一部担保付	無担保無保証	担保付	一部担保付	無担保無保証
保全別	インサンプル	8.9% ($n=1,098$)	17.5% ($n=3,696$)	34.2% ($n=5,321$)	67.1% ($n=67$)	23.7% ($n=178$)	27.7% ($n=1,329$)
	アウトサンプル	-2.6% ($n=650$)	18.4% ($n=2,252$)	33.4% ($n=5,710$)	9.4% ($n=131$)	12.1% ($n=202$)	27.0% ($n=2,342$)
共通	インサンプル	3.9%	12.9%	26.9%	21.7%	23.4%	27.2%
	アウトサンプル	3.2%	13.2%	28.3%	3.5%	-0.3%	26.9%

付のインサンプルで高い数値が出ているが，サンプル数が少ないため評価は難しい．

4.2 ポートフォリオの回収率の予測精度

回収率モデル構築の背景は，ポートフォリオに占める無担保無保証債権の割合が増加し，無担保無保証債権の推定回収率に過去の実績値を用いたり，保守的に0と置いたりすることが難しくなったからである．したがって，回収率をモデルで推定することによって，ポートフォリオの回収率の予測精度を向上させることが本研究の主な目的である．もっとも，ポートフォリオの回収率の予測精度は回収率の分布に依存する．2.3.3および2.4.1の分析において，デフォルト債権全体，法人企業全体および個人企業全体の回収率の分布が年度には依存せずほぼ一定であることがわかった．したがって，インサンプルとアウトオブサンプルの回収率はほぼ一致すると予想される．本項では，実際の誤差がどの程度のレベルなのかを確認するとともに，ポートフォリオのサイズを小さくした場合でも，誤差が実務で利用可能な範囲に収まるのかどうかを確認する．また，共通モデルと比較した相対的な精度についても検証する．

まず，全体（11,287件），法人企業（8,612件），個人企業（2,675件）のポートフォリオの回収率の予測精度を検証する．結果を表6-11に示す．推定値と実績値はほぼ一致しており，2.3.3および2.4.1の分析を裏付ける結果となった．共通モデルとの比較では，法人企業は保全別の方が一致精度が高いものの，個人企業では共通モデルとの差はなかった．

次に，法人，個人企業の債権を保全区分で分け，ポートフォリオのサイズをやや小さくしたケースの検証結果を表6-12に示す．疑似決定係数や序列性が低い法人企業の担保付（650件）や一部担保付（2,252件）でも，誤差は1%以内

表6-11 回収率の一致精度（全体および法人・個人企業別）

	全体	法人企業	個人企業
推定回収率	23.8%	25.5%	18.5%
実績回収率	24.1%	25.9%	18.4%
推定値－実績値	−0.3%	−0.4%	0.1%
（参考）共通モデル 推定値－実績値	−0.6%	−0.8%	0.0%

表 6-12　回収率の一致精度（保全別）

	法人企業			個人企業		
	担保付	一部担保付	無担保無保証	担保付	一部担保付	無担保無保証
推定回収率	70.6%	47.4%	11.7%	60.1%	46.8%	13.7%
実績回収率	70.7%	47.9%	12.2%	69.6%	40.4%	13.6%
推定値－実績値	−0.1%	−0.5%	−0.4%	−9.5%	6.4%	0.1%
（参考）共通モデル 推定値－実績値	−0.5%	−0.9%	−0.8%	−9.1%	5.7%	0.1%

である．個人企業の担保付（131件）と一部担保付（202件）では，サンプル数が少ないため，やや誤差が生じているが，それでも10%以内に収まっている．共通モデルと比較すると，法人企業では保全別モデルの一致精度が高くなっている．

さらに小さなポートフォリオの予測精度を検証するため，法人個人企業別保全区分別の債権を都道府県別に分けて誤差を算出した．サンプル数は都道府県当たり18～1,032件である．サイズが小さくなれば誤差が大きくなると予想されるが，一方で，残高も小さくなるので許容範囲も大きくなる．たとえば，PDが1%のポートフォリオの場合，回収率10%の誤差は，ローン残高が1兆円では10億円であるが，100億円なら1,000万円である．固定費を考えれば許容できる可能性がある．絶対値で10%以上の誤差が生じた都道府県の割合を表6-13に示す．無担保無保証モデルでは，10%以上の誤差が生じた都道府県はほとんどなかった．一方で，担保付・一部担保付は，多くの都道府県で10%以上の誤差が生じている．サイズを小さくするとモデル間の精度に差が生じることが確認できる．無担保無保証モデルはサイズの小さなポートフォリオでも，実務的には利用できる可能性がある．

表 6-13　10%以上の誤差が生じた都道府県の割合

	担保付	一部担保付	無担保無保証
法人企業	52.2%	37.0%	4.3%
個人企業	58.7%	65.2%	4.3%

4.3 個別債権の回収率の予測精度

ポートフォリオの回収率の予測精度は，個別債権の予測精度に依存する．最後に，個別債権の回収率の予測精度についてアウトオブサンプルテストする．

個別債権の推定回収率と実績回収率との誤差の絶対値の分布を図6-8に示す．

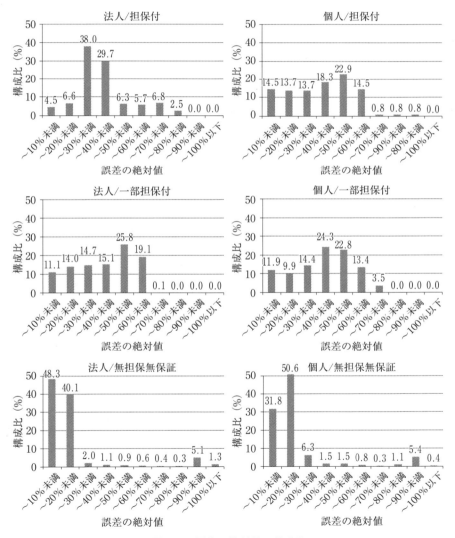

図6-8 誤差の絶対値の構成比

個人企業の担保付と一部担保付はサンプル数が少ないため参考指標と位置付け，ここでは詳しい評価は行わないこととする．法人企業の担保付の誤差は 20～40％，一部担保付の誤差は 40～60％に集中しており，精度があまりよいとはいえない．一方，無担保無保証モデルは誤差 20％以内に集中しており，モデルに一定の説明力があることを示唆している．ただ，担保付や一部担保付に比べて，無担保無保証債権の平均回収率は 20％と低い値であることから，そもそも誤差

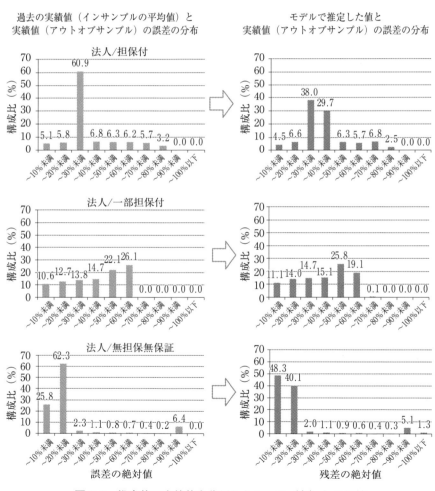

図 6-9　推定値に実績値を代用したケース（左）との比較

が生じにくい分布であるという可能性がある．そこで，推定回収率としてモデルで推定した値を使うケースと過去の実績値（インサンプルの平均値）を用いたケースとで個別債権ベースのパフォーマンスの比較を行う．

結果を図 6-9 に示す．左側のグラフは，過去の実績値を用いたケース，右側のグラフは，モデルで推定した値を使用したケースである．すなわち，実績値（アウトオブサンプル）との誤差の分布が，モデルの利用前（左図）に比べて，モデル利用後（右図）に 0% 方向に動いていれば，モデルの利用により個別債権の回収率の予測精度が向上しているとみることができる．

このような視点で担保付モデルをみると，0% 方向への動きはみられず，モデルを利用したことによる精度改善効果は確認できない．次に，一部担保付モデルをみると，最頻値が 50% 以上 60% 未満から 40% 以上 50% 未満へと 0% 方向に移動しており，わずかに精度改善効果が確認できる．無担保無保証モデルは，誤差 10% 未満の割合が 25.8% から 48.3% に増加しており（明らかに 0% 方向へ動いており），精度改善効果が確認できる．

4.4 無担保無保証モデルの頑健性

これまでの検証の結果，無担保無保証債権は，推定回収率として実績値を用いるよりも，モデルで算出した推定値を用いた方が予測精度が高くなることがわかった．そこで，本項では，無担保無保証モデルの頑健性について，無担保無保証債権のポートフォリオの構成が変化したときの予測精度と回収期間 t が長くなったときの変数の安定性について検証する．

4.4.1 ポートフォリオの構成の変化に対する予測精度の安定性

ポートフォリオの構成の変化に対する予測精度を検証する．具体的には，法人企業の無担保無保証債権ポートフォリオについて，質的に偏りのあるポートフォリオを作るため，「業歴」「従業者数」「売上規模」「資産規模」「預金規模」の基準で，数値の大きな債権から順番に 25% ずつ（1 プール約 1,400 社），合計 20 個（カテゴリー 5 区分×順位 4 区分）の仮想ポートフォリオをアウトオブサンプルから抽出する．

次に，それぞれのポートフォリオの回収率について，モデルの推定値とアウトオブサンプルの実績値との誤差を算出し，推定値としてインサンプルの実績値（過去の実績値）を用いた場合の誤差と比較する．結果を図 6-10 に示す．

推定値として過去の実績値を用いた場合の誤差は，平均 2.0% ポイントであ

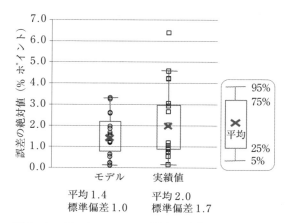

図 6-10 ポートフォリオの構成の変化に対する予測精度の比較

るのに対し,モデルの推定値を用いた場合の誤差は1.4%ポイントと,0.6%ポイント誤差が小さい.また,誤差のバラツキについても,モデルの推定値を用いた方が標準偏差が小さくなっており,ポートフォリオの構成の変化に対しても安定的であることがわかる.

4.4.2 変数とパラメータの安定性

先述したように,デフォルト後3年間の回収率を求めることは実務的には重

表 6-14 無担保無保証モデル(法人)の頑健性の検証

法人3年経過(修正疑似 $R^2=0.064$) ($n=5,321$)			法人4年経過(修正疑似 $R^2=0.063$) ($n=5,321$)			法人5年経過(修正疑似 $R^2=0.067$) ($n=5,321$)		
変数	標準化回帰係数	有意水準	変数	標準化回帰係数	有意水準	変数	標準化回帰係数	有意水準
定数項		0.005	定数項1		0.009	定数項1		0.002
流動性指標1	0.040	0.012	流動性指標1	0.036	0.024	流動性指標1	0.037	0.020
流動性指標3	▲0.072	0.003	流動性指標3	▲0.072	0.003	流動性指標3	▲0.074	0.002
安全性指標2	▲0.051	0.003	安全性指標2	▲0.044	0.011	安全性指標2	▲0.045	0.011
安全性指標3	▲0.117	<0.0001	安全性指標3	▲0.124	0.000	安全性指標3	▲0.124	0.000
業歴	▲0.128	<0.0001	業歴	▲0.131	0.000	業歴	▲0.134	0.000
融資金額	▲0.075	0.000	融資金額	▲0.085	0.000	融資金額	▲0.085	0.000
その他貸付条件	▲0.218	<0.0001	その他貸付条件	▲0.215	0.000	その他貸付条件	▲0.219	0.000
物価	▲0.040	0.013	物価	▲0.037	0.022	物価	▲0.043	0.007

要ではあるものの，経過年数を長くするとモデルの変数の有意性に影響を与える可能性がある．そこで，3年経過の回収率モデルの変数がどの程度の頑健性をもつのかを，4年経過，5年経過のデータを用いて検定する．結果を表6-14に示す．いずれの変数も Wald χ 二乗値はすべて有意になった．パラメータの変動も小さいことがわかる．修正疑似決定係数もほぼ同水準か，やや上昇している．3年経過モデルの変数の安定性が確認できる．

5 まとめと今後の課題

本研究では公庫が保有する約6.5万件のデフォルト債権データを用いて，回収率の特徴を担保付，一部担保付，無担保無保証の保全タイプ別に分析した．さらに，個別債権の詳細な情報が電子化されている約2万件のデータを使って保全別に回収率モデルを構築し，そのパフォーマンスを検証した．

分析の結果，回収率の分布は多くの先行研究でみられるように，0%と100%の端点が高い双峰型であったが，保全別に明確な特徴がみられた．保全カバー率が100%の担保付は100%の端点が高く，保全カバー率が0%の無担保無保証は0%の端点が高い分布であった．

融資時点の情報をもとにデフォルト後3年間の回収率を推定するモデルを保全別に構築すると，モデルの説明変数が保全別に異なり，回収率に影響を与える要因に違いがあった．担保付は，財務指標や融資条件などの影響を受けにくいと考えられるため，ほとんどの変数が有意にならなかった．一部担保付は，保全カバー率と残余財産の大きさを示すと思われる一部の財務指標が有意になったが，AR値は18.4%と改善の余地を残した．ポートフォリオの予測精度もサイズを小さくすると一致精度が大きく低下した．

一方で，無担保無保証モデルは，流動性指標と安全性指標，業歴，融資金額が有意になり，回収率の分子となる資産の蓄積状況を示す財務指標と業歴，分母となるEADに影響を与える融資条件に関する変数が重要な要素であることがわかった．AR値は33.4%と一定の精度を確保することができた．小企業は情報の非対称性が大きいため，実務で運用しているPD推計モデルのAR値は40%前後である．PD推計モデルと単純比較はできないが，デフォルトよりもさらに遠い将来の予測を行う回収率の推定において，30%以上のAR値を確保できたことは評価に値する．ポートフォリオの予測精度についても，サイズを

小さくしても一致精度の大きな低下はみられず，実務での利用可能性を示す結果となった．さらに，無担保無保証モデルの頑健性を検証したところ，ポートフォリオの構成が変化したとしても予測精度を高く保つことができるとともに，回収期間 t に対する変数の安定性も確認することができた．

　担保付，一部担保付の精度が低いのは，最終的な回収率が保全カバー率に収束する可能性が高く，途中の回収率は財務指標や融資条件よりも，デフォルト後の返済パターンに大きく依存していることが要因と考えられる．返済パターンを考慮することができないのであれば，担保付と一部担保付の保全がある部分の推定回収率は，モデルではなく，過去の実績値を用いることも一案だろう．

　一方で，無担保無保証債権の回収率に保全カバー率を用いることは好ましくない．法人企業の実績回収率は3年経過で約12%であった．保全カバー率を用いると推定値は0%になるため，約12%の誤差が生じることになる．

　また，過去の実績値を一律に当てはめることにも問題がある．無担保無保証モデルのパラメータをみると，財務指標や業歴，融資金額に関する変数などが有意になり，回収率がデフォルト後の残余財産やEADの大きさに左右されることがわかった．過去の実績値を一律に当てはめる方法では，財務内容や融資条件などの違いを反映させることができない．さらに，ポートフォリオの回収率の推定においても，無担保無保証融資の増加やマクロ経済の変動といったポートフォリオの質の変化による影響を分析することができない．無担保無保証債権の回収率の推定には，回収率モデルの利用が欠かせないことは明らかである．

　以上を踏まえると，実務的には担保付債権や一部担保付債権の保全がある部分は過去の実績値を用い，無担保無保証債権や一部担保付の保全のない部分については回収率モデルを用いて推定する方法が現状ではベストプラクティスである．もっとも，モデルの精度については改善の余地があると考えている．今後の課題として以下の2点について研究を進める予定である．

(1) 無担保無保証債権について，融資時点の情報だけでも回収できる債権かどうかの判別はある程度は可能であることがわかった．ただ，具体的にどの程度回収できるかという点での推定精度には課題を残した．0%超の回収率の推定精度を改善する．

(2) 個人企業の回収率やモデルに関して，本研究ではサンプル数が少なく，十分な分析ができなかったが，モデルの疑似決定係数や変数をみると，法

人企業とは異なる特徴がみられる．サンプル数が増加したら，個人企業向けモデルの分析を深める．

本研究では，規制対応に拘泥せず，債権管理の実務や会計との親和性に重点を置いてモデル化を行った．本研究が多くの金融機関の参考になれば幸いである．

付録　順序ロジットの SD 値の算出

順序ロジットの Somer's D（SD 値）の算出は 4 つの手順で行う．第 1 に，3 年間の実績回収率を 0%，0%超 100%未満，100%に 3 区分する．第 2 に，実績回収率の区分が異なる債権の組み合わせを作成し，組み合わせ数を計算する．以下の例でみてみよう．ここに A から E の 5 つの債権がある．債権 ID が A の債権の実績回収率を 0%とすると回収率区分は 1 である．すると区分が異なる債権は，1 以外の区分である B，C，E の債権だから，区分が異なる債権との組み合わせ数は 3 となる．このように計算すると，全体の組み合わせの数 N は 8 となる．

第 3 に，区分が異なる債権同士の序列性が実績値ベースと予測値ベースとで一致しているかどうかを確認する．たとえば，債権 A と債権 B の序列は，実績

表 6-15　各債権の実績回収率区分とモデルから算出された予想回収率

債権 ID	A	B	C	D	E
実績回収率区分	1	2	3	1	3
予想回収率	10%	20%	10%	20%	30%

表 6-16　異なる債権 ID 同士の組み合わせと順序の一致性

債権 ID	実績回収率区分	予想回収率区分	債権 ID	実績回収率区分	予想回収率区分	実績回収率符号	予想回収率符号	順序の一致性
A	1	10%	B	2	20%	<	<	○
A	1	10%	C	3	10%	<	=	△
A	1	10%	E	3	30%	<	<	○
B	2	20%	C	3	10%	<	>	×
B	2	20%	E	3	30%	<	<	○
D	1	20%	B	2	20%	<	=	△
D	1	20%	C	3	10%	<	>	×
D	1	20%	E	3	30%	<	<	○

回収率ベースでは「A＜B」となっている．予想回収率は A が10％，B が20％なので序列は「A＜B」であり，実績値と予測値の符号は一致している．このようにして一致，不一致の数を計算すると，以下の例では一致の個数 $n_c=4$，不一致の個数 $n_d=2$ となる．

第 4 に，異なる債権同士の組み合わせ数，一致個数，不一致個数を用いて，Somer's D（SD 値）を算出する．算出式を式（6）に示す．

$$Somer's\ D(SD 値) = \frac{n_c - n_d}{N} \tag{6}$$

〔参考文献〕

伊藤有希・山下智志（2008），「中小企業に対する債権回収率の実証分析」『FSA リサーチ・レビュー』，第 4 号（2008 年 3 月発行），金融庁金融研修センター．

川田章弘・山下智志（2012），「回収実績データに基づく LGD の要因分析と多段階モデルによる LGD および EL 推計」『FSA リサーチ・レビュー』，第 7 号（2013 年 3 月発行），金融庁金融研修センター．

尾藤剛（2011），『ゼロからはじめる信用リスク管理―銀行融資のリスク評価と内部格付制度の基礎知識』，きんざい．

枇々木規雄・尾木研三・戸城正浩（2010），「小企業向けスコアリングモデルにおける業歴の有効性」津田博史・中妻照雄・山田雄二編，『ジャフィー・ジャーナル―金融工学と市場計量分析　定量的信用リスク評価とその応用』，朝倉書店，83-116．

枇々木規雄・尾木研三・戸城正浩（2011），「教育ローンの信用スコアリングモデル」津田博史・中妻照雄・山田雄二編，『ジャフィー・ジャーナル―金融工学と市場計量分析　バリュエーション』，朝倉書店，136-165．

三浦翔・山下智志・江口真透（2010），「内部格付け手法における回収率・期待損失の統計型モデル―実績回収率データを用いた EL・LGD 推計―」，『FSA リサーチ・レビュー』，第 6 号（2010 年 3 月発行），金融庁金融研修センター．

森平爽一郎（2009），『信用リスクモデリング―測定と管理―』（応用ファイナンス講座 6），朝倉書店．

森平爽一郎・岡崎貫治（2009），『マクロ経済効果を考慮したデフォルト確率の期間構造推定』早稲田大学大学院ファイナンス総合研究所ワーキングペーパーシリーズ．

山下智志（2012），「回収実績データを用いた LGD および EL と計量化モデルの課題」統計数理研究所リスク解析戦略研究センターシンポジウム（2012.3.15），『新

しい金融データ分析とリスク管理手法』資料.

山下智志・三浦翔 (2011),『信用リスクモデルの予測精度— AR 値と評価指標—』, 朝倉書店.

Asarnow, E. and Edwards, D. (1995), "Measuring Loss on Defaulted Bank Loans: A 24-Year Study," *Journal of Commercial Lending*, **77** (7), 11-23.

Bellotti, T. and Crook, J. (2008), "Modelling and estimating Loss Given Default for credt card," *CRC working paper* 08-1.

Bruche, M. and Gonzalez-Aguado, C. (2010), "Recovery Rates, Default Probabilities, and the Credit Cycle," *Journal of Banking and Finance*, **34** (4), 754-764.

Dermine, J. and Neto de Carvalho, C. (2006), "Bank loan loss-given-default: A case study," *Journal of Banking and Finance*, **30** (4), 1219-1243.

Gupton, G. M. and Stain, R. M. (2005), "LossCalc v2: Dynamic prediction of LGD:Modeling methodology," Moody's KMV Company.

Hurt, L. and Felsovalyi, A. (1998), "Measuring loss on Latin American defaulted bank loans, A 27-year study of 27 countries," *Journal of Lending and Credit Risk Management*, **81** (2), 41-46.

Schuermann, T. (2004), "What do we know about loss-given-default?," In *Credit Risk Models and Management*, 2nd Ed, (Ed. Shimko, D.), RiskBooks.

(尾木研三:日本政策金融公庫/慶應義塾大学大学院)
(戸城正浩:日本政策金融公庫)
(枇々木規雄:慶應義塾大学理工学部)

7 ファンド運営を意識した最適ペアトレード戦略
―DFO 手法を用いた問題設計―

山本　零・枇々木規雄

概要　本論文では，伝統的な投資戦略の1つであるペアトレード戦略について理論的・実証的先行研究を整理し，実際の運用戦略で利用できる設定や目的関数の下でシミュレーションを行うことにより最適な投資戦略について考察を行った．具体的には，理論的研究で用いられている確率過程による表現を利用してモンテカルロ・シミュレーションを行い，実証的研究や実際の運用戦略で用いられているリターン，コスト，リスクの観点での評価や閾値に基づく戦略の下で最適化問題を定義する．そして近年注目されているルールに基づく最適化問題を求解するための最適化手法である DFO (Derivative Free Optimization) 手法を用いて最適な投資戦略を求め，さまざまな状況での最適戦略について考察を行った．

キーワード　ペアトレード戦略，DFO (Derivative Free Optimization) 手法，取引ルール，モンテカルロ・シミュレーション．

1　はじめに

　ペアトレード戦略は古典的な投資手法の1つであり，直感的なわかりやすさと運営の行いやすさから，現在でも個人投資家からヘッジファンドのような機関投資家までが利用している手法である（Vidyamurthy (2004))．代表的なペアトレード戦略は，類似した2つの資産の価格差（スプレッド）に注目し，何らかの要因により2つの資産価格に一時的な乖離が発生した状況において，その乖離が収斂することを期待してポジションを構築する投資手法である[1]．

---

[1]　文献によっては，価格の差ではなく対数価格の差や基準化した価格の差を利用している．また価格差ではなく2資産の1次結合で表現するものもある．どの定義を用いても以降の議論に本質的な違いはないが，本研究では Mudchanatongsuk et al. (2008) に従い，2資産の対数価格の差をスプレッドとして定義する．

図 7-1 に具体的な例として，トヨタ自動車と豊田自動織機に着目し，2012 年 4 月 2 日から 2013 年 3 月 29 日の日次スプレッド（トヨタ自動車の対数価格－豊田自動織機の対数価格）の推移を示す．図 7-1 より，2 つの株価のスプレッドは 0.35 を中心として変動しており，一時的にスプレッドが平均水準から乖離しても，その後平均水準に収斂していくことがわかる．図 7-1 の点線は平均 ± 1 標準偏差の乖離水準，破線は平均 ± 0.3 標準偏差の乖離水準を示している．たとえば 5 月 16 日にスプレッドが点線を超えて価格差が大きくプラスに乖離した時点でトヨタ自動車を 1 単位空売り，豊田自動織機を 1 単位購入してポジションを構築し，6 月 11 日にスプレッドが破線を超えて価格差が収斂した時点でポジションを解消することで収益が得られることになる．この場合，得られる収益は，5 月 16 日のスプレッド 0.39 と 6 月 11 日のスプレッド 0.36 の差が 0.03 であることから 3% となる．

ペアトレード戦略の収益の源泉は，2 つの資産の共和分構造である．共和分構造をもつとは，複数の単位根過程に従う確率変数が組み合わさることで定常過程となることをいう．つまり，1 資産の価格や収益率の予測を行うことはできないが，2 つ以上の資産の組合せ（本論文では 2 資産の対数価格差）を考え

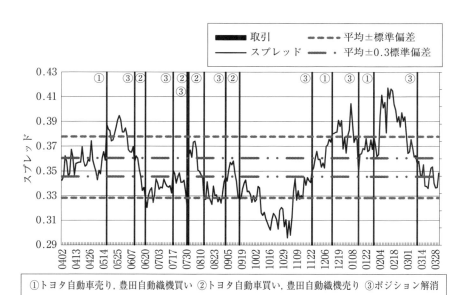

図 7-1 トヨタ自動車と豊田自動織機の対数価格差（2012 年度）

ることで，その過程が平均回帰性を持ち，投資戦略に利用できる．

このようなペアトレード戦略は古くから理論的研究，実証的研究が数多く行われている．理論的研究では，Elliott et al.（2005）が共和分構造をもつ確率変数の統計的性質からポジションを構築/解消する閾値の算出方法を提案している．具体的には，直前までの観測値に基づいたスプレッド過程の条件付期待値を閾値として利用することを述べており，その条件付期待値を求める手法を提案している．

また Mudchanatongsuk et al.（2008）では，スプレッドと各資産の確率過程を定義し，連続時間の設定の下でペアトレード戦略から得られる富の期待効用を最大化する各資産の保有比率を HJB 方程式を解くことで解析的に求めている．このような確率的アプローチは現在でも拡張的な研究が行われており，Tourin and Yan（2013）では Mudchanatongsuk et al.（2008）の仮定していた2つの資産を対称的に保有するという制約を緩和して，スプレッドを構成する2資産の保有比率を解析的に求めている．また山田・Primbs（2012）では，1つのスプレッドの保有比率を求めるのではなく，複数のスプレッドの保有戦略を条件付平均・分散モデルとして定式化している．彼らはこの問題を解析的に解き，その取引戦略を実行することによって高いリターンが得られることを示している．

実証的研究では，米国・日本などさまざまな国でペアトレード戦略の有効性が検証されている．その多くは Elliott et al.（2005）を参考にしており，事前に決めたポジション構築/解消の閾値を利用してアウトオブサンプル期間でペアトレード戦略の有効性を示すものである．たとえば，Gatev et al.（2006）は米国市場で1996年から2002年までの日次データを用いて実際にペアトレード戦略を構築し，その収益性を検証している．彼らは開始時点において過去1年のスプレッドの平均と標準偏差を計算し，平均±2標準偏差の乖離でポジションを構築し，価格差が0になった時点でポジションを解消するというルールの下でその後半年間の収益性を検証した．その結果，月次で0.9〜1.4%程度の収益が得られており，コストを保守的に見積もってもプラスの収益が得られること，Fama-French の3ファクターで調整した後でも収益が残ることを実証的に示している．国内株式市場においても，安達（2006），袴田（2002）が同様の分析を行っており，共和分構造をもつペアの抽出方法やポジション構築/解消の閾値について考察を行っている．どちらの研究も国内株式市場において，ペアトレ

ード戦略は有効に機能し，分析期間において収益性が高いことを主張している．

このようにペアトレード戦略に関しては，さまざまな理論的・実証的研究が現在まで行われている．理論的研究については，共和分構造や平均回帰性の特性を考慮し，最適なペアトレード戦略を構築できるという点で非常に魅力的な研究である．しかしながら，実際に運営を行う際の条件を考慮できないという問題点があげられる．たとえばElliott et al. (2005) では，スプレッド過程の統計的性質からポジション構築の閾値を算出できるが，コストやリスクの観点を考慮することができず，どの程度の収益性があるかを判断できない．連続時間で問題を扱う確率的アプローチの研究では，スプレッドや各資産の最適な保有ウェイトが連続的に算出されるが，実際の運用で連続的にポジションを構築することは難しく，運用可能であるとしてもコストが非常に高くなることも考えられる．離散的なリバランス間隔や取引コストを考慮した場合，最適な保有ウェイトや取引戦略も異なると思われるが確率的アプローチではそれらの条件を考慮することが困難である．またレバレッジや回転率など実務的に必要な条件を考慮することもできないため，現実的にファンドへ適用することが難しい．

実証的研究については，市場の株価データを用いて離散時間で運用可能な条件を下に分析を行っており，実際にこれらの論文で提案されているルールに基づいて運営を行っているファンドも存在している．これらの研究で用いられている閾値に基づく取引ルールは，Elliott et al. (2005) を参考にしたものであるが，Elliott et al. (2005) ではスプレッドの特性や時間の経過とともポジション構築の閾値が異なっている．それに対し実証的研究の多くは，対象とするすべてのペアで同一のポジション構築/解消の閾値を利用しており，その閾値も実証的に過去のパフォーマンスが有効なものを決定しているに過ぎない．

そこで本論文ではこれらの研究を踏まえ，確率的アプローチの設定を活かし離散時間の枠組みで現実的な条件を意識した取引ルールと，実際の運用で行われる期待リターン，期待コスト，リスクを用いた評価の上で最適なペアトレード戦略を構築し，その特性について考察を行う．具体的には，はじめに確率的アプローチの研究で利用されている確率モデルを用いてスプレッド過程のモンテカルロ・シミュレーションを行う．次に実証的研究で利用されている現実的な運用ルールを設定し，それに利用するパラメータを決定変数として定義する．そしてペアトレード戦略の目的関数を設定し，各シミュレーションパスに対して目的関数の評価を行うプロセスを最適化問題に組み込み，DFO (Derivative

Free Optimization）手法を用いて最適なパラメータを算出する．

　DFO 手法は本論文で扱うような微分不可能な非線形計画問題に対し，ある程度の精度で実行可能解を求めるための手法であり，古くからさまざまな方法が提案されている（Conn et al.（2009））．近年アルゴリズムの発展により，改めて注目されている手法であり，金融分野においても適用例がみられている．たとえば，Hibiki and Yamamoto（2014），枇々木ら（2014）ではアセットミックスのリバランス問題について DFO 手法を利用しており，資産配分比率がある一定の閾値を超えた場合に，閾値上の点にリバランスを行うというルールの下で目的関数を最小化する閾値を求めている．本論文で取り扱う問題に関しても，Hibiki and Yamamoto（2014），枇々木ら（2014）の問題と同様，モンテカルロ・シミュレーションを用いて定義される取引ルールの下でそのパラメータを最適化するという点で類似しており，DFO 手法と相性のよい問題であるといえる．本論文では，DFO 手法を用いることで効率的に最適な取引ルールを求めることができることも示していく．

　これより，本論文の先行研究との位置づけをまとめると表 7-1 のようになる．

　表 7-1 より，本論文は理論的研究と比較した場合，同様の確率過程を利用した問題の記述を行った上で，実証的研究で行われている取引ルールや評価を取り入れ，実際の運営が可能な状況の下で最適な取引ルールを考察できる点が大きな特徴である．また実証的研究と比較した場合，確率過程を用いたシミュレーションで問題を記述していることから，さまざまな状況下での最適な取引ルールについて考察できる点が大きな違いとなっている．本論文では，これらの

表 7-1　先行研究との位置づけ

カテゴリ	論文	時間間隔	決定変数	評価関数	問題の記述	方法論
理論	Elliott et al.（2005）	離散	閾値	なし	確率過程	条件付期待値
	Mudchanatongsuk et al.（2008）	連続	保有ウェイト	期待効用	確率過程	解析的手法
	Tourin and Yan（2013）	連続	保有ウェイト	期待効用	確率過程	解析的手法
	山田・Primbs（2012）	連続	保有ウェイト	平均・分散	確率過程	解析的手法
実証	Gatev et al.（2006）	離散	閾値	リターン・コスト・リスク	過去の株価	バックテスト
	袴田（2002）	離散	閾値	リターン・コスト・リスク	過去の株価	バックテスト
	安達（2006）	離散	閾値	リターン・コスト・リスク	過去の株価	バックテスト
	本論文	離散	閾値	リターン・コスト・リスク	確率過程	DFO 手法

研究の乖離を埋め，より現実的で効率的なペアトレード戦略について検討することを目的とする．さらに本論文で行うような分析を行う場合，DFO 手法の利用が効率的であると示すことは，従来の理論/実証的研究にない新しい示唆を与えることができる．

本論文の構成は以下の通りである．次節では，ペアトレード戦略の定式化として，Mudchanatongsuk et al.（2008）で利用された問題設定を紹介し，より実際の運営に近い条件を考慮した定式化を行う．3 節では，定式化した問題を DFO 手法を用いて解いた結果について考察し，最適なペアトレード戦略について議論を行う．4 節では，実際のファンド運営においては複数のペアを用いて戦略を構築することを考慮し，複数ペアでのファンド運営方法について言及する．最後に 5 節では，まとめと今後の課題について述べる．

2 定式化

2.1 スプレッド過程の定式化

本論文では，確率的アプローチの研究である Mudchanatongsuk et al.（2008）で利用された設定を用いて問題を定式化する[2]．Mudchanatongsuk et al.（2008）では，資産 A, B の対数価格差をスプレッドとして，スプレッド X と無リスク資産 M への投資を考える．はじめに時点 t における無リスク資産，資産 B の価格 $M(t)$, $B(t)$ を以下のような幾何ブラウン運動にしたがうものとして定義する．

$$dM(t) = rM(t)dt, \tag{1}$$
$$dB(t) = \mu B(t)dt + \sigma B(t)dZ(t). \tag{2}$$

ここで r は無リスク収益率，μ は資産 B の期待収益率，σ はボラティリティ，$Z(t)$ はウィナー過程を示している．

このとき，資産 A, B の対数収益率のスプレッドとその確率過程を以下のように定義する．

$$X(t) = \ln(A(t)) - \ln(B(t)), \tag{3}$$
$$dX(t) = \kappa(\theta - X(t))dt + \eta dW(t). \tag{4}$$

ここで $X(t)$ は平均回帰過程であり，θ がその平均，κ が速さ，η はスプレッド

---

[2] 多変量の対数資産価格に対する定式化に関しては，他にも Duan and Pliska（2004），Nakajima and Ohashi（2012）などがある．

のボラティリティ，$W(t)$ はウィナー過程を表している．また2つのウィナー過程には相関 $dZ(t) \cdot dW(t) = \rho \cdot dt$ があるものとする．

次に時点 t におけるポートフォリオの価値を $V(t)$，スプレッド X の保有ウェイトを $h(t)$ とし，自己資金調達の運用を行うと仮定すると，$V(t)$ は以下のように記述できる．

$$dV(t) = V(t)\left\{h(t)\frac{dA(t)}{A(t)} - h(t)\frac{dB(t)}{B(t)} + \frac{dM(t)}{M(t)}\right\}. \tag{5}$$

Mudchanatongsuk et al. (2008) では，(5) 式で定義されるポートフォリオ価値の満期 T 時点でのべき乗型効用関数を用いた期待効用最大化問題を解析的に解くことで，最適な保有ウェイト $h(t)$ を導出している．

2.2 シミュレーションのアルゴリズム

本論文では，実際の運用を意識したルールの下で最適なペアトレード戦略を DFO 手法を用いて検討する．そこで次に DFO に与えるシミュレーションのアルゴリズムについて説明する．

はじめに各資産過程 A, B, X を離散化して以下のように記述する．

$$X(t_{k+1}) = \theta(1 - e^{-\kappa\Delta t}) + e^{-\kappa\Delta t}X(t_k) + \sqrt{\frac{\eta^2}{2\kappa}(1 - e^{-2\kappa\Delta t})}\delta(t_k), \tag{6}$$

$$B(t_{k+1}) = e^{\mu\Delta t + \sigma\varepsilon(t_k)\sqrt{\Delta t}}B(t_k), \tag{7}$$

$$A(t_{k+1}) = B(t_{k+1})e^{X(t_{k+1})}. \tag{8}$$

ここで Δt は t_k，t_{k+1} の間の期間，$\delta(t_k)$，$\varepsilon(t_k)$ はそれぞれ標準正規分布に従う確率変数とし，2つの確率変数は ρ の相関をもつものとする．次に確率変数 $\delta(t_k)$，$\varepsilon(t_k)$ にモンテカルロ法でサンプル数 S の正規乱数を与え，式 (6)〜(8) を用いて各資産とスプレッドの価格をシミュレートする．

このとき時点 t_{k+1}，パス s におけるポートフォリオの価値から得られる収益率 $r_V^{(s)}(t_{k+1})$ は以下のように表現することができる．

$$r_V^{(s)}(t_{k+1}) = \frac{V^{(s)}(t_{k+1}) - V^{(s)}(t_k)}{V^{(s)}(t_k)} \tag{9}$$

$$= h_A^{(s)}(t_k)\frac{A^{(s)}(t_{k+1}) - A^{(s)}(t_k)}{A^{(s)}(t_k)} + h_B^{(s)}(t_k)\frac{B^{(s)}(t_{k+1}) - B^{(s)}(t_k)}{B^{(s)}(t_k)}$$

$$+ h_M^{(s)}(t_k)r\Delta t. \tag{10}$$

ここで $V^{(s)}(t_k)$，$A^{(s)}(t_k)$，$B^{(s)}(t_k)$ はそれぞれパス s のポートフォリオ価値，資

産 A, B の価格を表す.そして $h_A^{(s)}(t_k)$, $h_B^{(s)}(t_k)$, $h_M^{(s)}(t_k)$ はパス s の資産 A, 資産 B, 無リスク資産 M への投資比率を表し, $h_M^{(s)}(t_k) = 1 - h_A^{(s)}(t_k) - h_B^{(s)}(t_k)$ である.

また,本論文ではコスト関数として線形コストを仮定し,各時点の保有比率からポートフォリオ価値に対する取引コスト比率 $c_V^{(s)}(t_k)$ を以下のように記述する.

$$c_V^{(s)}(t_k) = c(|h_A^{(s)}(t_k) - h_{A0}^{(s)}(t_k)| + |h_B^{(s)}(t_k) - h_{B0}^{(s)}(t_k)|). \tag{11}$$

ここで c は線形コスト係数を表し, $h_{A0}^{(s)}(t_k)$, $h_{B0}^{(s)}(t_k)$ は,時点 t_k の取引前の資産 A, B の保有ウェイトであり,以下の式で算出される.

$$h_{A0}^{(s)}(t_k) = \frac{h_A^{(s)}(t_{k-1}) \frac{A^{(s)}(t_k)}{A^{(s)}(t_{k-1})}}{\frac{V^{(s)}(t_k)}{V^{(s)}(t_{k-1})}}, \tag{12}$$

$$h_{B0}^{(s)}(t_k) = \frac{h_B^{(s)}(t_{k-1}) \frac{B^{(s)}(t_k)}{B^{(s)}(t_{k-1})}}{\frac{V^{(s)}(t_k)}{V^{(s)}(t_{k-1})}}. \tag{13}$$

本論文では,ペアトレード戦略の評価として,期待リターン,期待コスト,リスク(分散)を利用する.これらの要素は,運用戦略における代表的な評価項目であり,実証的研究である Gatev et al. (2006), 安達 (2006), 袴田 (2002) でもこれらを投資戦略の評価に用いている.パス s における投資期間 t_1 から t_K までの期待リターン,期待コスト,リスクを以下のように定義する.

$$r(s) = \frac{1}{K} \sum_{k=1}^{K} r_V^{(s)}(t_k), \tag{14}$$

$$c(s) = \frac{1}{K} \sum_{k=1}^{K} c_V^{(s)}(t_k), \tag{15}$$

$$v(s) = \frac{1}{K} \sum_{k=1}^{K} (r_V^{(s)}(t_k) - r(s))^2. \tag{16}$$

これより,本論文で利用する目的関数を以下のように定義する.

$$f = \frac{1}{S} \sum_{s=1}^{S} \{r(s) - \alpha_1 c(s) - \alpha_2 v(s)\}. \tag{17}$$

ここで α_1, α_2 はそれぞれコストペナルティとリスクペナルティを示し,目的関

数の値が大きいと取引戦略の有効性が高いことを示している．

2.3 取引ルールの定式化

次に本論文で検討した取引ルールについて説明する．目的関数を高めるためには，問題の変数である投資比率 $h_A^{(s)}(t_k)$, $h_B^{(s)}(t_k)$ を直接決定変数として扱うことが望ましい．しかしながら，自由度の高い取引戦略は解釈が難しく，実証的研究や実際の運用で用いられることは少ない．また問題の決定変数が多い場合には，DFO 手法による求解が難しく，計算時間が膨大になる可能性も考えられる．実証的研究では，Elliott et al. (2005) の考え方を簡易的に利用したものが多く，インサンプル期間で計測したスプレッドの平均と標準偏差から平均±x標準偏差という閾値を設定し，スプレッドと閾値の大小関係でポジションの構築/解消を決定している．実際のファンド運営を考えた場合，複数のポジションをモニタリングする日々の運営負荷が大きいため，取引ルールは単純かつ解釈しやすいほうが望ましい．また問題の変数を少なくすることでDFO 手法での求解が行え，回転率やコスト，ポジションのレバレッジなど実際のファンドで必要な制約条件を考慮して最適な取引戦略を求めることができる．

そこで本論文では，実務的研究で用いられている閾値によるポジション構築/解消ルールを定式化し，閾値の設定方法について検討する．まず時点 t_k におけるポジション構築の閾値を $\tau^o(t_k)\eta$，ポジション解消の閾値を $\tau^c(t_k)\eta$ とし，時点 t_k の取引前にスプレッドの水準を確認して，以下のように保有ウェイトを決定する取引ルールを設定する（図 7-2）．

表 7-2　保有ウェイトを決定する取引ルール

$h_A^{(s)}(t_k)$	$h_B^{(s)}(t_k)$	条　　件
-1	1	$X^{(s)}(t_k) \geq \theta + \tau^o(t_k)\eta\sqrt{\Delta t}$ and $h_A^{(s)}(t_{k-1}) \geq 0$
0	0	$\theta + \tau^c(t_k)\eta\sqrt{\Delta t} > X^{(s)}(t_k) \geq \theta - \tau^c(t_k)\eta\sqrt{\Delta t}$ and $h_A^{(s)}(t_{k-1}) \neq 0$
1	-1	$\theta - \tau^o(t_k)\eta\sqrt{\Delta t} > X^{(s)}(t_k)$ and $h_A^{(s)}(t_{k-1}) \leq 0$
$h_{A0}^{(s)}(t_k)$	$h_{B0}^{(s)}(t_k)$	otherwise

本論文では，ポジション構築/解消の閾値の関数として以下の2つを設定する．

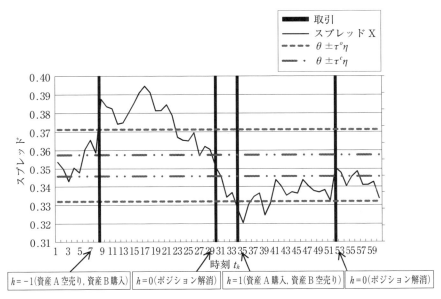

図 7-2 取引ルールの例(ルール 1)

[ルール 1] コンスタント投資戦略

実証的研究の多くが利用している手法である.$\tau^o(t_k)$,$\tau^c(t_k)$ について時間依存せず一定の値を利用するものであり,本論文では以下のように定義する.

$$\tau^o(t_k) = \tau^o \tag{18}$$
$$\tau^c(t_k) = \tau^c \tag{19}$$

ここで τ^o,τ^c が閾値の大きさを決めるパラメータであり,スプレッドのボラティリティ η の定数倍が閾値となる.

[ルール 2] 時間依存投資戦略

理論的研究の多くは保有ウェイトが時間依存する関数で表現される.そこで本論文ではそれらの研究を参考とし,いくつかの基礎分析から以下のような指数関数を用いて時間依存の閾値を表現する[3].

$$\tau^o(t_k) = \tau^o(1 + a^o e^{-b^o(T-k+1)\Delta t}) \tag{20}$$
$$\tau^c(t_k) = \tau^c(1 + a^c e^{-b^c(T-k+1)\Delta t}) \tag{21}$$

---

3) 基礎分析は付録を参照されたい.

ここで τ^o, a^o, b^o, τ^c, a^c, b^c が閾値の大きさを決めるパラメータとなり，時間の経過とともに閾値が大きくなり，ポジションを構築しにくくなることを表している．Tourin and Yan（2013）では，連続時間での最適な保有ウェイトが時間とともに小さくなっていくことを示しており，ルール2と整合的な結果となっている．また $a^o = 0$, $a^c = 0$ の場合にはルール1と同様のコンスタント投資戦略となり，ルール1の自然な拡張と解釈できる．

2.4 DFO の定式化

これより，本論文でDFOによって求解する最適化問題を以下のように定義する．

$$[\text{ルール 1}] \quad \begin{vmatrix} \text{最大化} & f = \dfrac{1}{S} \sum_{s=1}^{S} \{r(s) - \alpha_1 c(s) - \alpha_2 v(s)\} \\ \text{条件} & \tau^o \geq \tau^c \geq 0, \end{vmatrix} \quad (22)$$

$$[\text{ルール 2}] \quad \begin{vmatrix} \text{最大化} & f = \dfrac{1}{S} \sum_{s=1}^{S} \{r(s) - \alpha_1 c(s) - \alpha_2 v(s)\} \\ \text{条件} & \tau^o \geq \tau^c \geq 0 \\ & a^o \geq a^c \geq 0 \\ & b^c \geq b^o \geq 0. \end{vmatrix} \quad (23)$$

これらの問題は，構造の内部に非連続的な保有ウェイトの決定ルールを含むシミュレーション型の最適化問題となっており，標準的な数理計画法を用いて求解することができない．本論文ではこれらの問題に対し，ルールに基づく意思決定を行う最適化問題をある程度の目的関数値の精度で求解することができるDFO手法を用いた．ソフトウェアには（株）NTTデータ数理システム社の数理計画法パッケージNUOPTのアドオンであるNUOPT/DFOを利用した（数理システム（2011））．

3 計算機実験

3.1 問題設定

本論文では，図7-1で示したトヨタ自動車と豊田自動織機を例とし，2012年度の株価から総務省郵政研究所（2001）と同様の方法で必要なパラメータを推計し，計算機実験を行った．推計したパラメータの値を表7-3に示す．

表 7-3　推定パラメータ

パラメータ	推計値
トヨタ自動車の期待収益率	$\mu = 4\%$
トヨタ自動車のボラティリティ	$\sigma = 3\%$
スプレッドの平均回帰速度	$\kappa = 19$
スプレッドの平均回帰水準	$\theta = 0.35$
スプレッドのボラティリティ	$\eta = 0.15$
トヨタ自動車とスプレッドの相関	$\rho = 0.09$

また無リスク利子率は2012年4月の有担保コール翌日物レートから $r = 0.04$ ％，線形コスト係数は $c = 0.3\%$ とし，シミュレーションのサンプル数は $S = 10000$ として分析を行った．

計算機実験に用いた計算機は，Panasonic Let's note（Windows 7，2.53 GHz，4 GB），ソフトウェアは NUOPT Ver.14.1（アドオン：NUOPT/DFO）である．

3.2　ルール 1

はじめに一般的なペアトレード戦略として利用されている，時間に対してポジション構築/解消の閾値が一定のルール1について分析を行う．具体的には，まず DFO 手法の求解精度を検証するため，最適解を全探索で求めた結果と比較する．次に分析期間やリバランス間隔，スプレッド過程のパラメータを変化させた場合の感度分析を行い，各パラメータの変化と最適戦略との関係を考察する．最後に計算面での DFO 手法の特性として計算時間を確認する．

3.2.1　DFO 手法の精度検証

ルール1の問題は決定変数が2変数であり，時間をかけることで全探索法での求解も可能である．そこではじめに DFO 手法の精度検証として，ルール1の問題を全探索法と DFO 手法で求解し，その精度を比較する．期間は3ヵ月と12ヵ月，1日でのリバランスを想定し，$T = 60$，250，$\Delta t = 0.004$ とする．コスト，リスクペナルティは $\alpha_1 = \alpha_2 = 1$ とした．

また全探索法は，τ^o の探索幅が 0.01，τ^c の探索幅が 0.001 として全組合せを探索している．表 7-4 に両手法の最適解を示す．

表 7-4 より，どちらのケースも目的関数値は DFO 手法，全探索法ともに同じ値に収束していることがわかる．一方最適解に関しては，どちらのケースも

表 7-4 最適解の比較

		τ^o	τ^c	リターン	コスト	リスク	目的関数値
$T=250$	DFO 手法	1.999	0.000	0.305	0.078	0.020	0.207
	全探索法	1.940	0.000	0.308	0.080	0.021	0.207
$T=60$	DFO 手法	2.120	0.000	0.274	0.080	0.018	0.176
	全探索法	1.910	0.000	0.285	0.090	0.018	0.176

若干異なる値となっており，特に $T=60$ のケースでは違いが大きい．

次にこの違いを考察するために目的関数の形状を考察する．具体的には片方の変数を全探索法の最適解に固定し，もう片方の変数を変化させて目的関数値，リターン，コスト，リスクの形状を観察した．図 7-3 に τ^o の変化と目的関数値の関係を示す．

$T=250$ の場合，τ^o の変化に対する目的関数の形状は凸型をしており，DFO 手法を用いて最適解を求めやすいと考えられる．一方，$T=60$ の場合には $\tau^o=1.9$ 程度から目的関数値が横ばいになっており，τ^o が大きくなっても目的関数があまり変わらない．これは分析期間が短いため，ポジション構築の閾値を上げることでポジション構築回数が少なくなり，目的関数に影響を与えにくくなることが原因であると思われる．つまり，分析期間が短い場合には目的関数が退化しているため，最適解が安定しない可能性があることに注意が必要である．

次に図 7-4 に τ^c と目的関数値の関係を示す．

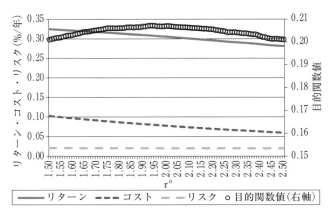

図 7-3 (a) τ^o の変化と目的関数値の関係 ($T=250$)

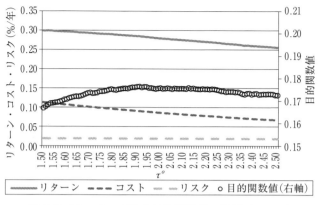

図 7-3（b） τ^o の変化と目的関数値の関係（$T=60$）

図 7-4 より，どちらのケースも τ^c の変化による目的関数の形状は右下がりの形状となっている．これはポジション解消の閾値を高めることによりリスクは軽減するものの，リターン獲得の機会が少なくなること，さらにリバランスをする回数も増えるためコストも増加することが原因であると考えられ，$\tau^c = 0$ が最適解になることがわかる．

以上の結果より，本問題は目的関数がおおむね凸型の形状をしているため，DFO 手法を用いて最適解が求めやすく，全探索法と同程度の目的関数値を得ることができると考えられる．

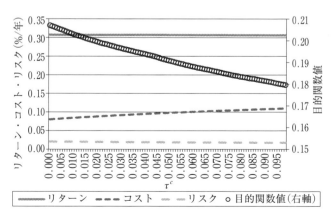

図 7-4（a） τ^c の変化と目的関数値の関係（$T=250$）

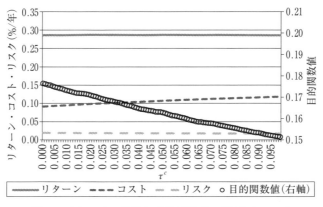

図 7-4（b） τ^c の変化と目的関数値の関係（$T=60$）

3.2.2 分析期間，リバランス間隔に関する考察

ペアトレード戦略の分析期間 T とリバランス間隔 Δt を変化させた場合の最適取引戦略について考察する．分析期間は 1 ヵ月，3 ヵ月，6 ヵ月，12 ヵ月，18 ヵ月，24 ヵ月，リバランス間隔は 1 日（$\Delta t=0.004$），3 日（$\Delta t=0.012$），5 日（$\Delta t=0.02$）とした．図 7-5 に最適取引戦略を示す．

図 7-5 より，リバランス間隔が大きいほどポジション構築/解消の閾値が小さくなることがわかる．これはリバランス間隔が大きいと連続的な取引ができなくなるために起こる現象であり，リバランス間隔が大きい場合にはポジション

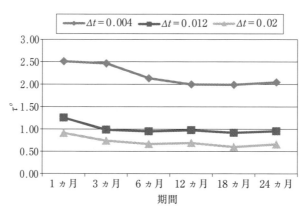

図 7-5（a） τ^o の変化

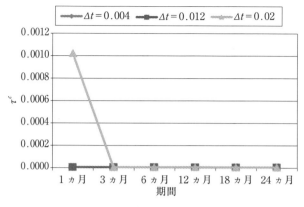

図 7-5 (b) τ^c の変化

構築/解消を早めに行うべきであることを示している．特にポジション構築の閾値 τ^p は 1 日と 5 日で 3 倍程度値が異なっており，リバランスに制約のあるファンドは注意が必要である．

また分析期間は長いほどポジション構築/解消の閾値 τ^p，τ^c が小さくなっており，戦略を構築する期間が異なれば閾値も異なることがわかる．特にポジション解消の閾値は 3 ヵ月以上の分析期間ではほぼ 0 になっている．代表的な実証的研究である Gatev et al.（2006）では，分析期間を 6 ヵ月とし，ポジション解消の閾値を 0 として分析を行っている．本研究で得られた結果は，Gatev et al.（2006）の結果と整合的であり，その論文の妥当性を示唆するものとなっている．

3.2.3 スプレッドパラメータに関する感度分析

ペアトレード戦略を決定するスプレッドのパラメータが変化した場合の最適取引戦略について考察する．ここでは分析期間を 12 ヵ月（$T=250$），リバランス間隔を 1 日（$\Delta t = 0.004$）とした．はじめにスプレッドの平均回帰速度 κ が変化した場合の結果を図 7-6 に示す．

図 7-6（a）より，平均回帰速度が大きくなるほどポジション構築/解消の閾値が小さくなることがわかる．これは図 7-6（b）を見てもわかるように，平均回帰速度が大きいほど乖離したスプレッドがすぐに収斂し，獲得できるリターンが大きくなるため，ポジションを多く構築することが最適であるからである．その結果，コストも高くなるが合計した目的関数値に関しては，単調増加の傾

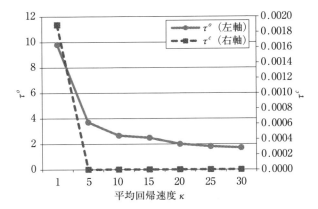

図 7-6（a） κ の変化と最適解 τ^o, τ^c の関係

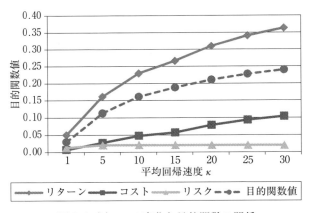

図 7-6（b） κ の変化と目的関数の関係

向になっている．

次にスプレッドのボラティリティ η が変化した場合の結果を図 7-7 に示す．

図 7-7（a）より，スプレッドのボラティリティが大きくなるほどポジション構築の閾値が小さくなることがわかる．図 7-7（b）をみてわかるとおり，これはボラティリティが大きくなるほど獲得できるリターンが大きくなることが原因であると思われる．この傾向はスプレッドの平均回帰速度の変化と類似しているが，コストとリスクの関係が若干異なっており，図 7-6（b）に比べボラティリティが大きいほうがコストは大きく変わらないが，戦略のリスクが高まる

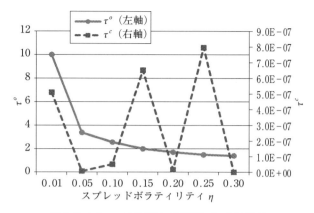

図 7-7(a) η の変化と最適解 τ^o, τ^c の関係

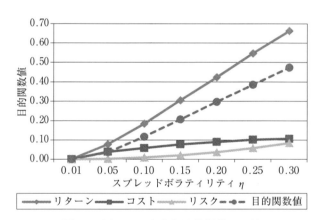

図 7-7(b) η の変化と目的関数の関係

結果となっている．一方，ポジション解消の閾値はほぼ0の値となっており変化していない[4]．

次にスプレッドとトヨタ自動車の相関 ρ が変化した場合の結果を図7-8に示す．図7-8(a)より，スプレッドとトヨタ自動車の相関が高まるとポジション構

---

4) τ^c の値はばらついている（安定していない）ようにみえるが，ほぼ0で $10^{-7} \sim 10^{-5}$ のオーダーであることに注意されたい．図7-8(a)，図7-9(a)，図7-10(a)についても同様である．DFO手法では，このオーダーに対して，厳密な精度を要求することはできない．

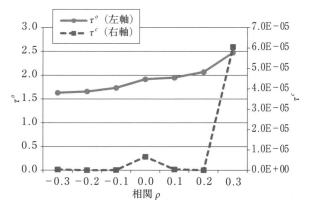

図 7-8（a） ρ の変化と最適解 τ^o, τ^c の関係

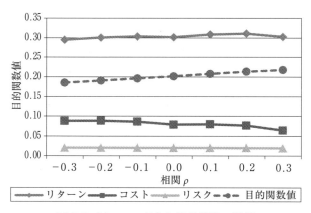

図 7-8（b） ρ の変化と目的関数の関係

築の閾値は緩やかに増加していくことがわかる．図 7-8（b）を見ても，目的関数値はほぼ横ばいであり，他のパラメータに比べて大きな影響は与えていないことがわかる．

　以上の結果より，スプレッドの平均回帰速度やボラティリティが異なれば，最適な戦略も異なることがわかる．多くの実証的研究では対象とするペアに対し一律にポジション構築/解消の閾値を与えている．しかしながら本論文の結果より，そのような戦略は最適なものではなく，ペアごとにスプレッドの特性をみて戦略を構築するべきであるということができる．

3.2.4 目的関数ペナルティに関する感度分析

目的関数のペナルティを変化させた場合の最適取引戦略について考察する．はじめにコストペナルティ α_1 が変化した場合の結果を図 7-9 に示す．

図 7-9（a）より，コストペナルティを増やすとポジション構築の閾値が急激に増加していくことがわかる．これはポジション構築の閾値を増やすことでポジションを構築する回数を減らし，コストを削減することが最適であることを示している．またポジション解消の閾値はコストペナルティによらず 0 となっている．図 7-9（b）をみてもポジションの構築回数が減ることにより，リター

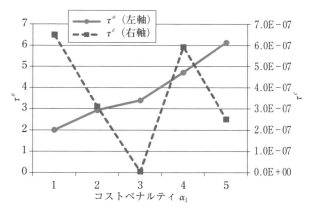

図 7-9（a） α_1 の変化と最適解 τ^o, τ^c の関係

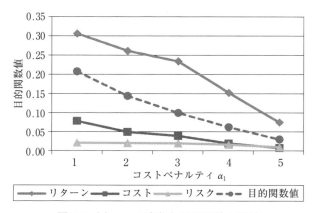

図 7-9（b） α_1 の変化と目的関数の関係

ン，コスト，リスクが減少していることがわかる．次にリスクペナルティ α_2 が変化した場合の結果を図 7-10 に示す．

図 7-10（a）より，コストペナルティと同様にリスクペナルティを増やしてもポジション構築閾値が増加していくことがわかる．これはポジション構築閾値を増やすことでポジションを構築する回数を減らし，リスクを削減することが最適であることを示している．図 7-10（b）をみてもポジション構築回数が減ることにより，リターン，コスト，リスクが減少しているが，コストに比べリスクの水準が小さいため，コストペナルティよりも変化が緩やかであること

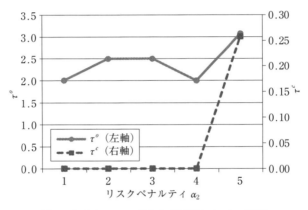

図 7-10（a） α_2 の変化と最適解 τ^o, τ^c の関係

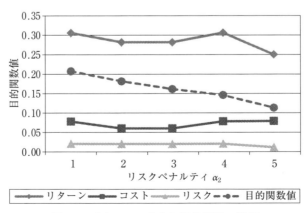

図 7-10（b） α_2 の変化と目的関数の関係

がわかる．

3.2.5 計算時間の考察

最後に DFO 手法の計算時間について考察する．DFO 手法の計算時間は目的関数を評価するシミュレーションに依存するため，本問題の場合にはシミュレーションのパス数と期間数に影響を受ける．そこで 3.2.2 で説明した分析期間とリバランス間隔が異なる 18 ケースにおいて，発生させる乱数のパスのシードを変化させ 10 パターンの計算を行い，その計算時間の統計量を表 7-5 に示した[5]．

表 7-5 より，想定どおり分析期間は長いほど，リバランス間隔は短いほど計算時間が多くなっていることがわかる．ただし，もっとも計算負荷の高い日次リバランス（$\Delta t = 0.004$），分析期間 24 ヵ月（$T = 500$）においても 230 秒程度である．これに対し 3.2.1 で比較した全探索法は，探索する区間や区間幅で計算時間が大きく変わるため詳細には記載しないが，$\Delta t = 0.004$，$T = 250$ のケースでも約 2000 秒程度の時間がかかっており，探索区間や区間幅を調整する手間も必要となる．これらのチューニングや計算時間を総合して考えると，DFO 手法は本問題を効率的に解くことができる手法であるということができる．

表 7-5　計算時間の統計量（単位：秒）

		1 ヵ月	3 ヵ月	6 ヵ月	12 ヵ月	18 ヵ月	24 ヵ月
$\Delta t = 0.004$	平均	15.86	35.95	63.74	134.17	158.13	227.95
	標準偏差	4.65	7.42	18.31	41.95	38.27	60.15
$\Delta t = 0.012$	平均	7.98	14.54	22.95	33.87	55.27	69.46
	標準偏差	1.85	1.47	4.24	8.49	17.03	13.25
$\Delta t = 0.02$	平均	6.91	9.69	17.23	27.27	33.33	44.21
	標準偏差	1.01	2.07	5.86	6.82	9.03	9.99

3.3 ルール 2

時間によってポジション構築/解消の閾値が変化するルール 2 について分析を行う．具体的には，まずルール 2 で求めた最適解をルール 1 で求めた最適解と比較し，ルール 2 の有効性，解の特性を確認する．次に計算面での特性として計算時間について確認する．

---

[5] シミュレーションパスの数はすべての分析で $S = 10000$ とした．

3.3.1 最適解の考察

はじめに3.2.2で扱った分析期間とリバランス間隔を変化させた分析において，ルール2を利用したことによる目的関数値の改善度を確認する．

図7-11より，ポジション構築/解消の閾値を時間依存関数で拡張した場合，どのケースも目的関数値は改善していることがわかる．特に分析期間が短い1ヵ月，3ヵ月では大きく改善し，それ以降は1%程度の改善率となっている[6]．確率的アプローチを用いたTourin and Yan（2013）では，最適な保有ウェイトが時間の経過とともに小さくなっていくことが示されている．閾値を時間の経過とともに大きくし，ポジション構築を少なくするルール2で目的関数値が改善していることは，この論文の結果と整合的である．

詳細に考察するため，リバランス間隔1日（$\Delta t = 0.004$），分析期間1ヵ月，12ヵ月のケースの最適解を図7-12，図7-13に示す．

図7-12 (a) より，分析期間が短い場合のポジション構築の閾値は違いが明確に現れている．ルール1に比べると分析開始直後は閾値が小さくポジションを多くとるが，時間の経過とともに閾値が大きくなり，ルール1を超えている．一方，図7-12 (b) をみると，分析終了間際では違いが現れるが，それ以外はルール1とルール2にほとんど差はみられず，目的関数値にも影響を与えにく

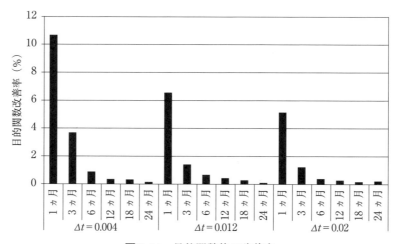

図7-11 目的関数値の改善率

---

6) 3.2.3，3.2.4の感度分析のケースも分析を行ったが，どのケースも0.5%程度の改善率となっている．

7 ファンド運営を意識した最適ペアトレード戦略　225

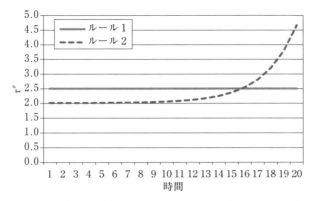

図 7-12（a）　ポジション構築の閾値比較（1ヵ月 $T=20$）

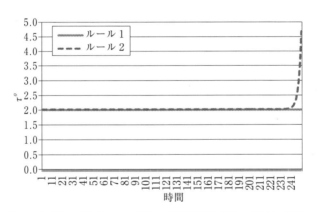

図 7-12（b）　ポジション構築の閾値比較（12ヵ月 $T=250$）

いことがわかる．

　図 7-13 にはポジション解消の閾値を確認しているが，ルール 2 もほぼ一定の値となっており，ルール 1 との差も大きくないことがわかる．これは図 7-4 に示したとおり，ポジション解消の閾値は目的関数値に大きな影響を与えないことが原因であると思われる．

　これより実証的研究で見られる分析期間でポジション構築の閾値を固定する設定は最適な戦略ではなく，分析期間の後半では閾値を大きくし，新しいポジションを構築しないことが最適であることがわかる．これは分析終了間際では，コストをかけて新しいポジションを構築してもリターン獲得の前に分析が終了

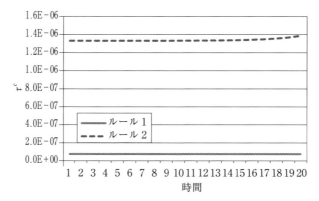

図7-13（a）　ポジション解消の閾値比較（1ヵ月 $T=20$）

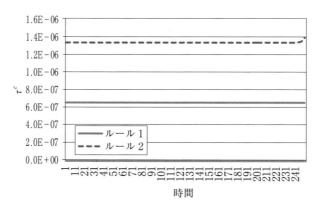

図7-13（b）　ポジション解消の閾値比較（12ヵ月 $T=250$）

してしまうことが原因であると思われる．特に分析期間が1ヵ月，3ヵ月程度と短い場合にはその影響が大きくなっている．

3.3.2　計算時間の考察

最後にルール2の計算時間について考察する．分析を行ったのは3.2.5と同じ問題とした．

表7-6より，ルール1と比べ決定変数の数が多くなっているため，10倍程度の計算時間を要することがわかる．分析期間が長い場合にはより計算時間の差が大きくなる一方で，図7-11をみてもわかるように目的関数値は大きく変わらない．分析期間が短い場合にルール2を利用することである程度の計算時間で

表 7-6　計算時間の統計量（単位：秒）

		1ヵ月	3ヵ月	6ヵ月	12ヵ月	18ヵ月	24ヵ月
$\Delta t = 0.004$	平均	122.53	308.77	521.97	1028.27	1518.97	2184.96
	標準偏差	29.75	82.23	99.67	287.09	418.19	496.22
$\Delta t = 0.012$	平均	106.16	184.82	286.68	511.87	749.78	916.38
	標準偏差	27.80	69.28	70.43	150.94	99.25	98.00
$\Delta t = 0.02$	平均	79.58	158.96	240.50	376.56	462.68	624.84
	標準偏差	32.47	39.01	26.52	87.48	78.09	193.81

より有効な戦略の構築が期待できると考えられる．

4　ファンド運営への適用

これまでの議論では，2資産，1ペアのペアトレード戦略についてモデル化し，最適な取引ルールに関する分析を行ってきた．具体的には，Mudchanatongsuk et al. (2008) が提案した理論モデルを前提とし，実際のファンド運営で与えられる制約条件（離散時間，取引コスト，目的関数）の下で問題を定式化した上で最適な取引ルールについて考察を行った．

しかしながら，実際のファンド運営を行う場合，少なくとも数億円から数十億円の運用金額が必要となり，1ペアで運用を行うと流動性やマーケットインパクトの問題があるため，運用が困難になることが考えられる[7]．本節では，実際のファンド運営に提案した手法を利用する方法やモデル拡張について，言及を行っていく．

4.1　2段階最適化によるポートフォリオ構築手法

この方法では，あらかじめ複数のペアを用意しておき，運用金額を各ペアに割り振って提案した手法を用いて1ペアごとのペアトレード戦略を構築していく．提案した手法をそのまま利用することができ，運用としても個別のペアトレード戦略とペアへの配分が分離されているため，理解しやすいものである．

---

7) 1日の売買金額の10%程度であれば，マーケットインパクトが小さいと仮定した場合，2013年3月末時点において，1日当たり売買金額の過去1ヵ月平均の10%の金額が1億円以上である銘柄は388銘柄存在する．つまり，1つの目安ではあるが10億円の運用金額であれば，10ペア程度で運用することで，マーケットインパクトを抑えながら，実際に運用することが可能であると考えられる．

具体的には，はじめにある程度流動性のある銘柄において，共和分構造のあるペアを複数抽出する（Gatev et al. (2006), 山田・Primbs (2012))．次に抽出した各ペアにおいてパラメータを推計し，提案した手法をDFO手法で求解して最適な取引戦略を導出する．さらに各ペアの最適な取引戦略の上で各ペア間の平均リターン，分散，相関を推計する[8]．最後に推計したパラメータを用いてたとえば平均・分散モデルを求解して，各ペアへの投資金額を決定する[9]．

4.2 複数ペアを考慮した全体最適ポートフォリオ構築手法

4.1項で提案した2段階最適化によるポートフォリオ構築は利用しやすい方法であるが，各ペアへの配分問題と各ペアの最適取引問題が分離されているため，全体として最適な取引戦略になる保証はない．ポートフォリオ全体として，最適な取引戦略を決定するためには全体を包括した最適化問題を解く必要がある．

具体的には，はじめにある程度流動性のある銘柄において，共和分構造のあるペアをN個抽出し，シナリオs，時点t_kのペアiの価格を$A_i^{(s)}(t_k)$, $B_i^{(s)}(t_k)$，ペアiの資産A_i, B_iへの配分ウェイトを$h_{A_i}^{(s)}(t_k)$, $h_{B_i}^{(s)}(t_k)$とする．次にポートフォリオの価値から得られる収益率，各時点の売買から発生する取引コスト式(10)，式(11)を以下のように拡張して表現する．

$$r_V^{(s)}(t_{k+1}) = \sum_{i=1}^{N} \left(h_{A_i}^{(s)}(t_k) \frac{A_i^{(s)}(t_{k+1}) - A_i^{(s)}(t_k)}{A_i^{(s)}(t_k)} + h_{B_i}^{(s)}(t_k) \frac{B_i^{(s)}(t_{k+1}) - B_i^{(s)}(t_k)}{B_i^{(s)}(t_k)} \right)$$
$$+ h_M^{(s)}(t_k) r \Delta t, \tag{24}$$

$$c_V^{(s)}(t_k) = \sum_{i=1}^{N} c_i (| h_{A_i}^{(s)}(t_k) - h_{A0_i}^{(s)}(t_k) | + | h_{B_i}^{(s)}(t_k) - h_{B0_i}^{(s)}(t_k) |). \tag{25}$$

ここでc_iはペアiの線形コストを表し，$h_{A0_i}^{(s)}(t_k)$, $h_{B0_i}^{(s)}(t_k)$は，時点t_kの取引前のペアiの資産A_i, B_iの保有ウェイトとして，式(12)，式(13)と同様に表現される．

また取引ルール表7-2も表7-7のように変更する．

ここでh_iはペアiへの配分ウェイトであり，$X_i^{(s)}(t_k)$はペアiのシナリオs，時点t_kのスプレッド，θ_i, η_i, τ_i^o, τ_i^cはそれぞれペアiのスプレッドの平均，ボ

---

[8] 平均リターンと分散については，DFO手法を求解したときに得られる．
[9] 各ペアへの配分は，等ウェイトなど簡易的な方法や山田・Primbs (2012) のように動的最適化を用いる方法も考えられる．

表 7-7　保有ウェイトを決定する取引ルール（複数ペア）

$h_{A_i}^{(s)}(t_k)$	$h_{B_i}^{(s)}(t_k)$	条　　件
$-h_i$	h_i	$X_i^{(s)}(t_k) \geq \theta_i + \tau_i^o(t_k)\eta_i\sqrt{\Delta t}$ and $h_{A_i}^{(s)}(t_{k-1}) \geq 0$
0	0	$\theta_i + \tau_i^c(t_k)\eta_i\sqrt{\Delta t} > X_i^{(s)}(t_k) \geq \theta_i - \tau_i^c(t_k)\eta_i\sqrt{\Delta t}$ and $h_{A_i}^{(s)}(t_{k-1}) \neq 0$
h_i	$-h_i$	$\theta_i - \tau_i^o(t_k)\eta_i\sqrt{\Delta t} > X_i^{(s)}(t_k)$ and $h_{A_i}^{(s)}(t_{k-1}) \leq 0$
$h_{A0_i}^{(s)}(t_k)$	$h_{B0_i}^{(s)}(t_k)$	otherwise

ラティリティ，ポジション構築/解消の閾値である．このように問題を拡張し，DFO 手法を用いて目的関数式（17）を最大化することで，複数ペアにおける最適取引戦略を導出することができる．

しかしながら，コンスタント投資戦略を利用した場合でも問題の決定変数の数が $3N$ 個となり，たとえば 10 個のペアを対象とした場合，30 個の決定変数が必要となる．DFO 手法は推定するパラメータの数が多くなると求解が不安定になりやすく，この規模の問題を求解するためには何らかのヒューリスティック解法が必要になると思われる．また，各ペアとペア間の期待収益率やボラティリティ，相関係数も推計する必要があるが，推定するパラメータが多いとその値の信頼性も問題となる可能性もあるため注意が必要である．

これらの問題点を解決するには，検討する課題が多いため，今後の課題として引き続き議論していきたい．

5　結論と今後の課題

本論文では，伝統的な投資戦略の 1 つであるペアトレード戦略について理論的・実証的先行研究を整理し，実際の運用戦略で利用できる設定や目的関数の下でシミュレーションを行うことで最適な投資戦略について考察した．具体的には，理論的研究である Mudchanatongsuk et al.（2008）の確率過程による表現を利用してモンテカルロ・シミュレーションを行い，実証的研究である Gatev et al.（2006）や実際の運用で用いられるリターン，コスト，リスクの観点での評価や閾値に基づく取引ルールの下で最適な投資戦略を DFO 手法によって求め，さまざまな状況での最適戦略について考察を行った．

その結果，以下のような新たな知見が得られた．
・理論的研究では連続時間のリバランスを前提としているが，離散時間のリ

バランスを行う場合，リバランス間隔に応じて最適なポジション構築/解消の閾値は異なる．特にリバランス間隔が長いほど閾値は小さくなる．
- 実証的研究ではすべてのペアに対して同じ閾値を利用しているが，スプレッドの特性，特に平均回帰速度やボラティリティの値によって最適な閾値は異なる．
- 実証的研究ではポジション構築と解消の閾値を設定することが多いが，ポジション解消の閾値は目的関数値に大きな影響を与えない．
- 実証的研究ではポジション構築/解消の閾値を分析期間で固定しているが，分析終了間際では新たにポジションを構築することは最適ではなく，時間とともに最適閾値は大きくなる．またその影響は分析期間が短いと大きい．
- 最適な投資戦略を求めるためには，DFO 手法を利用することが有効であり，少ない計算時間で最適な投資戦略を構築することができる．

今後の課題は，今回得られた結果を利用して実際にペアトレード戦略の実証分析を行いその有効性を確認することである．また 4 節で議論したように実際のファンド運営で最適な取引戦略を行うためには，複数ペアでの最適化問題を求解する必要がある．そのためには，最適化の方法に何らかのヒューリスティック解法の開発が必要であり，今後検討を進めてく予定である．

付録　時間依存関数決定の基礎分析

本節では 2.3 項で時間依存の閾値関数として定義した指数関数について，その決定に関する基礎分析を示す．関数の決定に関して以下の 2 つの分析を行った．分析については $\Delta t = 0.004$, $T = 250$ のケースで行っており，ルール 1 の問題で全探索法を行うと $\tau^o = 1.94$, $\tau^c = 0.00$ が最適解となる．

[分析 1] 後半閾値変更戦略
　任意の時点まで閾値 $\tau^o = 1.9$, $\tau^c = 0.0$ とし，それ以降の期間閾値を変化させる戦略．すべての期間（$k = 1 \sim 250$）において閾値を 0.1 刻みで全探索し，各時点における最適な閾値を網羅的に探索する．

[分析 2] 前半閾値変更戦略
　任意の時点以降を閾値 $\tau^o = 1.9$, $\tau^c = 0.0$ とし，それ以前の期間閾値を変化さ

せる戦略．すべての期間（$k=1〜250$）において閾値を 0.1 刻みで全探索し，各時点における最適な閾値を網羅的に探索する．

これらの分析結果を図 7-A1 に示す．

図 7-A1（a）の分析 1 をみると，ポジション構築の閾値に関しては，分析期間の後半 240 日以降で最適な閾値が大きくなっていることがわかる．一方で分析 2 をみると分析期間前半でも大きく閾値は変わっていない．これは分析期間後半では，新たにポジションを構築してもリターン獲得までの期間が小さいた

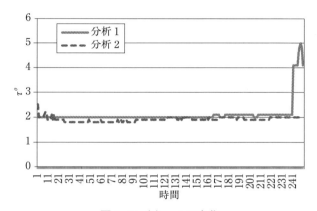

図 7-A1（a）　τ^o の変化

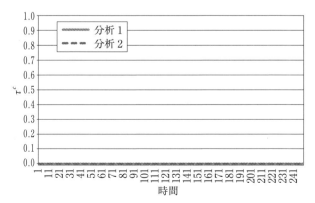

図 7-A1（b）　τ^c の変化

めポジションを構築しにくくすることが最適であることを示している．このような期の後半に閾値が大きくなる関数として本論文では式 (20)，式 (21) の指数関数を利用した[10]．またこの指数関数は Hibiki and Yamamoto (2014)，枇々木ら (2014) でも利用されており，DFO 手法とも相性のよい関数であることが知られている．

図7-A1 (b) より，ポジション解消の閾値に関しては，どちらも0で一定となっている．これはポジション解消の閾値が目的関数に大きな影響を与えないことが原因であると思われる．閾値を固定とする表現も式 (20)，式 (21) の指数関数で表現できるため，本論文ではポジション解消閾値も指数関数とした[11]．

〔参考文献〕

安達哲也 (2006)，「ペア・トレーディングの収益性に関する分析」，応用時系列研究会予稿集，25-50．

数理システム (2011)，「NUOPT/DFO 利用ガイド」．

総務省郵政研究所 (2001)，「日米長期金利の変動要因と推計に関する調査研究報告書」．

袴田守一 (2002)，「日本株式市場におけるペアトレーディング戦略の収益性の検討」，日本ファイナンス学会予稿集，51-57．

枇々木規雄・山本 零・田辺隆人・今井義弥 (2014)，「取引コストを考慮した最適資産配分問題— DFO 手法を用いた最適乖離許容領域の決定—」，『Transactions of the Operations Research Society of Japan』，57，1-26．

山田雄二・Primbs, J. A. (2012)，「共和分に基づく最適ペアトレード」，『ジャフィージャーナル』125-153．

Conn, A. R., Scheinberg K. and Vicente, L. N. (2009), *Introduction to Derivative-Free Optimization*, MPS-SIAM Series on Optimization.

Duan, J. and Pliska, S. R. (2004), "Option Valuation with Co-integrated Asset Prices," *J. of Economic Dynamics and Control*, 28, 727-754.

Elliott, R. J., Hoek, J. V. D. and Malcom, W. P. (2005), "Pairs Trading," *Quantitative Finance*, 5, 271-276.

Gatev, E. G., Goetzmann, W. N. and Rouwenhorst, K. G. (2006), "Pairs Trading: Performance of a Relative-Value Arbitrage Rule," *Review of Financial Studies*

---

10) べき乗関数など他の関数も検討したがほぼ結果は変わらなかった．
11) 問題 (23) においてポジション解消の閾値のみを固定値とすることで問題の決定変数を減らし計算時間を短縮することも可能である．ただし，最適解はほぼ変わらなかった．

19, 797-827.

Hibiki, N. and Yamamoto, R. (2014), "Optimal Symmetric No-trade Ranges in Asset Rebalancing Strategy with Transaction Costs, —An application to the Government Pension Investment Fund in Japan—," *Asia-Pacific Journal of Risk and Insurance*, 8, 293-327.

Lin, Y. X., McCrae, M. and Gulati, C. (2006), "Loss Protection in Pairs Trading Through Minimum Profit Bounds: A Cointegration Approach," *J. of Applied Mathematics and Decision Sciences*, 1-14.

Mudchanatongsuk, S., Primbs, J. A. and Wong, W. (2008), "Optimal Pairs Trading: A Stochastic Control Approach," *Proceedings of the American Control Conference*, 1035-1039.

Nakajima, K. and Ohashi, K. (2012), "A Cointegrated Commodity Pricing Model," *J. of Futures Markets*, 32, 995-1033.

Tourin, A. and Yan, R. (2013), "Dynamic Pairs Trading Using the Stochastic Control Approach," *J. of Economic Dynamics and Control*, 37, 1972-1981.

Vidyamurthy, G. (2004), *Pairs Trading: Quantitative Methods and Analysis*, John Wiley and Sons.

(山本　零：三菱 UFJ トラスト投資工学研究所／中央大学)
(枇々木規雄：慶應義塾大学理工学部)

8 米国金先物市場におけるアメリカンオプションの価格評価分析

杉浦大輔・今井潤一[*]

概要 金融デリバティブ評価の研究領域においては，原資産の価格変動としてブラック＝ショールズモデルをはじめとしてさまざまな連続モデルが提案されている．しかし，これらの確率過程のなかでどの連続モデルが実際の資産価格へのフィッティングがよいかを論じた研究はまだ少ない．そこで本稿では，米国の金先物市場を対象に，原資産としてブラック＝ショールズモデル，幾何レヴィ過程，Heston モデル，幾何時間変更済みレヴィ過程を想定し，アメリカンオプションの評価問題を実証的に分析する．原資産市場としては，まだ実証例が十分でない金先物市場を取り上げ，金先物に対するアメリカンオプションの価格を通じて原資産市場がしたがうモデルのパラメータを推定し，分析を行う．具体的には，まずアメリカン・コールオプションの市場価格をインサンプルデータとして，想定するモデルのパラメータを導出する．次に，これら推定したパラメータをもとに，最小二乗モンテカルロ法により計算されたアメリカン・プットオプションの理論価格と実際の市場価格を比較することで，アウトサンプルデータを用いたモデルの妥当性を検証する．本稿の分析の結果，インサンプルデータからは，時間変更済み幾何レヴィ過程のフィッティングがもっともよく，金先物市場にはファットテイル性，確率的なボラティリティの変動があると推察できる一方，アウトサンプルデータからは，ファットテイル性を考慮したモデルがアメリカン・プットオプションの価格へのフィッティングがよいことが明らかになる．

1 はじめに

1973 年にブラック＝ショールズ（以下 BS）がはじめてヨーロピアン・コールオプションの理論価格を導出して以来，デリバティブの理論研究が飛躍的に発展してきただけでなく，金融実務においてデリバティブが果たす役割も爆発的

---

[*] 貴重なアドバイスをくださった査読者に感謝いたします．また，本研究の第 2 著者は学術研究助成基金助成金（基盤研究（C）24510200）を受けています．

に増大してきた．BS が提案した評価理論では，オプションの原資産がしたがう確率過程を幾何ブラウン運動と想定している．つまり，BS のモデルでは原資産の収益率分布に正規性を仮定しており，この単純かつ効果的な設定のおかげで，その後の理論研究は飛躍的に進んだといえる．ただし，これまでの数多くの実証研究の結果から，現実の金融市場で観察される収益率は必ずしも正規分布にしたがっていないことが明確になってきた．

このような背景から，より正確な資産価格のモデリングのために，stylized fact とよばれる市場の特性を表す統計的特徴を考慮に入れてモデリングを試みる研究が提案されてきている．Cont (2001) の分析をはじめとして，多くの先行研究が指摘している重要な stylized fact として，ファットテイル，確率的なボラティリティの変動，レバレッジ効果があげられ，これらはオプション価格に対して重要な影響を及ぼすことが指摘されている．

数多くのモデルが提案されているなかでも，幾何レヴィ過程は原資産の価格過程を表現する確率過程として代表的なモデルの1つである．幾何レヴィ過程とは，その対数を取ったものがレヴィ過程にしたがう確率過程である．金融資産価格のモデリングでは，レヴィ過程ではなく幾何レヴィ過程を想定する場合が多い．本稿において分析の対象となるのは指数部分であるレヴィ過程であるため，以降では厳密さを欠く表現ではあるが，表記の煩雑さを避けるため幾何という言葉を省略し，レヴィ過程と言う表現を統一的に用いることとする．

レヴィ過程は，その増分が独立で同一な無限分解可能分布として表される確率過程であり，ブラウン運動と異なり，資産価格のジャンプを考慮することができる．レヴィ過程に関する理論的詳細に関しては，たとえば Sato (1999) や Applebaum (2004) を，またレヴィ過程の金融への応用に関しては Cont and Tankov (2004), Schoutens (2003), Rachev et al. (2011) などを参照するとよい．

近年になって，レヴィ過程を発展させた時間変更済みレヴィ過程（time-changed Lévy process）が Carr and Wu (2004), Carr et al. (2003) らによって提案された．時間変更済みレヴィ過程は，ファットテイル性を考慮できるレヴィ過程に確率的時間変更（stochastic time change）の概念を加えることで，確率的なボラティリティの変動とレバレッジ効果を表現することのできるモデルである．時間変更（time change）は，実時間から別の時間軸へ変更する確率論において重要な技法で，特に新たな時間軸が確率的な挙動をする場合に

は確率的時間変更とよばれる．この技法は，Mandelbrot and Taylor（1967）によって最初に金融工学に応用された．金融の世界では，時間変更後の時間軸はビジネス時間と認識できる．時間変更に関する経済的解釈については，たとえば Ane and Geman（2002）を参照するよい．

本稿で行う実証分析においては，金融の世界で提案されている代表的なレヴィ過程として，Barndorff-Nielsen（1998）が提案した NIG（Normal Inverse Gaussian）過程と，Madan et al.（1998）が提案した VG（Variance Gamma）過程を取り上げる．また，時間変更済みレヴィ過程として，ビジネス時間が CIR（Cox, Ingersoll and Ross）過程と GOU（Gamma Ornstein-Uhlenbeck）過程にしたがうモデルを取り上げる．さらに，比較対象として Heston（1993）が提案した確率ボラティリティモデルも取り上げる．Heston のモデルは，BS モデルを CIR 過程によって時間変更を加えたモデルとして捉えることができる．

次に，本稿に関連する時間変更済みレヴィ過程に関する実証に関する先行研究について概観する．Schoutens（2003）は，S&P 500 を原資産とするヨーロピアン・コールオプションを対象に，原資産に BS モデル，レヴィ過程，時間変更済みレヴィ過程を想定し，最小二乗法を用いてパラメータ推定を行い，高速フーリエ変換により各モデルにおけるヨーロピアン・コールオプションの理論価格を導出している．そして，各モデルにより導出されたヨーロピアン・コールオプションの理論価格の市場価格へのフィッティングを比較し，時間変更済みレヴィ過程がもっともよいことを明らかにしている．また，Schoutens et al.（2004）では，同様の手法を用いてエキゾチックオプションの評価に関する数値実験を行っている．そして，レヴィ過程，時間変更済みレヴィ過程の下で導出したエキゾチックオプションの理論価格の差がヨーロピアンオプションのときと比べて大きくなることから，エキゾチックオプションの評価においてモデルの選択の重要性がより大きくなることを結論として述べている．一方，Carr and Itkin（2010）は，時間変更済みレヴィ過程の下でバリアンススワップ，ボラティリティスワップの評価に関する実証分析を行っている．また Yamazaki（2011）は，時間変更済みレヴィ過程の下で平均オプションの評価に関する数値実験を行っている．杉浦・今井（2013）では，時間変更済みレヴィ過程の下でアメリカン・プットオプションの評価に関する数値実験を行い，アメリカン・プットオプションの価格は原資産にジャンプを入れた過程では低く評価され，ボラティリティ変動を考慮すると高く評価されることを示している．

上記のようないくつかの研究は存在するものの，時間変更済みレヴィ過程がこれまで提案されてきた連続モデルのなかでも stylized fact を反映することが可能な有力な確率過程であることを考えると，この確率過程に関する実証分析はまだ十分に行われているとはいいにくい．さらに，原資産の価格過程と金融デリバティブの価格の対応関係から分析し，どの連続モデルが実際のデリバティブ価格へのフィッティングがよいかを論じた実証研究はきわめて少ない．

そこで，本稿では CME グループに属するニューヨーク商品取引所 (COMEX) で取引されている金先物オプション市場を対象とし，金先物のモデルに関する実証研究を行う．金市場は，特に世界的な危機が発生したときなどには大きく注目される資産であり，その取引規模は近年増加傾向にある．なかでも COMEX の金先物・オプション取引は，世界的に流動性が高い金融商品である．COMEX で取引されている金先物オプションは，アメリカンスタイルであるため，以降，本稿ではこの金先物オプションをアメリカンオプションと記述する．

金は，コモディティとよばれる実物資産であるため，その価格は他の金融資産とは異なる特徴をもつと考えられてきた．そのため金に関する既存研究の多くは，コンビニエンスイールド，平均回帰，季節性といった，金融資産の場合とは異なるモデル設定の下で分析がなされることが多い．これに関する詳しい議論は，Back and Prokopczuk (2013) を参照するとよい．その一方で，金はコモディティとしての性質よりも金融資産としての特徴が強く，他のコモディティに対するモデルがあてはまりにくいことがこれまでに報告されている．商品先物価格に対する代表的なモデルを提唱した Schwartz (1997) の研究では，コモディティのモデルで想定されることの多い平均回帰性を見出すことができなかったこと，原油や銅といった他のコモディティと比べ，コンビニエンスイールドの回帰水準が低いことが示された．さらに，Casassus and Pierree (2005) は，3 ファクターモデルにおいてはコンビニエンスイールドに影響を及ぼさないことから，金の価格過程が金融資産のそれに類似していることを指摘した．

このような背景を踏まえ，本稿では，Hillard and Reis (1999) を参考にし，金先物価格が従う確率過程として，BS モデル，レヴィ過程，時間変更済みレヴィ過程を想定し，その下で金先物オプションの実証分析を行う．そして，各確率過程を想定した下で導出されたアメリカンオプションの理論価格と市場価格と比較し，どのモデルが，アメリカンオプションの市場価格に対してフィッテ

ィングがよいかを検証する．

　具体的な計算方法は以下の通りである．第一に，Roman（2007）の研究結果を踏まえ，アメリカン・コールオプションの市場価格をインサンプルデータとして，最小二乗法を用いてリスク中立確率測度の下での各モデルのパラメータの推定を行う．ヨーロピアン・コールオプションの理論価格は Carr and Madan（1998）による手法を用いる．第二に，得られたパラメータを用いて，Carriere（1996），Longstaff and Schwartz（2001）により提案された最小二乗モンテカルロ法により，アメリカン・プットオプションの理論価格を導出し，今度は，実際の市場価格をアウトサンプルデータとして，フィッティングの優劣を比較する．実証分析で用いるデータはCOMEXで取引されている金先物コールオプション，金先物プットオプションの，それぞれ2012年7月2日から2013年6月25日までの日次データを用いている．

　本研究で行う実証分析の結果は次のようにまとめられる．まず，インサンプルデータを用いた検証では，金先物市場からはファットテイル性，確率的なボラティリティの変動が存在することが確認できる．一方で，時間変更済みレヴィ過程は，パラメータ推定に必要な計算時間がBSモデルやレヴィ過程と比べて大きく，金先物価格が安定している期間でも，パラメータが不安定になることが示される．一方，アウトサンプルデータを用いた検証では，以下の3点が明らかとなる．第一に，ファットテイル性を考慮したモデルがアメリカン・プットオプションの価格へのフィッティングがよいこと．第二に，レヴィ過程においては，VG過程よりもNIG過程がアメリカン・プットオプションの価格へのフィッティングもよいこと．第三に，時間変更済みレヴィ過程のなかでは，扱うデータの種類，数により市場価格へのフィッティングは異なるが，レヴィ過程と比べ1日ベースの場合に有効なモデルであること．

　本稿の構成は以下の通りである．2節では，まず時間変更済みレヴィ過程を定義し，本研究で用いるモデルであるNIG過程，VG過程，Hestonモデル，NIG-GOU過程，VG-GOU過程を紹介し，シミュレーション方法について述べる．3節では最初に価格評価分析の手順を述べ，続いて推定結果と考察を行う．最後に，4節で結論と今後の課題について述べる．

2 時間変更済みレヴィ過程

本稿では,確率空間 $(\Omega, \mathcal{F}, \mathbb{P})$ のもとで時間変更済みレヴィ過程が定義されているとする.ここで,Ω を標本空間,$\mathcal{F}$ を Ω の部分集合からなる σ-加法族,$\mathbb{P}$ を確率測度とする.また,裁定機会が存在しないと仮定して,同値マルチンゲール測度 $\mathbb{Q}$ の存在を仮定する.

2.1 時間変更済みレヴィ過程

最初に Carr and Wu (2004),Carr et al. (2003) が提案した時間変更済みレヴィ過程について述べる.そのため,まずレヴィ過程と劣後過程 (subordinator) を導入する.任意のレヴィ過程 $X = \{X_t, t \geq 0\}$ と,それと同一の確率空間上にある X とは独立な劣後過程 $\mathcal{T} = \{\mathcal{T}_t, t \geq 0\}$ とによって,新たな確率過程 Y を

$$Y_t = X_{\mathcal{T}_t}.$$

によって定義すると,$Y = \{Y_t, t \geq 0\}$ もまたレヴィ過程であることが Applebaum (2004) により示されている.ここで $\mathcal{T}_t$ は,正の値を取る強度 v_t によって以下のように表すことができる.

$$\mathcal{T}_t = \int_0^t v_s ds.$$

このとき,v_t を瞬間ビジネス率 (instantaneous business rate),$\mathcal{T}_t$ をビジネス時間 (business time),t を実時間 (calendar time),X_t を BDLP (background driving Lévy process),Y_t を時間変更済みレヴィ過程とよぶ.時間変更とは,$\mathcal{T}_t$ による X から Y への変換操作を指す.特に $\mathcal{T}_t$ がランダムであるとき,$\mathcal{T}_t$ による X から Y への変換操作を確率的時間変更 (stochastic time change) という.Y_t の特性関数を $\phi_{Y_t}(u)$,X_t の特性関数を $\phi_{X_t}(u)$,$\mathcal{T}_t$ の特性関数 $\phi_{\mathcal{T}_t}$ とおく.このとき X_t の特性指数 $\psi_X(u)$ は $\phi_{X_t}(u) = \exp(t\psi_X(u))$ を満たし,レヴィ=ヒンチン公式 (Lévy-Khintchine forma) を満たすことが知られている.レヴィ過程は生成要素 (Lévy triplet) $[\gamma, \sigma^2, \nu(dx)]$ をもち,特に ν はレヴィ測度とよばれる.

一方,Carr et al. (2003) での議論により,Y_t の特性関数は,$\mathcal{T}_t$ の特性関数を用いて以下のように表される.

$$\phi_{Y_t}(u) = E[\exp(iuY_t)] = \phi_{T_t}(-i\psi_X(u)).$$

2.2 本研究で用いる連続モデル
2.2.1 NIG 過程

NIG 過程 X_t^{NIG} は，その増分が NIG 分布に従うレヴィ過程である．詳細は，Barndorff-Nielsen（1998）を参照するとよい．NIG 過程は，BDLP を標準ブラウン運動，瞬間ビジネス率を IG (Inverse Gaussian) 過程としたときの時間変更済みレヴィ過程と IG 過程の和により構成されることが知られている．IG 過程 X_t^{IG} は，その増分が IG 分布にしたがうレヴィ過程である．IG 分布は Tweedie（1947）によって提案され，その分布 $\mathrm{IG}(a, b)$ は $a>0, b$ の 2 つのパラメータによって特徴付けられ，密度関数を $f_{\mathrm{IG}(a, b)}(x)$ は以下の式で定義される．

$$f_{\mathrm{IG}(a, b)}(x) = \frac{a}{\sqrt{2\pi}} \exp(ab) x^{-3/2} \exp\left(-\frac{1}{2}(a^2 x^{-1} + b^2 x)\right), \; x>0.$$

また，IG 分布の特性関数を $\phi_{\mathrm{IG}}(u)$ とおくと，$\phi_{\mathrm{IG}}(u)$ は次のように表される．

$$\phi_{\mathrm{IG}}(u) = \exp(-a(\sqrt{-2iu+b^2}-b)).$$

IG 分布はブラウン運動の初期到達時刻として，以下のような解釈が可能であることが知られている．X_t をドリフト係数 b，拡散係数 1 をもつブラウン運動とする．このとき $a>0$ に対して，$T(a)$ をブラウン運動 X_t の初期到達時間 $T(a) = \inf\{s \geq 0 : X_t = a\}$ と定義すると，$T(a)$ は停止時刻となり，分布 $\mathrm{IG}(a, b)$ にしたがう．

次に，NIG 過程について説明する．NIG 分布はパラメータ α, β, δ よって特徴付けられ，$\delta>0, \alpha>0, 0 \leq |\beta| \leq \alpha$ を満たす．その密度関数を $f_{\mathrm{NIG}(\alpha, \beta, \delta)}(x)$ とおくと，$f_{\mathrm{NIG}(\alpha, \beta, \delta)}(x)$ は以下のように定義される．

$$f_{\mathrm{NIG}(\alpha, \beta, \delta)}(x) = \frac{\alpha\delta}{\pi} \exp\left(\delta\sqrt{\alpha^2-\beta^2} + \beta x\right) \frac{K_1(\alpha\sqrt{\delta^2+x^2})}{\sqrt{\delta^2+x^2}}.$$

ただし，K_1 は第三種の修正ベッセル関数である．また，NIG 分布の特性関数を $\phi_{\mathrm{NIG}}(u)$ とおくと，$\phi_{\mathrm{NIG}}(u)$ は次のように表される．

$$\phi_{\mathrm{NIG}}(u) = \exp(\delta(\sqrt{\alpha^2-\beta^2} - \sqrt{\alpha^2-(\beta+iu)^2})).$$

$X^{\mathrm{NIG}} = \{X_t^{\mathrm{NIG}}, t \geq 0\}$ を NIG 過程とし，各時点 t における分布は $\mathrm{NIG}(\alpha, \beta, \delta t)$ にしたがうものとする．このとき，NIG 過程は，BDLP として標準ブラウン運動を，瞬間ビジネス率として IG 過程をもつ確率過程として以下のように表現

できる．

$$X_t^{\text{NIG}} = \beta\delta^2 X_t^{\text{IG}} + \delta W_{X_t^{\text{IG}}}. \tag{1}$$

ただし，IG 過程のパラメータは $a=1, b=\delta\sqrt{\alpha^2-\beta^2}$ である．

2.2.2 VG 過 程

VG 分布は，3つのパラメータ σ, v, θ をもち，その特性関数が

$$\phi_{\text{VG}}(u) = (1 - i\theta v u + \frac{1}{2}\sigma^2 v u^2)^{-\frac{1}{v}},$$

で表される．ただし，$\sigma>0, \theta>0, \mu$ は実数とする．VG 過程 $X^{\text{VG}} = \{X_t^{\text{VG}}, t\geq 0\}$ は，その増分 $X_{s+t}^{\text{VG}} - X_s^{\text{VG}}$ が VG$(\sigma\geq t, v/t, t\theta)$ で表されるレヴィ過程である．また，VG 過程のレヴィ測度 ν_{VG} は，

$$\nu_{\text{VG}}(dx) = \begin{cases} C\exp\{Gx\}|x|^{-1}dx, & x<0, \\ C\exp\{-Mx\}x^{-1}dx, & x>0, \end{cases}$$

と表される．ただし，

$$C = 1/v, \ G = \left(\sqrt{\frac{1}{4}\theta^2 v^2 + \frac{1}{2}\sigma^2 v} - \frac{1}{2}\theta v\right)^{-1}, \ M = \left(\sqrt{\frac{1}{4}\theta^2 v^2 + \frac{1}{2}\sigma^2 v} + \frac{1}{2}\theta v\right)^{-1},$$

とおく．VG 過程に関する詳細は，Madan et al. (1998) を参照するとよい．

VG 過程を導入するにあたりガンマ過程が重要な役割を果たす．パラメータ a, b をもつガンマ過程 $X_G = \{X_t^G, t\geq 0\}$ は，その増分がガンマ分布 $G(at, b)$ に従うレヴィ過程である．ガンマ分布 $G(a, b)$ は2つのパラメータ a, b によって特徴づけられ，$a>0, b>0$ を満たす．密度関数を $f_G(x; a, b)$ とおくと，$f_G(x; a, b)$ は以下の式で定義される．

$$f_G(x; a, b) = \frac{b^a x^{a-1}}{\Gamma(a)}\exp\{-bx\}, x>0.$$

ただし，$\Gamma(a) = \int_0^\infty e^{-t}t^{a-1}dt$ は不完全ガンマ関数とする．また，ガンマ分布の特性関数を $\phi_G(u)$ とおくと，$\phi_G(u)$ は次のように表される．

$$\phi_G(u) = (1 - iu/b)^{-a}.$$

VG 過程は，ガンマ過程を介して2通りの方法で記述できることが知られている．第一に，VG 過程は BDLP を標準ブラウン運動，瞬間ビジネス率をガンマ過程としたときの時間変更済みレヴィ過程として以下のように表現できる．

$$X_t^{\text{VG}} = \theta X_t^G + \sigma W_{X_t^G}.$$

ただし，このときのガンマ過程のパラメータは $a=1/v, b=1/v$ である．第二に，VG 過程は独立な2つのガンマ過程の差により以下のように表現できる．

$$X_t^{VG} = X_t^{G_1} - X_t^{G_2} \tag{2}$$

ただし，ガンマ過程 X^{G_1} のパラメータは $a=C, b=M$ であり，ガンマ過程 X^{G_2} のパラメータは，$a=C, b=G$ である．

2.2.3 Heston モデル

Heston（1993）モデルは，確率的なボラティリティの変動とレバレッジ効果を考慮することができるモデルである．W_t^1, W_t^2 を標準ブラウン運動とすると，原資産価格 S_t とボラティリティ $\sqrt{v_t}$ の変動は以下のモデルにより記述される．

$$dS_t = \mu S_t dt + \sqrt{v_t} S_t dW_t^1, \tag{3}$$

$$dv_t = \kappa(\theta - v_t)dt + \sigma\sqrt{v_t}dW_t^2, \tag{4}$$

$$E[dW_t^1 dW_t^2] = \rho dt.$$

ここで式（3）の μ は原資産価格の期待収益率，式（4）の κ は平均回帰速度，θ は回帰水準，σ は攪乱係数，$\rho(\in[-1,1])$ は原資産とボラティリティの相関を意味している．本稿では，Heston モデルが金融モデリングとして妥当性をもつ必要性から，$\mu, \kappa, \theta, \sigma$ はすべて正の値を取ると仮定する．また，ボラティリティ項 $\sqrt{v_t}$ が正の値を保つために Feller condition として $2\kappa\theta > \sigma^2$ を仮定する．Heston モデルは，分布の意味での同値の表現として BDLP をブラウン運動，瞬間ビジネス率を v_t としたときの時間変更済みレヴィ過程として以下のように記述できる．

$$\ln \frac{S_t}{S_0} = rt + W_{\mathcal{T}_t}, \quad \mathcal{T}_t = \int_0^t v_s ds.$$

式（4）は Cox, Ingersoll and Ross（1985）による Cox-Ingersoll-ross（CIR）モデルであるため，瞬間ビジネス率を CIR モデルとしたときの時間変更を CIR 時間変更という．また，瞬間ビジネス率を CIR モデルとしたときのビジネス時間 $\mathcal{T}_t$ を積分された CIR 過程とよぶ．

2.3 X-GOU 過 程

本研究では，資産価格のジャンプ，確率的なボラティリティの変動を同時に考慮することのできる時間変更済みレヴィ過程を想定する．ここでは瞬間ビジネス率として GOU（Gamma Ornstein-Uhlenbeck）過程を導入する．瞬間ビジネス率を GOU 過程にしたときの時間変更を GOU 時間変更という．まず，Ornstein-Uhlenbeck 過程（以下 OU 過程）の概要について述べる．OU 過程 $y = y_t, t \geq 0$ は，λ を正のパラメータとし，$z = \{z_t, t \geq 0\}$ を劣後過程とすると，以

下の確率微分方程式によって記述される．

$$dy_t = -\lambda y_t dt + dz_{\lambda t}, \quad y_0 > 0.$$

ここで，z が増加過程でかつ $y_0 > 0$ なので，OU 過程 y は正の値を取る．OU 過程の持つ性質の1つとして，ある自己分解可能分布 D が存在し，$y = \{y_t, t \geq 0\}$ はその極限においてこの分布にしたがうことが知られている．この分布 D は定常分布，あるいは周辺分布とよばれる．また，y が定常分布 D に対応する OU 過程であるとき，y を D-OU 過程という．さらなる詳細は，Barndorff-Nielsen and Shephard（2001）を参照されたい．

次に本稿で扱う GOU 過程について説明する．GOU 過程は D-OU 過程の1つの例であり，自己分解可能分布としてガンマ分布を取ったものである．また，GOU 過程における z_t は以下の複合ポアソン過程として定義される．

$$z_t = \sum_{n=1}^{N_t} x_n.$$

ただし，$N = \{N_t, t \geq 0\}$ を強度 a のポアソン過程とし，$\{x_n, n = 1, 2, \ldots, N_t\}$ は互いに独立でパラメータ $b > 0$ の指数分布に従うものとする．

最後に時間変更済みレヴィ過程の特性関数 $\phi_t^{\text{X-GOU}}(u)$ を導出する．そのためにまず劣後過程の特性関数を導く．瞬間ビジネス率が GOU 過程のとき，その積分であるビジネス時間 $\mathcal{T}_t$ の特性関数 $\phi_{\mathcal{T}_t^{\text{GOU}}}$ は，次式で与えられる．

$$\phi_{\mathcal{T}_t^{\text{GOU}}}(u) = \exp\left(\frac{iuy_0}{\lambda}(1 - e^{-\lambda t}) + \frac{\lambda a}{iu - \lambda b}\left(b\log\left(\frac{b}{b - iu\lambda^{-1}(1 - e^{-\lambda t})}\right) - iut\right)\right).$$

この結果を用いて，GOU 時間変更を加えた時間変更済みレヴィ過程の特性関数を特定する．導入の詳細は Beyer and Kienitz（2009）を参照するとよい．レヴィ過程 X_t に GOU 時間変更を加えたときの確率過程を $Y^{\text{X-GOU}} = \{Y_t^{\text{X-GOU}}, t \geq 0\}$，$Y_t^{\text{X-GOU}}$ の特性関数を $\phi_t^{\text{X-GOU}}(u)$ とおく．$f_1(u)$ を以下のように設定する．

$$f_1(u) = \exp\left(\frac{iu\lambda at}{\lambda b - iu} + \frac{ab\lambda}{b\lambda - iu}\log\left(1 - \frac{iu}{\lambda b}(1 - \exp(-t\lambda))\right)\right),$$

また，時刻 t に依存する関数 A_t を以下のように定義する．

$$A_t = \exp(i\psi_X(-i)y_0\lambda^{-1}(1 - \exp(-\lambda t)))$$
$$+ \left[\frac{\lambda a}{i\psi_X(-i) - \lambda b}\left(b\log\left(\frac{b}{b - i\psi_X(-i)\lambda^{-1}(1 - \exp(-\lambda t))}\right) - i\psi_X(-i)t\right)\right].$$

以上の式を用いて，特性関数 $\phi_t^{\text{X-GOU}}(u)$ は次のように表される．

$$\phi_t^{\text{X-GOU}}(u) = \exp\left(iu\left[rt - \log\frac{A_t}{A_0}\right]\right)f_1(u).$$

本稿では，BDLPとしてNIG過程とVG過程を取り上げる．すなわち，原資産の価格過程として，NIG-GOU過程とVG-GOU過程を用いる．レヴィ過程X_tがNIG過程，VG過程のとき，NIG-GOU過程の特性関数$\phi_t^{\text{NIG-GOU}}(u)$およびVG-GOU過程の特性関数$\phi_t^{\text{VG-GOU}}(u)$を表現できる．時点$t$におけるNIG分布の特性関数$\phi_t^{\text{NIG}}$，およびVG分布の特性関数$\phi_t^{\text{VG}}$は以下のように記述できる．

$$\phi_t^{\text{NIG}}(u) = \exp\left(-\sqrt{\alpha^2-\beta^2}-\delta t\sqrt{\alpha^2-(\beta+iu)^2}\right),$$

$$\phi_t^{\text{VG}}(u) = \left(\frac{GM}{GM+(M-G)iu+u^2}\right)^C.$$

2.4 シミュレーション方法

2.4.1 NIG過程

NIG過程は，式（1）のようにIG過程を用いた時間変更済みブラウン運動として記述できる．そこで，まずIG過程のサンプルパスの発生方法から述べる．IG分布からの乱数は，以下のDevroye（1986）によるアルゴリズムにしたがって生成することができる．

アルゴリズム 2.4.1（IG乱数の生成）

(1) 標準正規乱数vを発生させる．

(2) vを用いて，$y=v^2$，$x=\dfrac{a}{b}+\dfrac{y}{2b^2}+\dfrac{\sqrt{4aby+y^2}}{2b^2}$とする．

(3) iを以下のように定義する．

$$i = \begin{cases} x, & u \leq \dfrac{a}{a+xb} \\ \dfrac{a^2}{b^2x}, & u > \dfrac{a}{a+xb} \end{cases}$$

このとき，$i \sim \text{IG}(a,b)$となる．

$X^{\text{IG}} = \{X_t^{\text{IG}}, t\geq 0\}$をIG過程とする．このときIG過程のサンプルパスは，K個の独立なIG乱数$\{i_n, n\geq 1\}$の和として表現することができる．

NIG過程のサンプルパスを発生させるには，NIG分布からの乱数が必要になるが，以下のRaible（2000）によるアルゴリズムにしたがって生成することができる．

アルゴリズム 2.4.2（NIG 乱数の生成）

(1) アルゴリズム 2.4.1 に基づき，IG 乱数 $x \sim \mathrm{IG}(\delta, \sqrt{\alpha^2 - \beta^2})$ を生成する．

(2) 標準正規乱数 $y \sim N(0,1)$ を発生させる．

(3) z を $z = \beta x + \sqrt{x}\, y$ のように定義する．

このとき，$z \sim \mathrm{NIG}(\alpha, \beta, \delta)$ となる．

NIG 過程のサンプルパスは，NIG 乱数の和として表現することができる．

2.4.2 VG 過 程

VG 過程は，式（2）のように独立な 2 つのガンマ過程の差として表現できる．したがって，ガンマ過程のサンプルパスの発生方法さえ示せば，ただちに VG 過程のサンプルパスは生成できる．$G = \{G_t, t \geq 0\}$ をガンマ過程とし，各時刻 t における分布は $G(at, b)$ に従うものとする．このとき，Marsaglia and Tsang (2000) が提案したアルゴリズムを利用して，ガンマ乱数を以下のステップにより発生させる[1]．

アルゴリズム 2.4.3（$G(a, b)$ 乱数の生成）

(0) $d = a - \dfrac{1}{3}$，$c = 1/\sqrt{9d}$ とおく．

(1) 標準正規分布に従う乱数 Z を生成し，$V = 1 + cZ$ とする．

(2) $V > 0$ のとき $W = V^3$，$Y = dW$ とする．その他の場合は（1）に戻る．

(3) 一様乱数 $U \sim U(0,1)$ を発生させ，$U \leq 1 - 0.0331 Z^4$ ならば（5）に進む．

(4) $\dfrac{Z^2}{2} + d \ln(W) - Y + d < \ln(U)$ ならば（1）に戻る．

(5) $g_n = Y/b$ がガンマ乱数となる．

ガンマ過程のサンプルパスは，先と同様に独立なガンマ乱数の和として表現できる．2 つの独立なガンマ過程を X^{G_1}, X^{G_2} とし，X^{G_1} のパラメータを $a = C, b = M$，X^{G_2} のパラメータを $a = C, b = G$ とする．このとき，$X_t^{\mathrm{VG}} = X_t^{G_1} - X_t^{G_2}$ によって，VG 過程のサンプルパスが生成できる．

2.4.3 CIR 時間変更

Heston モデルのなかで用いられるボラティリティ v_t がしたがう CIR 過程については独立な K 個の正規乱数 $\{\epsilon_n, n \geq 1\}$ を用いて以下のように記述できる．

---

[1] 本稿の実際の計算においては，Marsaglia and Tsang (2000) が実装された MATLAB のコマンド gamrnd を利用している．

$$v_{n\Delta t} = v_{(n-1)\Delta t} + \kappa(\theta - v_{(n-1)\Delta t})\Delta t + \sigma v_{(n-1)\Delta t}^{1/2} \sqrt{\Delta t}\, \epsilon_n. \tag{5}$$

ただし，$v_{n\Delta t}$ は時点 $n\Delta t$ でのボラティリティの値を表すものとする．

2.4.4 GOU 時間変更

GOU 過程 $y = \{y_t, t \geq 0\}$ の場合，まず強度 $a\lambda$ を持つポアソン過程 $N_{n\Delta t}$ を発生させ，それに応じて互いに独立なパラメータ b の指数分布に従う確率変数 $\{x_n, n \geq 1\}$ を利用する．具体的には時点 $n\Delta t$ での GOU 過程 $y_{n\Delta t}$ は，以下の式を用いて生成される．

$$y_{n\Delta t} = (1 - \lambda \Delta t) y_{(n-1)\Delta t} + \sum_{k=N_{(n-1)\Delta t}+1}^{N_{n\Delta t}} x_k.$$

2.4.5 時間変更済みレヴィ過程

時間変更済みレヴィ過程 $Y = \{Y_t, t \geq 0\}$ は，BDLP として $X = \{X_t, t \geq 0\}$，瞬間ビジネス率として v_t を用いて以下のアルゴリズムによりサンプルパスを発生させることができる．

アルゴリズム 2.4.4（時間変更済みレヴィ過程の生成）

(1) 瞬間ビジネス率 v_t の各時点 $n\Delta t$ におけるサンプルパス $v_{n\Delta t}$ を発生させる．

(2) $v_{n\Delta t}$ の累積を計算し，ビジネス時間を $\mathcal{T}_{n\Delta t} = \sum_{k=0}^{n} v_{k\Delta t} \Delta t$ として求める．

(3) ビジネス時間 $\mathcal{T}_t$ の各時点の差を $n\Delta'_t = \mathcal{T}_{(n+1)\Delta t} - \mathcal{T}_{n\Delta t}$ として求める．

(4) (3) で求めた $n\Delta' t$ を用いて，時間変更済みレヴィ過程を，$Y_{n\Delta t} = Y_0 + \sum_{k=1}^{n} X_{k\Delta' t}$ として求める．

3 価格評価分析

3.1 分析手順

本稿では，金先物価格を BS モデル，レヴィ過程，時間変更済みレヴィ過程としてモデル化し，アメリカンオプションの理論価格を通して市場価格へのフィッティングの優劣を比較する．またここではフィッティングの尺度として以下の式で定義される二乗平均平方根誤差（RMSE）を用いる．オプションの市場価格を P_m，オプションの理論価格を P_t，サンプル数を n とすると，RMSE は

$$\mathrm{RMSE} = \sqrt{\sum_m \frac{(P_m - P_t)^2}{n}},$$

で表される．実証分析に用いるデータは，COMEX で取引されている金先物，

金先物コールオプション，金先物プットオプションの 2012 年 7 月 2 日から 2013 年 6 月 25 日までの毎日の価格の終値を用いる．本稿の分析においては，アメリカンオプションの理論価格を導出するために使用するデータ数と，モデルのパラメータの安定性，理論価格の市場価格へのフィッティング，計算時間等の関係を検証するため，1 日ベースと 3 ヵ月ベースの分析を行う．

1 日ベースでの分析は，2013 年 6 月 3 日から 6 月 25 日までの 17 営業日の終値を用いる．COMEX で取引されている金先物オプションの限月は 1 ヵ月先から 5 年先までと幅広く取引が行われているが，1 日ベースでの分析では，その中でも，取引高が比較的大きく，流動性の高い，先限の 2013 年 7 月限月，8 月限月，10 月限月のデータを使用する．各限月における金先物価格の推移を図 8-1 に，金先物価格の対数収益率の推移を図 8-2 に示す．図 8-1 より，1 日ベースの分析に使用する金先物価格は，1250 ドルから 1450 ドル付近を推移している．1 日ベースの分析では，推移価格をすべて含む，100 ドル刻みで行使価格 1000 ドルから 1700 ドルまでのアメリカンオプションの価格データを使用する．データ数は，17 営業日共通して 87 個である．表 8-1 は，2013 年 6 月の 17 営業日分の，各限月における金先物価格の対数収益率のモーメントを示している．表 8-1 より，各モーメントの値は，限月の違いによりほとんど変化がみられないことが読み取れる．Schoutens（2003）では，S&P500 を原資産とするヨーロピアン・コールオプションを対象に，原資産に BS モデル，レヴィ過程，時間変更済みレヴィ過程を想定した実証分析を，77 個のヨーロピアン・コールオプ

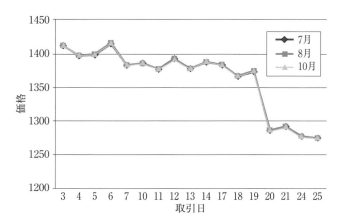

図 8-1　1 日ベースの金先物価格

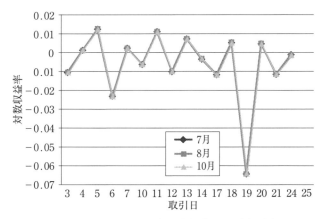

図 8-2　1日ベースの金先物価格の対数収益率

表 8-1　1日ベースの各限月における各モーメント

	7月	8月	10月
平均	−0.0062	−0.0062	−0.0062
分散	3.2812E−04	3.2799E−04	3.2808E−04
歪度	−2.0854	−2.0871	−2.0875
尖度	7.5674	7.5674	7.5674

表 8-2　4つの期間の起算日と末日

	起算日	末日
期間 1	2012年 7月 2日	2012年 9月 28日
期間 2	2012年 10月 1日	2012年 12月 31日
期間 3	2013年 1月 2日	2013年 3月 28日
期間 4	2013年 4月 1日	2013年 6月 28日

ションの価格データを用いて行っている．このことから，本稿の1日ベースの分析で用いるデータ数は十分であるとする．表8-2は3ヵ月ベースでの分析期間をまとめたものである．パラメータの安定性，フィッティングの精度，計算時間が各期間でのデータの違いよりどう異なるかを比較分析するため，先限の2013年12月限月のデータを共通して使用する．2013年12月限月における金先物価格の推移を図8-3に，金先物価格の対数収益率の推移を図8-4に示す．図8-3より，3ヵ月ベースの分析に使用する金先物価格は，1200ドルから1800ド

8 米国金先物市場におけるアメリカンオプションの価格評価分析　　249

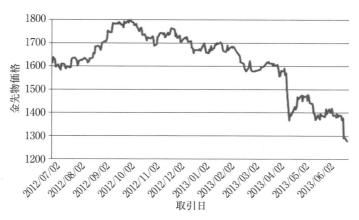

図 8-3　3ヵ月ベースの金先物価格

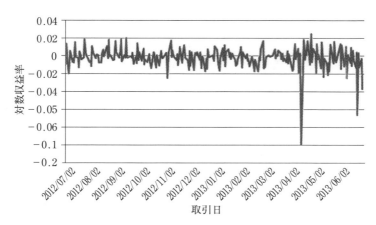

図 8-4　3ヵ月ベースの金先物価格の対数収益率

ル付近を推移している．そのため，3ヵ月ベースの分析では，推移価格をすべて含む，100ドル刻みで行使価格1000ドルから2000ドルまでのアメリカンオプションの価格データを使用する．データ数は，期間1が1323個，期間2が1344個，期間3が1260個，期間4が1344個である．また，データの特徴として，期間4では対数収益率が-0.04以下となる負のジャンプが2回発生している．表8-3は，期間1，期間2，期間3，期間4における，金先物価格の対数収益率のモーメントの値を示している．表から，1日ベースのときと異なり，3ヵ月ベースの場合には，期間によりモーメントの値には差があることがわかる．

表 8-3　3ヵ月ベースの各期間におけるモーメント

	期間 1	期間 2	期間 3	期間 4
平均	0.0016	−0.0008	−0.0009	−0.0037
分散	6.5737E-05	5.9636E-05	4.7849E-05	3.8654E-04
歪度	0.6632	−0.3851	−0.0481	−2.1847
尖度	3.6124	3.4940	3.2691	10.8004

特に，負のジャンプが起きている期間4では，モーメントの値がその他の期間と大きく異なっている．

本稿では，BSモデル，レヴィ過程に属するNIG過程，VG過程，時間変更済みレヴィ過程に属するHestonモデル，NIG-GOU過程，VG-GOU過程を金先物価格のモデルとして取り上げる．最初に，インサンプルデータを用いたパラメータ推定の方法を概観する．Roman（2007）の研究結果を踏まえ，アメリカン・コールオプションとヨーロピアン・コールオプションの価格が等しくなると仮定し，最初にアメリカン・コールオプションの市場価格からリスク中立確率測度の下での各モデルのパラメータを推定する．この方法の利点の1つは，オプション価格を用いてパラメータ推定を行うことで，非完備市場においては複数存在するリスク中立確率測度を直接的に特定しなくてよいことにある．ヨーロピアン・コールオプションの理論価格はCarr and Madan（1998）による高速フーリエ変換（FFT）を用いた手法を用いる．本研究においては，各モデルにより導出されたオプション価格の市場価格へのフィッティングを比較する際には，各モデルに対して同様の手法で理論価格を導出することが望ましい．Carr and Madan（1998）による手法は，原資産が異なる確率過程にしたがう場合にでも共通の手法でヨーロピアン・コールオプションの価格を導出できるため，本研究の目的に適した手法であるといえる．

各モデルのパラメータは，先に導入したRMSEの最小化問題を解くことにより導出される．

続いて，アウトサンプルデータを用いたモデルのフィッティングの比較方法について説明する．第一段階で得られたパラメータを用いて，Carriere（1996），Longstaff and Schwartz（2001）により提案された最小二乗モンテカルロ法により，アメリカン・プットオプションの理論価格を導出する．最小二乗モンテカルロ法によるアメリカンオプション評価もまた，異なる確率過程の下で同様の手法で評価が行えることに注意したい．そして，導出した理論価格

と市場で観測されたアメリカン・プットオプションの価格とを比較しフィッティングの精度を検証する．最小二乗モンテカルロ法の基底関数の選択には，Wang and Caflisch（2009）の先行研究を踏まえ，多項式関数

$$\phi_k(x) = x^k,\ k = 0, 1, 2, ..., n,$$

を採用する．また，基底関数の次数は，杉浦・今井（2013）の先行研究を踏まえて3次を採用し，Longstaff and Schwartz（2001）の先行研究を参考に，使用するサンプルパスの本数は100000本，行使機会は50回とする．安全利子率は1%とする．本研究の価格評価分析において計算に使用するプログラムは，すべてMATLABによって書かれている．

　本研究では，各モデルの市場価格に対するフィッティングを比較することに焦点を当てて分析を行っている．一般に，アメリカン・プットオプションの理論価格を解析的に求めることは困難であり，特に本稿で取り扱う時間変更済みレヴィ過程を含む全てのモデルのパラメータを導出できる統一的な方法は，筆者の知る限り存在しない．したがって，本稿ではアメリカン・プットオプションの理論価格導出のために最小二乗モンテカルロ法という数値的アプローチを採用している．パラメータを推定する際に，モンテカルロ法を用いることは原理的には可能であるが，特に時間変更済みレヴィ過程のように多数のパラメータを同時に推定するのは計算上の困難を伴う．そこで本稿では，パラメータの推定にはモンテカルロ法を使わずに価格を計算できるコールオプションのデータをインサンプルデータとして用いる．そして，推定されたパラメータの値をもとに，アメリカン・プットオプションの理論価格をモンテカルロ法により計算し，アメリカン・プットオプションの市場データをアウトサンプルとすることで，フィッティングの優劣を判断するという方法を採用する．これにより，本稿ではモデルフィッティングの問題を効果的に分析することが可能となっている．

3.2　推　定　結　果

3.2.1　1日ベースの推定結果

　1日ベースでのデータによる各モデルのパラメータの推定結果を表8-4から表8-7に記す．表8-4はBSモデル，NIG過程，VG過程，表8-5はHestonモデル，表8-6はNIG-GOU過程，そして表8-7はVG-GOU過程のパラメータを示している．4つの表から，BSモデル，NIG過程，VG過程のパラメータは，

Hestonモデル，NIG-GOU過程，VG-GOU過程と比べ比較的安定していることが読み取れる．また，表8-5のHestonモデルのパラメータρに着目すると，ρはすべて負の値となっており，これは金先物価格とボラティリティの間に負の相関があることを示唆している．すなわち，Nelson (1991)，Black (1976) で議論されているレバレッジ効果が金先物市場にも観測されることを示唆している．

インサンプルデータの分析結果から明らかとなることは，以下のようにまとめられる．第一に，6月3日から19日までの金先物価格，すなわち図8-1と2の1番目から13番目までのデータは1400ドル付近を推移しており，6月中では比較的落ち着いている．この期間においては，表8-4から表8-7より，BSモデル，NIG過程，VG過程，Hestonモデルのパラメータは比較的安定している．一方，表8-6よりNIG-GOU過程のパラメータa, αの値は営業日ごとに大きく異なっている．また，表8-7よりVG-GOU過程のパラメータG, M, aの値も営業日ごとに大きく異なっていることがわかる．つまり，時間変更済みレヴィ過程は，金先物価格が安定している期間でもパラメータが必ずしも安定しない．

表8-4 1日ベースのBSモデル，NIG過程，VG過程のパラメータ

day	BS σ	NIG α	β	δ	VG C	G	M
3	0.1524	10.3604	-3.6536	0.2650	7.9505	25.4464	25.4464
4	0.1587	9.9485	-3.5229	0.2734	7.5710	23.8212	23.8212
5	0.1593	10.2567	-3.6751	0.2818	8.1305	24.6200	24.6200
6	0.1562	9.7859	-3.5889	0.2610	7.0760	23.3343	23.3343
7	0.1635	9.3193	-3.6744	0.2693	7.3403	22.7298	22.7298
10	0.1580	9.3998	-3.8096	0.2545	6.9471	22.8174	22.8174
11	0.1594	9.6837	-4.0283	0.2603	7.1274	22.9142	22.9142
12	0.1521	9.5653	-3.7656	0.2423	6.3457	22.5612	22.5612
13	0.1566	9.2321	-3.8131	0.2461	6.3787	21.9584	21.9584
14	0.1483	9.1212	-3.5502	0.2265	5.6420	21.7020	21.7020
17	0.1475	8.9080	-3.3311	0.2242	5.3549	21.1843	21.1843
18	0.1554	8.5690	-3.2982	0.2368	5.4901	20.3705	20.3705
19	0.1545	9.1100	-3.5300	0.2442	5.8882	21.2644	21.2644
20	0.1877	8.4583	-3.5535	0.3137	7.5916	20.0661	20.0661
21	0.1791	7.2472	-3.1512	0.2618	5.5211	17.7177	17.7177
24	0.1823	6.6619	-2.9470	0.2533	4.8126	16.1304	16.1304
25	0.1703	5.7053	-2.8328	0.2086	3.7726	15.0881	15.0881

表 8-5　1 日ベースの Heston モデルのパラメータ

day	$v(0)$	θ	κ	σ	ρ
3	4.6373E-09	16.7331	0.0112	0.5050	-0.3210
4	2.4084E-09	18.7889	0.0111	0.5707	-0.3309
5	5.1050E-08	16.0836	0.0131	0.5502	-0.3163
6	4.3264E-09	18.1414	0.0114	0.6005	-0.3511
7	2.2605E-09	22.8721	0.0101	0.6342	-0.3739
10	1.9957E-09	23.4349	0.0095	0.6034	-0.4011
11	1.9559E-09	23.1373	0.0099	0.6228	-0.4329
12	1.8330E-09	23.2515	0.0091	0.5806	-0.4111
13	1.6684E-09	24.6537	0.0092	0.6215	-0.4276
14	1.6603E-09	25.0384	0.0082	0.5755	-0.4011
17	1.5883E-09	25.5782	0.0082	0.5804	-0.3717
18	1.8580E-08	35.1711	0.0067	0.6235	-0.3784
19	1.8154E-08	25.9709	0.0090	0.6017	-0.3995
20	6.1486E-06	38.4841	0.0092	0.7860	-0.4570
21	6.7161E-08	41.0287	0.0080	0.7717	-0.4144
24	2.8351E-06	45.9027	0.0079	0.9059	-0.4385
25	6.6776E-08	48.0329	0.0066	0.7718	-0.4142

表 8-6　1 日ベースの NIG-GOU 過程のパラメータ

day	α	β	δ	a	b	λ
3	49.7496	-0.4595	0.0952	162.5143	0.2439	0.1333
4	52.0013	-0.3810	0.0629	164.6632	0.1876	0.1752
5	28.6349	-0.4355	0.0923	126.9603	0.3092	0.1383
6	46.4200	-0.3975	0.0829	147.1687	0.2067	0.1436
7	104.8873	-0.3398	0.0787	229.5752	0.0778	0.0934
10	56.8462	-0.3268	0.0691	254.2672	0.1600	0.0997
11	54.6444	-0.2795	0.0640	337.5249	0.1674	0.0830
12	26.9484	-0.3264	0.0520	338.8526	0.3592	0.0987
13	39.6337	-0.2199	0.0341	480.6001	0.2438	0.1132
14	51.7382	-0.3415	0.0484	169.2036	0.1180	0.1375
17	49.5158	-0.4082	0.0645	230.8786	0.1266	0.0802
18	61.6933	-0.2794	0.0750	416.6612	0.1542	0.0619
19	54.4710	-0.3089	0.0566	460.3447	0.1214	0.0524
20	15.3121	-0.0389	0.0048	340.2487	0.9753	3.3968
21	10.3890	-0.1393	0.0024	7522.4758	28.5962	8.6473
24	8.4803	-0.0782	0.0023	10626.3248	52.0019	11.9875
25	19.1757	0.0690	0.0052	1180.4785	0.0910	0.0720

表 8-7　1日ベースの VG-GOU 過程のパラメータ

day	C	G	M	a	b	λ
3	7.9180	70.4863	79.7593	304.4858	0.2976	0.0550
4	10.2855	231.4291	241.2851	141.9354	0.0349	0.1287
5	5.5961	148.8682	160.3672	56.5750	0.0519	0.3818
6	11.0019	97.7131	106.8867	217.5774	0.1611	0.0627
7	9.0472	150.5312	161.6895	166.5757	0.0644	0.1057
10	7.9394	131.4998	144.1022	144.7876	0.0755	0.1212
11	9.2441	85.7801	97.3619	188.9602	0.1616	0.0730
12	5.2246	232.8360	251.7461	216.3940	0.0235	0.1051
13	8.6054	32.5107	48.5070	1020.0273	0.6322	0.0058
14	5.9450	193.7417	206.6561	236.4581	0.0276	0.0716
17	2.5217	207.8657	226.3840	374.8010	0.0148	0.0642
18	8.8021	80.7001	94.0005	380.4191	0.1924	0.0413
19	5.3163	103.0523	115.7292	122.7852	0.0710	0.1319
20	9.5985	38.7659	50.3092	248.7150	0.4379	0.0399
21	6.8661	120.1053	131.9052	244.6076	0.0481	0.0633
24	7.2650	115.3342	124.0473	177.7137	0.0374	0.0673
25	0.6591	21.2902	36.4507	621.1726	0.2406	0.0562

　第二に，図8-1，図8-2の14番目のデータである6月20日には，負のジャンプが起き，その後25日までは，再び1280ドル付近を推移している．この期間での各モデルのパラメータについてみると，それぞれの表から各モデルのパラメータは6月3日から19日までと比較すると異なった動きがみられる．特に，負のジャンプが起きた翌日の21日以降のNIG-GOU過程のパラメータaとVG-GOU過程bが大きく変化している．このことから，暴落が起きた直後では通常時と比べ，パラメータは不安定になるという示唆が得られる．第三に，2013年6月3日から6月25日まで17営業日における，各モデルのアメリカン・コールオプションの理論価格と市場価格のRMSEをまとめた表8-8から，6月中のいずれの日においても，時間変更済みレヴィ過程，レヴィ過程，BSモデルの順にRMSEの値が小さい．この結果より，2013年6月の金先物市場からは，ファットテイル性および確率的なボラティリティの変動が観測できると考えられる．また，RMSEの値は，日付が経つにつれ上昇傾向にあることもわかる．特に21日以降は，どのモデルにおいてもRMSEの値が比較的大きくなっていて，特にNIG-GOU過程のRMSEの値の変化が相対的に大きい．この要因としては，20日に負のジャンプがあり，金先物価格が下落し，それに伴いア

8　米国金先物市場におけるアメリカンオプションの価格評価分析　255

表 8-8　1日ベースのインサンプルデータにおける RMSE

day	BS	NIG	VG	Heston	NIG-GOU	VG-GOU
3	3.3491	2.8395	3.2109	1.0251	1.6331	1.0645
4	3.6068	3.0549	3.4524	0.9671	1.6168	0.9317
5	3.4565	2.8956	3.3111	0.8903	1.7108	0.8691
6	3.6121	2.9953	3.4406	0.9576	1.7257	0.9688
7	3.8311	3.1517	3.6624	0.9359	1.7329	0.8692
10	3.9455	3.3108	3.7771	1.1097	1.8161	0.9751
11	3.9427	3.5223	3.7788	1.0072	1.7884	0.9451
12	4.0569	3.4895	3.8817	1.3477	1.9587	1.0941
13	4.1676	3.5379	3.9871	1.3271	1.8808	2.1109
14	4.2055	3.6873	4.0111	1.6307	2.0637	1.3914
17	4.0859	3.5951	3.8712	1.5802	1.9986	1.3162
18	4.3513	3.8143	4.1311	1.6553	2.0159	1.5751
19	4.0917	3.5499	3.8847	1.4139	1.8672	1.2302
20	4.4518	3.6584	4.2596	1.0597	1.8216	1.4887
21	5.0211	4.2762	4.7551	1.9064	2.8786	1.5971
24	5.3259	4.5009	5.0034	2.2248	3.3203	1.9702
25	5.5203	4.8043	5.1438	2.8523	2.7144	2.6107
平均	4.1778	3.5696	3.9742	1.4054	2.0320	1.3534

メリカン・コールオプションの市場価格に急激な変化があったことが考えられる．

　次に，レヴィ過程，時間変更済みレヴィ過程それぞれのカテゴリー内でのフィッティングの比較を行う．表 8-8 から，レヴィ過程のなかではいずれの日においても VG 過程よりも NIG 過程の方が RMSE の値が小さい．つまり，2013年 6 月に取引されていたアメリカン・コールオプションに対しては，NIG 過程は VG 過程よりもフィッティングがよい．一方，時間変更済みレヴィ過程のなかでの RMSE の比較では，以下の 3 点が確認できる．第一に，17 営業日の平均値で比較すると，VG-GOU 過程，Heston モデル，NIG-GOU 過程の順にRMSE の値が小さい．第二に，17 営業日中，16 営業日で VG-GOU 過程がNIG-GOU 過程よりも値が小さく，Heston モデルが NIG-GOU 過程よりも値が小さい．また，17 営業日中 13 営業日で VG-GOU 過程が Heston モデルよりも値が小さい．つまり，ほとんどの日において VG-GOU 過程，Heston モデル，NIG-GOU 過程の順にフィッティングがよいといえる．第三に，Heston モデルは NIG-GOU 過程よりもパラメータが少ないにもかかわらず，フィッティング

表 8-9　1 日ベースの推定時間（単位：秒）

day	BS	NIG	VG	Heston	NIG-GOU	VG-GOU
3	1.3	48	28	720	754	751
4	1.3	35	34	736	767	768
5	1.4	69	39	695	704	763
6	1.4	35	36	696	649	734
7	1.1	35	28	770	762	807
10	1.3	44	27	720	541	716
11	1.2	35	30	690	701	739
12	1.3	31	24	600	685	666
13	1.4	35	28	466	673	666
14	1.2	28	29	715	788	795
17	1.1	27	27	686	769	780
18	0.7	34	39	679	768	780
19	1.2	49	32	655	761	772
20	1.1	27	27	691	752	778
21	1.3	12	12	550	720	742
24	1.4	11	13	593	646	587
25	0.6	16	28	671	677	677
平均	1.1	34	28	667	713	736

がよいため，1 日ベースの分析においては NIG-GOU 過程がオーバーフィッティングをしている可能性があると考えられる．次に，パラメータの推定に必要な計算時間について考察する．表 8-9 は，1 日ベースの分析の場合の各モデルのパラメータ推定に必要な計算時間を表している．BS モデルのパラメータ数は 1 つ，NIG 過程，VG 過程はそれぞれ 3 つ，Heston モデルは 5 つ，NIG-GOU 過程，VG-GOU 過程は 6 つである．表 8-9 より，BS モデル，レヴィ過程，時間変更済みレヴィ過程の順に計算時間が長いことが確認できる．また，パラメータ数の増加に伴い指数的に増加することもわかる．レヴィ過程，時間変更済みレヴィ過程それぞれのカテゴリー内での計算時間について考察すると，レヴィ過程の中では，17 営業日中 9 営業日で NIG 過程が VG 過程よりも計算時間が長く，3 営業日では同程度，5 営業日で VG 過程が NIG 過程よりも計算時間が長い．一方の時間変更済みレヴィ過程の中では，17 営業日中 15 営業日で VG-GOU 過程は Heston モデルよりも長く，17 営業日中 13 営業日で NIG-GOU 過程は Heston モデルよりも計算時間が長い．すなわち，パラメータ数が VG-GOU 過程や NIG-GOU 過程と比べて 1 つ少ない Heston モデルの計算時間が短

いことが確認できる．また，パラメータ数が同じ6つである時間変更済みレヴィ過程の中では，17営業日中12営業日でVG-GOU過程がNIG-GOU過程よりも計算時間が長いという結果となっている．

次に計算時間とインサンプルデータにおけるフィッティングのよさの関係について考察する．表8-8，表8-9から，NIG過程とVG過程との比較では，平均計算時間がNIG過程のほうが6秒長いが，全営業日においてNIG過程の方がフィッティングがよい．また，時間変更済みレヴィ過程での比較では，VG-GOU過程が平均計算時間は今回想定した確率過程の中でもっとも長いものの，ほとんどの日において，もっともフィッティングがよい．さらに，Hestonモデルは NIG-GOU 過程よりも平均計算時間が短く，かつほとんどの日においてNIG-GOU過程よりもフィッティングがよい．

3.2.2　3ヵ月ベースの推定結果

3ヵ月ベースでのデータを用いた各モデルのパラメータの推定結果を表8-10から表8-13に記す．表8-10はBSモデル，NIG過程，VG過程，表8-11はHestonモデル，表8-12はNIG-GOU過程，そして表8-13はVG-GOU過程のパラメータを示している．これら4つの表から，各モデルの推定されたパラメータの値が期間によってばらついていることがわかる．これは，期間ごとに各モーメントの値が大きく異なっていることを示した表8-3の結果と整合的といえる．特に期間4では，負のジャンプが発生している期間のため，その他の期間とは大きく異なる値となっている．

表8-14は，各期間ごとに計算された各モデルから導かれたアメリカン・コールオプションの理論価格と市場価格とのRMSEをまとめたものである．表8-14の結果より，一部の例外はあるものの時間変更済みレヴィ過程，レヴィ過程，BSモデルの順にRMSEの値が小さくなっていることが確認できる．また，例外なく NIG-GOU 過程の RMSE がもっとも小さいことも確認できる．このように時間変更済みレヴィ過程の当てはまりがよいことから，2012年7月から2013年6月の金先物市場からはファットテイル性とボラティリティの変動が存在していたと推察できる．負のジャンプが2回起きるなど，他の期間と比べてモーメントの値が大きく異なる期間4に注目すると，他の期間と比べて各モデルの理論価格と市場価格のRMSEの差が小さい．これは，市場が不安定な時期は，かえってモデルの良し悪しが判別しにくいことを示唆している．

次に，レヴィ過程，時間変更済みレヴィ過程それぞれのカテゴリー内でのフ

表 8-10　3ヵ月ベースの BS モデル，NIG 過程，VG 過程のパラメータ

期間	BS σ	NIG α	β	δ	VG C	G	M
1	0.2072	3.8690	0.0276	0.2068	8.5114	619.7725	14.3984
2	0.1653	6.9831	0.5611	0.2264	9.6589	1379.7327	19.0127
3	0.1340	8.4783	0.4106	0.1864	9.2507	924.1010	23.1179
4	0.1519	7.2742	−2.0299	0.2022	5.6091	21.7470	21.7470

表 8-11　3ヵ月ベースの Heston モデルのパラメータ

期間	$v(0)$	θ	κ	σ	ρ
1	0.0002	0.0802	1.3079	0.1359	0.9865
2	0.0001	0.5400	0.0960	0.1856	0.5865
3	0.0000	0.2576	0.1669	0.1759	0.5827
4	0.0434	2.7E-10	1.8764	0.2810	0.0090

表 8-12　3ヵ月ベースの NIG-GOU 過程のパラメータ

期間	α	β	δ	a	b	λ
1	21.6913	−0.8320	0.5665	51.1061	0.0687	0.0055
2	57.5552	−0.7827	0.0222	91.2779	0.0440	0.0783
3	8.4623	−0.9613	0.0188	52.4172	0.7120	0.3435
4	10.3910	−0.6351	13.2732	3.9.E-10	82.4591	75.7684

表 8-13　3ヵ月ベースの VG-GOU 過程のパラメータ

期間	C	G	M	a	b	λ
1	19.6373	53.7400	25.6933	1.5027	2.9588	1.3963
2	1.7092	76.4508	35.7995	43.9435	0.7378	0.3032
3	1.4179	89.5943	47.0093	96.7560	0.6180	0.2052
4	52.3113	18.6266	19.8200	5.0.E-09	78.3152	18.0336

表 8-14　3ヵ月ベースのインサンプルデータにおける RMSE

期間	BS	NIG	VG	Heston	NIG-GOU	VG-GOU
1	7.7698	3.6837	4.6822	4.3549	3.5541	3.9248
2	9.5804	7.1019	8.4057	6.8262	5.2789	6.3437
3	6.7447	3.0001	5.5228	5.0254	2.0875	4.9251
4	4.8656	4.4593	4.7719	4.1791	3.7602	3.8856
平均	7.2401	4.5613	5.8457	5.0964	3.6702	4.7698

8 米国金先物市場におけるアメリカンオプションの価格評価分析 259

表 8-15 3ヵ月ベースの推定時間（単位：秒）

期間	BS	NIG	VG	Heston	NIG-GOU	VG-GOU
1	8	526	2454	5955	9548	4249
2	14	451	1137	13021	13127	5923
3	15	354	2138	6325	9507	6524
4	15	377	515	3379	5081	5241
平均	13	427	1561	7170	9315	5484

ィッティングの優劣を検証する．表 8-14 から，レヴィ過程のなかではいずれの期間においても VG 過程よりも NIG 過程の方が RMSE の値が小さい．よって，2012 年 7 月から 2013 年 6 月までに取引されていたアメリカン・コールオプションに対しては，NIG 過程は VG 過程よりもフィッティングがよいことがわかる．時間変更済みレヴィ過程内においては，いずれの期間においても NIG-GOU 過程，VG-GOU 過程，Heston モデルの順に RMSE の値が小さいことが確認できる．すなわち，推定を行った期間にかかわらず，NIG-GOU 過程，VG-GOU 過程，Heston モデルの順にフィッティングがよいことがわかる．

表 8-15 は，3ヵ月ベースの分析の場合の各モデルのパラメータ推定に必要な計算時間を表している．1 日ベースの場合の結果と同様，BS モデル，レヴィ過程，時間変更済みレヴィ過程の順に計算負荷が大きくなり，パラメータ数の増加に伴い指数的に増加することも分かる．各カテゴリー内での比較においては，レヴィ過程のなかでは VG 過程が NIG 過程よりも計算時間が長く，時間変更済みレヴィ過程のなかでは NIG-GOU 過程がもっとも計算時間が長いことが確認できる．

次に，分析期間の違いによる計算時間の違いについて考察する．BS モデルについては平均 13 秒，NIG 過程については平均 427 秒で，期間の違いによる計算時間の差は比較的少ないが，VG 過程，Heston モデル，NIG-GOU 過程については特に期間 2 と期間 4 の計算時間に大きく差がある．期間 2 では期間 4 と比べ VG 過程は 2.2 倍，Heston モデルは 3.9 倍，NIG-GOU 過程は 2.4 倍かかる．

最後に計算時間とインサンプルデータにおけるフィッティングのよさの関係について考察する．表 8-14，表 8-15 から，NIG 過程は，VG 過程と比べ計算時間も少なく，かつ RMSE の値も小さいことがわかる．また，VG-GOU 過程はパラメータが 1 つ少ない Heston モデルと比べてもなお，計算時間が短く，か

つ RMSE の値も小さい．一方，NIG-GOU 過程は，想定した確率過程のなかでもっとも計算時間を要したが，すべての期間においてもっともフィッティングがよい．

3.3 アメリカン・プットオプションの価格評価分析

3.3 項では，3.2 項で得られたパラメータをもとに，最小二乗モンテカルロ法を用いてアメリカン・プットオプション価格の導出を行う．そして，実際の市場価格との価格差を比較検討する．

3.3.1 1 日 ベ ー ス

表 8-16 は，2013 年 6 月 3 日から 6 月 25 日まで 17 営業日における，各モデルのアメリカン・プットオプションの理論価格と市場価格の RMSE をまとめたものである．表からただちに，レヴィ過程，時間変更済みレヴィ過程のアメリカン・プットオプションの価格へのフィッティングが，BS モデルのそれよりよいことが確認できる．この結果は，これまで指摘されていた原資産価格の非正規性と整合的である．17 営業日の RMSE の平均値で比較すると，レヴィ過程

表 8-16　1 日ベースのアウトサンプルデータにおける RMSE

day	BS	NIG	VG	Heston	NIG-GOU	VG-GOU
3	4.6584	3.5041	4.4618	3.0760	3.4930	4.0681
4	4.9045	3.7106	4.6911	3.0908	3.8342	4.6062
5	4.7489	3.5134	4.5621	3.0519	3.5768	4.2167
6	4.9094	3.6063	4.6606	3.0863	3.7947	4.4786
7	5.0214	3.6321	4.8263	3.0493	3.9129	4.3475
10	5.0334	3.6668	3.3900	4.8018	3.9001	3.3900
11	5.0355	3.6715	4.8024	2.9347	3.9594	3.5293
12	5.0917	3.8889	4.8546	2.9301	3.7473	3.0008
13	5.1715	3.9007	4.9142	2.9630	4.0294	3.6118
14	5.1724	4.0571	4.8922	3.0350	3.7032	3.4623
17	5.0320	4.0111	4.7465	2.8303	3.3568	3.0931
18	5.2669	4.2234	4.9546	2.8777	3.6675	3.6647
19	5.0415	4.0216	4.7406	2.7198	3.5067	2.9648
20	5.3150	4.1884	4.9886	2.5402	4.3806	3.2570
21	5.8156	4.6723	5.4332	3.0304	4.5731	3.3203
24	6.0458	4.8730	5.6356	3.2505	4.9936	3.4522
25	6.1657	5.0960	5.6916	3.5788	4.5755	3.7601
平均	5.2017	4.0140	4.8380	3.1086	3.9415	3.6602

よりも，時間変更済みレヴィ過程のフィッティングがよいことがわかる．なかでも Heston モデルは，17 営業日中，16 営業日で最も RMSE が小さい結果となった．各カテゴリー内の RMSE について細かくみていくと，BS モデルはいずれの営業日においてももっとも RMSE の値が大きい．レヴィ過程においては，17 営業日中 16 営業日で VG 過程よりも NIG 過程の方が RMSE の値が小さい．よって，1 日ベースの分析において，レヴィ過程のなかでは，VG 過程よりも NIG 過程の方がアメリカン・プットオプションの市場価格へのフィッティングがよいといえる．一方，時間変更済みレヴィ過程の場合は，平均値で比較すると，Heston モデル，VG-GOU モデル，NIG-GOU モデルの順にフィッティングがよい．17 営業日中 16 営業日は NIG-GOU 過程，VG-GOU 過程よりも，パラメータ数が 1 つ少ない Heston モデルの方が RMSE の値が小さい．17 営業日中 12 営業日は NIG-GOU 過程よりも VG-GOU 過程の方が RMSE の値は小さい．

次にレヴィ過程，時間変更済みレヴィ過程間で比較を行う．平均値で比較すると，NIG 過程よりも NIG-GOU 過程の方が RMSE の値は小さい．一方で，NIG-GOU 過程は，NIG 過程に GOU 時間変更を加えより表現力の高いモデルを想定したにもかかわらず，17 営業日中 9 営業日は NIG 過程よりも RMSE が大きい．この結果はオーバーフィッティングの可能性を示唆している．

3.3.2　3ヵ月ベース

表 8-17 は，期間 1 から期間 4 の 4 つの期間における，各モデルを想定したときに得られる RMSE の値をまとめたものである．これらの表において各期間の平均値を比較すると，NIG 過程の RMSE がもっとも小さく，ついで NIG-GOU 過程が小さいことがわかる．一方で，期間 4 においては時間変更済みレヴィ過程はフィッティングが悪く，オーバーフィッティングの可能性がある．また表 8-17 から，BS モデルにおいても期間 1，期間 4 では NIG 過程に次いで RMSE の値が小さいことがわかる．図 8-5 は，各期間における金先物価格の対数収益

表 8-17　3ヵ月ベースのアウトサンプルデータにおける RMSE

day	BS	NIG	VG	Heston	NIG-GOU	VG-GOU
1	19.2381	13.4644	20.6774	20.0288	21.2694	21.8040
2	16.2960	12.8641	17.2429	16.3426	10.3471	16.4566
3	10.5743	8.24470	11.3504	11.1041	7.82682	10.4917
4	70.2728	69.9333	70.2919	70.6632	70.8117	70.6615
平均	29.0953	26.1266	29.8907	29.5346	27.5638	29.8535

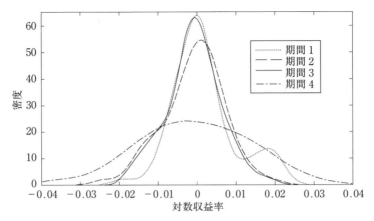

図 8-5　各期間のカーネル密度推定値

率のヒストグラムをカーネル密度推定により滑らかな関数として描いたものである．導出には MATLAB の ksdensity 関数を用いている．この図より，期間 4 は負のジャンプが 2 回起きているため，ヒストグラムの形状が大きく異なっていることがわかる．期間 4 の RMSE の値が他の期間と比べ大きくなっているのは，インサンプルデータの特徴である 2 回の負のジャンプを過度に取り入れて導出したパラメータで，ジャンプが起きていない日のアメリカン・プットオプションの価格を計算していることによる誤差が蓄積されたことが要因として考えられる．同様に，期間 1 においても分布の山が 2 つあり，歪んでいることが図 8-5 からわかる．このような不安定な局面においては，BS モデルが有効であることも 3 ヵ月ベースの分析から明らかとなった．

　次に，レヴィ過程内のの RMSE のを比較してみると，どの期間においても，VG 過程よりも NIG 過程の方が RMSE の値が小さいことがわかる．つまり，3 ヵ月ベースの分析では，NIG 過程は VG 過程と比べ，アメリカン・プットオプションの市場価格へのフィッティングがよいという結果が得られたことになる．一方，時間変更済みレヴィ過程内の RMSE を比較すると，期間 2，期間 3，期間 4 において，NIG-GOU 過程の RMSE の値が小さいことが表 8-17 から読み取れる．図 8-5 からもわかるとおり，分布が比較的対称で，値動きが落ち着いている期間 2 と期間 3 では，NIG-GOU 過程のフィッティングが想定したモデルのなかでもっともよい．したがって，本稿の実証結果においては，収益率分布が安定している期間では時間変更済みレヴィ過程が有効であるという示唆が

得られた．

3.4 誤差評価

本研究では，Carr and Madan (1998) による手法でアメリカン・コールオプションの価格を，Carriere (1996), Longstaff and Schwartz (2001) による手法でアメリカン・プットオプションの価格を導出している．本項では，オプションの理論価格を求める計算手法のなかで発生した誤差が，アメリカンオプションの市場価格との RMSE に対してどの程度影響するかについて考察する．具体的には，1日ベースの6月3日でのアメリカン・コールオプションのデータを用いて，2種類の数値計算手法の誤差について議論する．

表8-18 は，3.2.1 で導出した各モデルのパラメータを用いて，Carr and Madan (1998) の手法，Carriere (1996), Longstaff and Schwartz (2001) の手法のそれぞれで計算したアメリカン・コールオプションの理論価格と市場価格との RMSE を示している．表中の FFT は Carr and Madan (1998) の手法を，LSM は Carriere (1996), Longstaff and Schwartz (2001) の手法を表している．表8-18 より，最小二乗モンテカルロ法により求めた理論価格と市場価格との RMSE の値は，Heston モデル，VG-GOU 過程，NIG-GOU 過程，NIG 過程，VG 過程，BS モデルの順に小さい．これは，Carr and Madan (1998) の手法により求めた理論価格と市場価格との RMSE を比較したときと同様の順序である．

また，6月3日における，Carr and Madan (1998) の手法で求めたアメリカン・コールオプションの理論価格と，Longstaff and Schwartz (2001) の手法で求めたアメリカン・コールオプションの理論価格との2つの理論価格の差を比較した RMSE は，表8-19 のようになる．表8-19 より，RMSE の値は，6つのモデルの平均で 0.4403 という結果となった．これより，数値計算手法により導出した理論価格同士の RMSE の差よりも，モデルを変えたことによる RMSE

表8-18 2種類の数値計算手法により求めた理論価格と市場価格との RMSE

手法	BS	NIG	VG	Heston	NIG-GOU	VG-GOU
FFT	3.349	2.8395	3.2109	1.025	1.633	1.0645
LSM	3.4723	3.0415	3.2398	1.1054	1.9655	1.2088

表 8-19　2 種類の数値計算手法で求めた理論価格間の RMSE

day	BS	NIG	VG	Heston	NIG-GOU	VG-GOU
3	0.3886	0.5727	0.2840	0.4517	0.6206	0.4566

の差の方が相対的に大きいことがわかるため，各モデルにより導出される理論価格と市場価格の RMSE に対して，数値計算手法による誤差の影響度は十分に小さいといえる．

4　結　　論

本稿では，2012 年 7 月 2 日から 2013 年 6 月 25 日の米国金先物市場と金先物を原資産とするアメリカンオプションを対象に，原資産である金先物価格がしたがう確率過程についての実証分析を行った．原資産価格が従う確率過程としては，BS モデル，レヴィ過程，時間変更済みレヴィ過程を想定した．特に，レヴィ過程，時間変更済みレヴィ過程のなかで，アメリカンオプションの市場価格に対してどのモデルのフィッティングがよいかを検証するために，1 日ベース，3 ヵ月ベースの 2 種類の期間のデータを用いて，それぞれの期間でのアメリカンオプションの理論価格を導出するために使用するデータ数と，モデルのパラメータの安定性，理論価格の市場価格へのフィッティング，計算時間の関係を比較した．

本稿で行った実証分析の結果，次のことが明らかにされた．インサンプルデータによる分析では，1 日ベースにおいても，3 ヵ月ベースにおいても時間変更済みレヴィ過程のアメリカン・コールオプションの市場価格へのフィッティングがもっともよく，結果として金市場にはファットテイル性，確率的なボラティリティの変動があることが観察できた．一方で，時間変更済みレヴィ過程は，パラメータ推定にかかる計算時間が BS モデル，レヴィ過程と比べて大きく，金先物価格が安定している期間でも，パラメータが不安定であること，暴落が起きた期間においてはパラメータがさらに不安定になることも明らかとなった．一方，アウトサンプルデータからは，以下の 3 点が明らかとなった．第一に，ファットテイル性を考慮したモデルがアメリカン・プットオプションの市場価格へのフィッティングがよい．第二に，レヴィ過程においては，VG 過程よりも NIG 過程が，アメリカン・プットオプションの市場価格へのフィッティング

がよい．第三に，時間変更済みレヴィ過程は扱うデータのタイプにより市場価格へのフィッティングは異なるが，レヴィ過程と比べ1日ベースの場合により有効なモデルである．3ヵ月ベースの分析において金先物価格が安定した局面では，NIG-GOU 過程がアメリカン・プットオプションの価格に対してもっともフィッティングがよかったが，不安定な局面においては，時間変更済みレヴィ過程はオーバーフィッティングを起こしやすく，より現実の株価に則したモデルを用いたからといって必ずしもアメリカン・プットオプションの市場価格を捉えられるようにはならないことも明らかとなった．

今後の課題としては，データ数，モデルの種類を増やしたさらなる比較分析，推定手法を変えた場合の比較分析が考えられる．本稿の分析により，パラメータ推定に用いる期間によってモデルの市場価格へのフィッティングが異なるケースがみられたため，よりデータ数の種類を増やして分析を行うことでさらなる示唆が得られることが期待される．また，アメリカンオプションの市場価格に対してどのモデルがフィッティングがよいかを分析する上で，その他の時系列モデルとも比較を行うことも必要であろう．本稿ではパラメータ推定に最小二乗法を用いたが，推定法の違いによる，フィッティングの違いについて比較を行うことも今後の課題としたい．

〔参考文献〕

杉浦大輔・今井潤一 (2013)，「Time-changed Lévy 過程の下でのアメリカンオプションの評価」，『実証ファイナンスとクオンツ運用，ジャフィージャーナル：金融工学と市場計量分析』，朝倉書店，196-232.

Ane, T. and Geman, H. (2002), "Order flow, transaction clock, and normality of asset returns", *Journal of Finance*, **55**, 2259-2284.

Applebaum, D (2004), *Lévy Processes and Stochastic Calculus*, Cambridge University Press.

Back, J. and Prokopczuk, M. (2013), "Commodity price dynamics and derivatives valuation: a review", *International Journal of Theoretical and Applied Finance*, **16**, 85-96.

Barndorff-Nielsen, O. E. (1998), "Processes of normal inverse Gaussian type", *Finance & Stochastics*, **2**, 41-68.

Barndorff-Nielsen, O. E. and Shephard, N. (2001), "Non-Gaussian Ornstein-Uhlenbeck-based models and some of their uses in financial economics",

Journal of Royal Statistical Society Series B **63**, 167-240.

Beyer, P. and Kienitz, J. (2009), "Pricing forward start options in models based on (time-changed) Lévy processes", *ICFAI Journal of Derivatives Markets*. **6**, 7-23.

Black, F. (1976), "Studies of stock market volatility changes", *Proceedings of the American Statistical Association, Business & Economic Statistics Section*, 177-181.

Carr, P. and Madan, D. (1998), "Option valuation using the fast Fourier transform", *Journal of Computational Finance*, **2**, 61-73.

Carr, P., Geman, H., Madan, D. B. and Yor, M. (2003), "Stochastic volatility for Lévy processes", *Mathematical Finance*, **13**, 345-382.

Carr, P. and Wu, L. (2004), "Time-changed Lévy processes and option pricing", *Journal of Financial Economics*, **71**, 113-141.

Carr, P. and Itkin, A. (2010), "Pricing swaps and options on quadratic variation under stochastic time change modelsdiscrete observations case", *Review of Derivatives Research*, **13**, 141-176.

Carriere, J. F. (1996), "Valuation of the early-exercise price for options using simulations and nonparametric regression", *Insurance: Mathematics and Economics*, **19**, 19-30.

Cont, R. (2001), "Empirical properties of asset returns: stylized facts and statistical issues", *Quantitative Finance*, **1**, 223-236.

Cont, R. and Tankov, P. (2004), *Financial Modelling with Jump Processes*, Chapman&Hall.

Cox, J., Ingersoll, J. and Ross, S. (1985), "A theory of the term structure of interest rates", *Econometrica*, **53**, 385-408.

Casassus, J. and Pierree, C. (2005), "Stochastic convenience yield implied from commodity futures and interest rates", *The Journal of Finance*, **60**, 2283-2331.

Devroye, L. (1986), *Non-uniform Random Variate Generation*, Springer.

Heston, S. (1993), "A closed-form solution for options with stochastic volatility with applications to bond and currency options", *Review of Financial Studies*, **6**, 327-343.

Hillard, J. E. and Reis, J. A. (1999), "Jump processes in commodity futures prices and options pricing", *American Agricultural Economics Association*, **81**, 273-286.

Longstaff, F. A. and Schwartz, E. S. (2001), Valuing American option by simulation: a simple least-squares approach", *The Review of Financial Studies*, **14**, 113-147.

Madan, D., Carr, P. and Chang, E. C. (1998), "The variance gamma process and option pricing", *European Finance Review*, **2**, 79-105.

Mandelbrot, B. and Taylor, H. M. (1967), "On the distribution of stock price differences", *Operations Research*, **15**, 1057-1062.

Marsaglia, G and Tsang, W. W. (2000), "A simple method for generating gamma variables", *ACM Transactions on Math-ematical Software*, **26**, 363-372.

Nelson, D. B. (1991), "Conditional heteroskedasticity in asset returns: a new approach", *Econometrica*, **59**, 347-370.

Rachev, S. T., Kim, Y. S., Bianchi, M. L., Fabozzi, F. J. (2011), *Financial Models with Lévy Processes and Volatility Clustering*, Wiley.

Raible, S. (2000), Lévy processes in finance: theory, numerics, and empirical facts, Ph.D. thesis, University of Freiburg.

Roman, V. (2007), "On the pricing of American options in exponential Lévy markets", *Applied Probability Trust*, **44**, 409-419.

Sato, K. (1999), *Lévy Processes and Infinitely Divisible Distributions*, Cambridge University Press.

Schoutens, W. (2003), *Lévy Process in Finance*, Wiley.

Shoutens, W., Simons, E. and Tistaert, J. (2004), "A Perfect Calibration! Now What?", *Wilmott Magazine*, **2**.

Schwartz, E. S. (1997), "The stochastic behavior of commodity prices: implications for valuation and hedging", *The Journal of Finance*, **52**, 923-973.

Tweedie, M. C. K. (1947), "Functions of a statistical variate with given means, with special reference to Laplacian distributions", *Proceeding of the Cambridge Philosophical Society*, **43**, 41-49.

Wang, Y. and Caflisch, R. (2009), "Pricing and hedging American-style options: a simple simulations-based approach", *Journal of Computational Finance*, **4**, 1-30.

Yamazaki, A (2011), "Pricing average options under time-changed Lévy processes", *Review of Derivatives Research*, 1-33.

(杉浦大輔:慶應義塾大学大学院理工学研究科)
(今井潤一:慶應義塾大学大学院理工学研究科)

『ジャフィー・ジャーナル』投稿規定

1. 『ジャフィー・ジャーナル』への投稿原稿は，金融工学，金融証券計量分析，金融経済学，行動ファイナンス，企業経営分析，コーポレートファイナンスなど資本市場と企業行動に関連した内容で，理論・実証・応用に関する内容を持ち，未発表の和文の原稿に限ります．
2. 投稿原稿は，以下の種とします．
   (1) 一般論文（Regular Contributed Papers）
   ジャフィーが対象とする広い意味でのファイナンスに関連するオリジナルな研究成果
   (2) 特集論文（Special Issue Papers）
   ジャフィー・ジャーナル各号で特集として設定されたテーマに関連するオリジナルな研究成果
3. 投稿された原稿は，『ジャフィー・ジャーナル』編集委員会が選定・依頼した査読者の審査を経て，掲載の可否を決定し，本編集委員会から著者に連絡する．
4. 原稿は，PDF ファイルに変換したものを E メールで JAFEE 事務局へ提出する．原則として，原稿は返却しない．なお，投稿原稿には，著者名，所属，連絡先を記載せず，別に，標題，種別，著者名，所属，連絡先（住所，E メールアドレス，電話番号）を明記したものを添付する．
5. 査読者の審査を経て，採択された原稿は，原則として LaTex 形式で入稿しなければならない．なお，『ジャフィー・ジャーナル』への掲載図表も論文投稿者が作成する．
6. 著作権
   (1) 掲載された論文などの著作権は日本金融・証券計量・工学学会に帰属する（特別な事情がある場合には，著者と本編集委員会との間で協議の上措置する）．
   (2) 投稿原稿の中で引用する文章や図表の著作権に関する問題は，著者の責任において処理する．

[既刊ジャフィー・ジャーナル]

① 1995 年版　金融・証券投資戦略の新展開（森棟公夫・刈屋武昭編）
　　　　　　　A5 判 176 頁　ISBN4-492-71097-3
② 1998 年版　リスク管理と金融・証券投資戦略（森棟公夫・刈屋武昭編）
　　　　　　　A5 判 215 頁　ISBN4-492-71109-0
③ 1999 年版　金融技術とリスク管理の展開（今野　浩編）
　　　　　　　A5 判 185 頁　ISBN4-492-71128-7
④ 2001 年版　金融工学の新展開（高橋　一編）
　　　　　　　A5 判 166 頁　ISBN4-492-71145-7
⑤ 2003 年版　金融工学と資本市場の計量分析（高橋　一・池田昌幸編）
　　　　　　　A5 判 192 頁　ISBN4-492-71161-9
⑥ 2006 年版　金融工学と証券市場の計量分析 2006（池田昌幸・津田博史編）
　　　　　　　A5 判 227 頁　ISBN4-492-71171-6
⑦ 2007 年版　非流動性資産の価格付けとリアルオプション
　　　　　　　（津田博史・中妻照雄・山田雄二編）
　　　　　　　A5 判 276 頁　ISBN978-4-254-29009-7
⑧ 2008 年版　ベイズ統計学とファイナンス
　　　　　　　（津田博史・中妻照雄・山田雄二編）
　　　　　　　A5 判 256 頁　ISBN978-4-254-29011-0
⑨ 2009 年版　定量的信用リスク評価とその応用
　　　　　　　（津田博史・中妻照雄・山田雄二編）
　　　　　　　A5 判 240 頁　ISBN978-4-254-29013-4
⑩ 2010 年版　バリュエーション（日本金融・証券計量・工学学会編）
　　　　　　　A5 判 240 頁　ISBN978-4-254-29014-1
⑪ 2011 年版　市場構造分析と新たな資産運用手法
　　　　　　　（日本金融・証券計量・工学学会編）
　　　　　　　A5 判 216 頁　ISBN978-4-254-29018-9
⑫ 2012 年版　実証ファイナンスとクオンツ運用
　　　　　　　（日本金融・証券計量・工学学会編）
　　　　　　　A5 判 256 頁　ISBN978-4-254-29020-2
⑬ 2013 年版　リスクマネジメント（日本金融・証券計量・工学学会編）
　　　　　　　A5 判 224 頁　ISBN978-4-254-29022-6
　　　　　　　　　（①～⑥発行元：東洋経済新報社，⑦～⑬発行元：朝倉書店）

役 員 名 簿

会長	：津田博史
副会長，和文誌編集長	：中妻照雄
副会長，英文誌編集長	：赤堀次郎
会計担当	：大上慎吾　石井昌宏
広報担当	：伊藤有希　今村悠里
ジャフィー・コロンビア担当	：林　高樹
大会兼フォーラム担当	：塚原英敦　山田雄二　山内浩嗣　石島　博
	新井拓児　室井芳史　大本　隆　荒川研一
法人担当	：門利　剛　吉野貴晶
海外担当	：斎藤大河
庶務担当	：中川秀敏
監事	：木村　哲　池森俊文

（2015 年 2 月 1 日　現在）

*　　　*　　　*　　　*　　　*

『ジャフィー・ジャーナル』編集委員会
　　チーフエディター：中妻照雄
　　アソシエイトエディター：山田雄二　今井潤一

なお，日本金融・証券計量・工学学会については，以下までお問い合わせ下さい：
〒101-8439　東京都千代田区一ツ橋 2-1-2　学術総合センタービル 8F
一橋大学大学院国際企業戦略研究科　金融戦略共同研究室内
ジャフィー事務局
　　　　TEL：03-4212-3112
　　　　FAX：03-4212-3020
　　　　E-mail：office@jafee.gr.jp
詳しいことはジャフィー・ホームページをご覧下さい．
http://www.jafee.gr.jp/

日本金融・証券計量・工学学会（ジャフィー）会則

1. 本学会は，日本金融・証券計量・工学学会と称する．英語名は The Japanese Association of Financial Econometrics & Engineering とする．略称をジャフィー（英語名：JAFEE）とする．本学会の設立趣意は次のとおりである．

    「設立趣意」 日本金融・証券計量・工学学会（ジャフィー）は，広い意味での金融資産価格や実際の金融的意思決定に関わる実証的領域を研究対象とし，産学官にわたる多くのこの領域の研究・分析者が自由闊達な意見交換，情報交換，研究交流および研究発表するための学術的組織とする．特に，その設立の基本的な狙いは，フィナンシャル・エンジニアリング，インベストメント・テクノロジー，クウォンツ，理財工学，ポートフォリオ計量分析，ALM，アセット・アロケーション，派生証券分析，ファンダメンタルズ分析等の領域に関係する産学官の研究・分析者が，それぞれの立場から個人ベースでリベラルな相互交流できる場を形成し，それを通じてこの領域を学術的領域として一層発展させ，国際的水準に高めることにある．

    組織は個人会員が基本であり，参加資格はこの領域に興味を持ち，設立趣意に賛同する者とする．運営組織は，リベラルかつ民主的なものとする．

2. 本学会は，設立趣意の目的を達成するために，次の事業を行う．
    （1）研究発表会（通称，ジャフィー大会），その他学術的会合の開催
    （2）会員の研究成果の公刊
    （3）その他本学会の目的を達成するための適切な事業
3. 本学会は，個人会員と法人会員からなる．参加資格は，本学会の設立趣旨に賛同するものとする．個人会員は，正会員，学生会員および名誉会員からなる．法人会員は口数で加入し，1法人1部局（機関）2口までとする．
4. 1）会員は以下の特典を与えられる．
    （1）日本金融・証券計量・工学学会誌（和文会誌）について，個人正会員は1部無料で配付される．また，法人会員は1口あたり1部を無料で配付される．
    （2）英文会誌 Asia-Pacific Financial Markets について，個人正会員は電子ジャーナル版へのアクセス権が無料で付与される．また，法人会員は1口あたり冊子体1部を無料で配付される．

(3) 本学会が催す，研究発表会等の国内学術的会合への参加については，以下のように定める．
　　(ア) 個人正会員，学生会員，名誉会員とも原則有料とし，その料金は予め会員に通知されるものとする．
　　(イ) 法人会員は，研究発表会については1口の場合3名まで，2口の場合5名までが無料で参加できるものとし，それを超える参加者については個人正会員と同額の料金で参加できるものとする．また，研究発表会以外の会合への参加は原則有料とし，その料金は予め会員に通知されるものとする．
(4) 本学会が催す国際的学術的会合への参加については，個人正会員，学生会員，名誉会員，法人会員とも原則有料とし，その料金は予め個人正会員，学生会員，名誉会員，法人会員に通知されるものとする．
2) 各種料金については，会計報告によって会員の承認を得るものとする．
5. 学生会員および法人会員は，選挙権および被選挙権をもたない．名誉会員は被選挙権をもたない．
6. 入会にあたっては，入会金およびその年度の会費を納めなければならない．
7. 1) 会員の年会費は以下のように定める．
　(1) 関東地域（東京都，千葉県，茨城県，群馬県，栃木県，埼玉県，山梨県，神奈川県）に連絡先住所がある個人正会員は10,000円とする．
　(2) 上記以外の地域に連絡先住所がある個人正会員は6,000円とする．
　(3) 学生会員は2,500円とする．
　(4) 法人会員の年会費は，1口70,000円，2口は100,000円とする．
　(5) 名誉会員は無料とする．
2) 入会金は，個人正会員は2,000円，学生会員は500円，法人会員は1口10,000円とする．
3) 会費を3年以上滞納した者は，退会したものとみなすことがある．会費滞納により退会処分となった者の再入会は，未納分の全納をもって許可する．
8. 正会員であって，本学会もしくは本学界に大きな貢献のあったものは，総会の承認を得て名誉会員とすることができる．その細則は別に定める．
9. 本会に次の役員をおく．
　会長1名，副会長2名以内，評議員20名，理事若干名，監事2名
　評議員は原則として学界10名，産業界および官界10名とし，1法人（機関）1部局あたり1名までとする．
10. 会長および評議員は，個人正会員の中から互選する．評議員は，評議員会を組

織して会務を審議する．

11. 理事は，会長が推薦し，総会が承認する．ただし，会誌編集理事（エディター）は評議員会の承認を得て総会が選出する．理事は会長，副会長とともに第2条に規定する会務を執行する．理事は次の会務の分担をする．

　　庶務，会計，渉外，広報，会誌編集，大会開催，研究報告会のプログラム編成，その他評議員会で必要と決された事務．

12. 会長は選挙によって定める．会長は，本学会を代表し，評議員会の議長となる．会長は第10条の規定にかかわらず評議員となる．会長は（1）評議員会の推薦した候補者，（2）20名以上の個人正会員の推薦を受けた候補者，もしくは（3）その他の個人正会員，の中から選出する．（1）（2）の候補者については，本人の同意を必要とする．（1）（2）の候補者については経歴・業績等の個人情報を公開するものとする．

13. 副会長は，会長が個人正会員より推薦し，総会が承認する．副会長は，評議員会に出席し，会長を補佐する．

14. 監事は，評議員会が会長，副会長，理事以外の個人正会員から選出する．監事は会計監査を行う．

15. 本学会の役員の任期は，原則2年とする．ただし，連続する任期の全期間は会長は4年を超えないものとする．なお，英文会誌編集担当理事（エディター）の任期は附則で定める．

16. 評議員会は，評議員会議長が必要と認めたときに招集する．また，評議員の1/2以上が評議員会の開催を評議員会議長に要求したときは，議長はこれを招集しなければならない．

17. 総会は会長が招集する．通常総会は，年1回開く．評議員会が必要と認めたときは，臨時総会を開くことができる．正会員の1/4以上が，署名によって臨時総会の開催を要求したときは，会長はこれを開催しなければならない．

18. 総会の議決は，出席者の過半数による．

19. 次の事項は，通常総会に提出して承認を受けなければならない．
    (1) 事業計画および収支予算
    (2) 事業報告および収支決算
    (3) 会則に定められた承認事項や決定事項
    (4) その他評議員会で総会提出が議決された事項

20. 本学会は，会務に関する各種の委員会をおくことができる．各種委員会の運営は，別に定める規定による．

21. 本学会の会計年度は，毎年4月1日に始まり，3月31日に終わる．

22. 本学会の運営に関する細則は別に定める．
23. 本会則の変更は，評議員会の議決を経て，総会が決定する．

附則 1. 英文会誌編集担当理事（エディター・イン・チーフ）の任期は 4 年とする．

  改正 1999 年 8 月 29 日
  改正 2000 年 6 月 30 日
  改正 2008 年 8 月 2 日
  改正 2009 年 1 月 29 日
  改正 2009 年 7 月 29 日
  改正 2009 年 12 月 23 日
  改正 2013 年 1 月 25 日

編集委員略歴

中妻照雄（なかつま　てるお）
1968 年生まれ
現　在　慶應義塾大学 経済学部 教授，Ph. D.（経済学）
主　著　『入門ベイズ統計学』（ファイナンス・ライブラリー 10），
　　　　　朝倉書店，2007 年
　　　　『実践ベイズ統計学』（ファイナンス・ライブラリー 12），
　　　　　朝倉書店，2013 年

山田雄二（やまだ　ゆうじ）
1969 年生まれ
現　在　筑波大学 ビジネスサイエンス系 教授，
　　　　博士（工学）
主　著　『チャンスとリスクのマネジメント』（シリーズ〈ビジネ
　　　　　スの数理〉2）［共著］，朝倉書店，2006 年
　　　　『計算で学ぶファイナンス ― MATLAB による実装 ―』
　　　　（シリーズ〈ビジネスの数理〉6）［共著］，朝倉書店，
　　　　　2008 年

今井潤一（いまい　じゅんいち）
1969 年生まれ
現　在　慶應義塾大学 理工学部 教授，博士（工学）
主　著　『リアル・オプション ― 投資プロジェクト評価の工学的
　　　　　アプローチ ―』，中央経済社，2004 年
　　　　『基礎からのコーポレート・ファイナンス』［共著］，中
　　　　　央経済社，2006 年
　　　　『コーポレートファイナンスの考え方』［共著］，中央経
　　　　　済社，2013 年

ジャフィー・ジャーナル ― 金融工学と市場計量分析
ファイナンスとデータ解析
定価はカバーに表示
2015 年 3 月 25 日　初版第 1 刷

編　者　日本金融・証券計量・工学学会
発行者　朝　倉　邦　造
発行所　株式会社　朝　倉　書　店
　　　　東京都新宿区新小川町 6-29
　　　　郵便番号　162-8707
　　　　電　話　03（3260）0141
　　　　FAX　03（3260）0180
　　　　http://www.asakura.co.jp

〈検印省略〉

© 2015〈無断複写・転載を禁ず〉　　新日本印刷・渡辺製本

ISBN 978-4-254-29024-0　C 3050　　Printed in Japan

JCOPY　〈(社)出版者著作権管理機構 委託出版物〉
本書の無断複写は著作権法上での例外を除き禁じられています．複写される場合は，
そのつど事前に，(社) 出版者著作権管理機構（電話 03-3513-6969，FAX 03-3513-
6979，e-mail: info@jcopy.or.jp）の許諾を得てください．

V.J.バージ・V.リントスキー編
首都大 木島正明監訳

金融工学ハンドブック

29010-3 C3050　　A 5 判 1028頁 本体28000円

各テーマにおける世界的第一線の研究者が専門家向けに書き下ろしたハンドブック。デリバティブ証券，金利と信用リスクとデリバティブ，非完備市場，リスク管理，ポートフォリオ最適化，の4部構成から成る。〔内容〕金融資産価格付けの基礎／金融証券収益率のモデル化／ボラティリティ／デリバティブの価格付けにおける変分法／クレジットデリバティブの評価／非完備市場／オプション価格付け／モンテカルロシミュレーションを用いた全リスク最小化／保険分野への適用／他

前東工大 今野　浩・明大 刈屋武昭・首都大 木島正明編

金 融 工 学 事 典

29005-9 C3550　　A 5 判 848頁 本体22000円

中項目主義の事典として，金融工学を一つの体系の下に纏めることを目的とし，金融工学および必要となる数学，統計学，OR，金融・財務などの各分野の重要な述語に明確な定義を与えるとともに，概念を平易に解説し，指針書も目指したもの〔内容〕伊藤積分／ALM／確率微分方程式／GARCH／為替／金利モデル／最適制御理論／CAPM／スワップ／倒産確率／年金／判別分析／不動産金融工学／保険／マーケット構造モデル／マルチンゲール／乱数／リアルオプション他

明大 刈屋武昭・前広大 前川功一・東大 矢島美寛・
学習院大 福地純一郎・統数研 川崎能典編

経済時系列分析ハンドブック

29015-8 C3050　　A 5 判 788頁 本体18000円

経済分析の最前線に立つ実務家・研究者へ向けて主要な時系列分析手法を俯瞰。実データへの適用を重視した実践志向のハンドブック。〔内容〕時系列分析基礎（確率過程・ARIMA・VAR他）／回帰分析基礎／シミュレーション／金融経済財務データ（季節調整他）／ベイズ統計とMCMC／資産収益率モデル（酔歩・高頻度データ他）／資産価格モデル／リスクマネジメント／ミクロ時系列分析（マーケティング・環境・パネルデータ）／マクロ時系列分析（景気・為替他）／他

東北大 照井伸彦監訳

ベイズ計量経済学ハンドブック

29019-6 C3050　　A 5 判 564頁 本体12000円

いまやベイズ計量経済学は，計量経済理論だけでなく実証分析にまで広範に拡大しており，本書は教科書で身に付けた知識を研究領域に適用しようとするとき役立つよう企図されたもの。〔内容〕処理選択のベイズ的諸側面／交換可能性，表現定理，主観性／時系列状態空間モデル／柔軟なノンパラメトリックモデル／シミュレーションとMCMC／ミクロ経済におけるベイズ分析法／ベイズマクロ計量経済学／マーケティングにおけるベイズ分析法／ファイナンスにおける分析法

D.K.デイ・C.R.ラオ編
帝京大 繁桝算男・東大 岸野洋久・東大 大森裕浩監訳

ベイズ統計分析ハンドブック

12181-0 C3041　　A 5 判 1076頁 本体28000円

発展著しいベイズ統計分析の近年の成果を集約したハンドブック。基礎理論，方法論，実証応用および関連する計算手法について，一流執筆陣による全35章で立体的に解説。〔内容〕ベイズ統計の基礎（因果関係の推論，モデル選択，モデル診断ほか）／ノンパラメトリック手法／ベイズ統計における計算／時空間モデル／頑健分析・感度解析／バイオインフォマティクス・生物統計／カテゴリカルデータ解析／生存時間解析，ソフトウェア信頼性／小地域推定／ベイズ的思考法の教育

首都大 木島正明・首都大 田中敬一著
シリーズ〈金融工学の新潮流〉1
資産の価格付けと測度変換
29601-3 C3350　　　　A5判 216頁 本体3800円

金融工学において最も重要な価格付けの理論を測度変換という切口から詳細に解説〔内容〕価格付け理論の概要／正の確率変数による測度変換／正の確率過程による測度変換／測度変換の価格付けへの応用／基準財と価格付け測度／金利モデル／他

首都大 室町幸雄編著
シリーズ〈金融工学の新潮流〉2
金融リスクモデリング
―理論と重要課題へのアプローチ―
29602-0 C3350　　　　A5判 216頁 本体3800円

実務家および研究者を対象とした，今後のリスク管理の高度化に役立つ実践的書。〔内容〕ARCH型不均一モデル／コピュラによる確率変数の依存関係の表現／レジームスイッチングモデル／極値理論／リスク量のバイアス／コア預金モデル／他

首都大 室町幸雄著
シリーズ〈金融工学の新潮流〉3
信用リスク計測とCDOの価格付け
29603-7 C3350　　　　A5判 224頁 本体3800円

デフォルトの関連性における原因・影響度・波及効果に関するモデルの詳細を整理し解説〔内容〕デフォルト相関のモデル化／リスク尺度とリスク寄与度／極限損失分布と新BIS規制／ハイブリッド法／信用・市場リスク総合評価モデル／他

首都大 木島正明・首都大 中岡英隆・首都大 芝田隆志著
シリーズ〈金融工学の新潮流〉4
リアルオプションと投資戦略
29604-4 C3350　　　　A5判 192頁 本体3600円

最新の金融理論を踏まえ，経営戦略や投資の意思決定を行えることを意図し，実務家向けにまとめた入門書。〔内容〕企業経営とリアルオプション／基本モデルの拡張／撤退・停止・再開オプションの評価／ゲーム論的リアルオプション／適用事例

スウィーティングP.著　明大松山直樹訳者代表
フィナンシャルERM
―金融・保険の統合的リスク管理―
29021-9 C3050　　　　A5判 500頁 本体8600円

組織の全体的リスク管理を扱うアクチュアリーの基礎を定量的に解説〔内容〕序説／金融機関の種類／利害関係者／内部環境／外部環境／プロセスの概観／リスクの定義／リスクの特定／有用な統計量／確率分布／モデル化技法／極値論／他

首都大 木島正明・北大 鈴木輝好・北大 後藤 允著
ファイナンス理論入門
―金融工学へのプロローグ―
29016-5 C3050　　　　A5判 208頁 本体2900円

事業会社を主人公として金融市場を描くことで，学生にとって抽象度の高い金融市場を身近なものとする。事業会社・投資家・銀行，証券からの視点より主要な題材を扱い，豊富な演習問題・計算問題を通しながら容易に学べることを旨とした書

統数研 山下智志・三菱東京UFJ銀行 三浦 翔著
ファイナンス・ライブラリー11
信用リスクモデルの予測精度
―AR値と評価指標―
29541-2 C3350　　　　A5判 224頁 本体3900円

モデルを評価するための指南書。〔内容〕評価の基本的な概念／モデルのバリエーション／AR値を用いたモデル評価法／AR値以外の評価指標／格付モデルの評価指標／モデル利用に適した複合評価／パラメータ推計での目的関数と評価関数の一致

早大 森平爽一郎著
応用ファイナンス講座6
信用リスクモデリング
―測定と管理―
29591-7 C3350　　　　A5判 224頁 本体3600円

住宅・銀行等のローンに関するBIS規制に対応し，信用リスクの測定と管理を詳説。〔内容〕債権の評価／実績デフォルト率／デフォルト確率の推定／デフォルト確率の期間構造推定／デフォルト時損失率，回収率／デフォルト相関／損失分布推定

慶大 中妻照雄著
ファイナンス・ライブラリー10
入門 ベイズ統計学
29540-5 C3350　　　　A5判 200頁 本体3600円

ファイナンス分野で特に有効なデータ分析手法の初歩を懇切丁寧に解説。〔内容〕ベイズ分析を学ぼう／ベイズ的視点から世界を見る／成功と失敗のベイズ分析／ベイズ的アプローチによる資産運用／マルコフ連鎖モンテカルロ法／練習問題／他

慶大 中妻照雄著
ファイナンス・ライブラリー12
実践 ベイズ統計学
29542-9 C3350　　　　A5判 180頁 本体3400円

前著『入門編』の続編として，初学者でも可能なExcelによるベイズ分析の実際を解説。練習問題付き〔内容〕基本原理／信用リスク分析／ポートフォリオ選択／回帰モデルのベイズ分析／ベイズ型モデル平均／数学補論／確率分布と乱数生成法

◆ ジャフィー・ジャーナル：金融工学と市場計量分析 ◆
日本金融・証券計量・工学学会（JAFEE）編集の年刊ジャーナル

同志社大 津田博史・慶大 中妻照雄・筑波大 山田雄二編
ジャフィー・ジャーナル：金融工学と市場計量分析
非流動性資産の価格付けとリアルオプション
29009-7　C3050　　　　　Ａ５判 276頁 本体5200円

〔内容〕代替的な環境政策の選択／無形資産価値評価／資源開発プロジェクトの事業価値評価／冬季気温リスク・スワップ／気温オプションの価格付け／風力デリバティブ／多期間最適ポートフォリオ／拡張Mertonモデル／株式市場の風見鶏効果

同志社大 津田博史・慶大 中妻照雄・筑波大 山田雄二編
ジャフィー・ジャーナル：金融工学と市場計量分析
ベイズ統計学とファイナンス
29011-0　C3050　　　　　Ａ５判 256頁 本体4200円

〔内容〕階層ベイズモデルによる社債格付分析／外国債券投資の有効性／株式市場におけるブル・ベア相場の日次データ分析／レジーム・スイッチング不動産価格評価モデル／企業の資源開発事業の統合リスク評価／債務担保証券（CDO）の価格予測

同志社大 津田博史・慶大 中妻照雄・筑波大 山田雄二編
ジャフィー・ジャーナル：金融工学と市場計量分析
定量的信用リスク評価とその応用
29013-4　C3050　　　　　Ａ５判 240頁 本体3800円

〔内容〕スコアリングモデルのチューニング／格付予測評価指標と重み付き最適化／小企業向けスコアリングモデルにおける業歴の有効性／中小企業CLOのデフォルト依存関係／信用リスクのデルタヘッジ／我が国におけるブル・ベア市場の区別

日本金融・証券計量・工学学会編
ジャフィー・ジャーナル：金融工学と市場計量分析
バリュエーション
29014-1　C3050　　　　　Ａ５判 240頁 本体3800円

〔内容〕資本コスト決定要因と投資戦略への応用／構造モデルによるクレジット・スプレッド／マネジメントの価値創造力とM&Aの評価／銀行の流動性預金残高と満期の推定モデル／不動産価格の統計モデルと実証／教育ローンの信用リスク

日本金融・証券計量・工学学会編
ジャフィー・ジャーナル：金融工学と市場計量分析
市場構造分析と新たな資産運用手法
29018-9　C3050　　　　　Ａ５判 212頁 本体3600円

市場のミクロ構造を分析し資産運用の新手法を模索〔内容〕商品先物価格の実証分析／M&Aの債権市場への影響／株式リターン分布の歪み／共和分性による最適ペアトレード／効用無差別価格による事業価値評価／投資法人債の信用リスク評価

日本金融・証券計量・工学学会編
ジャフィー・ジャーナル：金融工学と市場計量分析
実証ファイナンスとクオンツ運用
29020-2　C3050　　　　　Ａ５判 256頁 本体4000円

コーポレートファイナンスの実証研究を特集〔内容〕英文経済レポートのテキストマイニングと長期市場分析／売買コストを考慮した市場急変に対応する日本株式運用モデル／株式市場の状態とウィナーポートフォリオのポジティブリターン／他

日本金融・証券計量・工学学会編
ジャフィー・ジャーナル：金融工学と市場計量分析
リスクマネジメント
29022-6　C3050　　　　　Ａ５判 224頁 本体3800円

様々な企業のリスクマネジメントを特集〔内容〕I-共変動と個別資産超過リスクプレミアム／格付推移強度モデルと信用ポートフォリオ／CDS市場のリストラクチャリングプレミアム／カウンターパーティーリスク管理／VaR・ESの計測精度／他

前東大 伏見正則・前早大 逆瀬川浩孝監訳

モンテカルロ法ハンドブック

28005-0　C3050　　　　　Ａ５判 800頁 本体18000円

最新のトピック、技術、および実世界の応用を探るMC法を包括的に扱い、MATLABを用いて実践的に詳解〔内容〕一様乱数生成／準乱数生成／非一様乱数生成／確率分布／確率過程生成／マルコフ連鎖モンテカルロ法／離散事象シミュレーション／シミュレーション結果の統計解析／分散減少法／稀少事象のシミュレーション／微分係数の推定／確率的最適化／クロスエントロピー法／粒子分割法／金融工学への応用／ネットワーク信頼性への応用／微分方程式への応用／付録：数学基礎

上記価格（税別）は 20015年2月現在